Acteurs de la Science

Fondée par Richard Moreau,
professeur honoraire à l'Université de Paris XII
Dirigée par Claude Brezinski et Roger Teyssou

La collection Acteurs de la Science est consacrée à des études sur les acteurs de l'épopée scientifique moderne ; à des inédits et à des réimpressions de mémoires scientifiques anciens ; à des textes consacrés en leur temps à de grands savants par leurs pairs ; à des évaluations sur les découvertes les plus marquantes et la pratique de la Science.

Dernières parutions

Roger TEYSSOU, *Les débuts de l'endoscopie*, 2025.
Pascal MESPOUILLE, *La conscience et ses biais, Connaître et reconnaître les biais cognitifs pour ne plus se tromper*, 2024.
Claude JOSEPH, *Le Temps, sa vie, son œuvre... Vieillissement et sénescence des êtres vivants,* 2024.
Edouard PELISSIER, *Du cœur et du sang. Comment William Harvey élucida le mystère du fonctionnement du cœur*, 2024.
Elie VOLF, *De la baguette dite divinatoire, du pendule dit explorateur, et des tables tournantes, Du point de vue de l'histoire, de la critique et de la méthode expérimentale, selon Michel-Eugène Chevreul*, 2024.
Jacques LE MÉE, *De la scie d'amputation aux ciseaux nucléaires, Histoires de chirurgie et de médecine, Et quelques ragots de salle de garde*, 2024.
Michel DUBUISSON, *Pierre-Charles-Alexandre Louis (1787-1872), A French doctor at the dawn of scientific medicine*, 2024.
Sofiane BOUHDIBA, *Histoire médico-sociale de l'urine. De l'Antiquité à nos jours,* 2024.
Jean-François SCHVED, *Dictionnaire du sang*, 2024.
Roger TEYSSOU, *Les calculs de la vessie et la lithotritie,* 2024.
Anne-Marie MARION-AUDIBERT, *Au fil de nos entrailles*, 2023.
Norbert GUALDE, *L'Épidémie c'est l'homme, L'Anthropocène, l'épidémie, la syndémie, la démorésilience*, 2023.

La vie sur Terre et dans l’Univers

5-7, rue de l'École-Polytechnique, 75005 Paris

http://www.editions-harmattan.fr

ISBN : 978-2-336-52377-4
EAN : 9782336523774

Alain Giret

La vie sur Terre et dans l'Univers

L'Harmattan

Du même auteur

Chez l'Harmattan

2018 - Les crues sur la Loire et ses affluents - 1856 et 2016 – L'Harmattan, Paris (ISBN : 978-2-343-14445-9-4), 216 pages.

2017 - Les températures et l'effet de serre - Essai sur l'histoire et l'avenir du climat - Acteurs de la Sciences, L'Harmattan, Paris (ISBN : 978-2-343-11448-4), 186 pages.

2016 - Ruissellement et écoulement des eaux sur les bassins versants français - L'Harmattan, Paris (ISBN : 978-2-343-08916-4), 202 pages.

2014 - Alluvionnements et néotectonique quaternaires en Roussillon – L'Harmattan, Paris (ISBN : 978-2-343-03687-8), 265 pages

2013 - Crues et étiages en France au XXe siècle : entre nature et aménagements – L'Harmattan, Paris (ISBN : 978-2-343-00153-1), 278 pages.

2012 - Les cours d'eau français : approche quantitative - L'Harmattan, Paris (ISBN: 978-2-296-96556-0), 298 pages.

2011 - Histoire de la biodiversité - Collection Biologie, Écologie, Agronomie, l'Harmattan, Paris, 266 pages (ISBN : 978-2-296-55368-2).

2009 - Le Quaternaire : climats et environnements - collection Biologie, Ecologie, Agronomie, l'Harmattan, Paris, 293 pages (ISBN : 978-2-296-07570-2).

2007 - Géographie de l'écoulement fluvial - L'Harmattan, Paris (ISBN: 978-2-296-026452), 354 pages.

Chez d'autres éditeurs

2023 - Pierre Perrault – Le père de l'Hydrologie – Presses Universitaires de Rennes – Collection Histoire – ISBN 978-2-7535-8775-5, 190 pages

2015 - Le bassin de la Loire, un carrefour de navigation fluviale - Antya Éditions, Descartes (ISBN : 979-10-92367-67-6), 334 pages.

2014 - Energie hydraulique - Différentes formes, aménagements - Ellipses, collection Tecchnosup « Environnement », (ISBN 978-2-7298-87841), 186 pages.

2011 - L'espèce humaine et la biodiversité - Essais et Documents - Le Manuscrit, Paris, 456 pages (ISBN : 978-2-304-03768-5 et EAN : 9782304037692)

2007 - Hydrologie fluviale - Ellipses, Université, Géographie, Paris (ISBN : 978-2-7298-3226-1), 262 pages.

Avant-propos

L'homme moderne ou « *Homo Sapiens* » n'est qu'un mammifère, mais il est particulièrement évolué : son cortex cérébral rassemble 100 milliards de neurones soit 25 fois plus que celui du « *bonobo* » qui n'en comporte que 4 milliards. Mais comparé au chien, 530 millions de neurones, les capacités cognitives de ce singe sont 190 fois plus élevées.

Ces chiffres nous permettent de mieux comprendre pourquoi il a pu « asservir » notre planète. Pourtant, c'est un habitant relativement récent ; sur la Terre vieille de 4,543 milliards d'années, les mammifères ne sont apparus qu'au Trias, il y a 225 millions d'années, et, longtemps concurrencés par les dinosaures, ils ont bénéficié de leur extinction massive, il y a 66 millions d'années à la fin du Crétacé. Ils ont alors colonisé toutes les niches écologiques laissées vacantes par ces « *sauropsidés* ». Mais rapidement, un ordre particulier s'en détacha il y a 56 millions d'années : l'ordre des « *primates* ». Les choses sont alors allées « très vite » ; il y a 6 à 8 millions d'années, la lignée humaine se détacha de celle des grands singes, puis le genre Homo, auquel nous appartenons se distingua il y a 2,5 à 2,6 millions d'années avec la confection des premiers outils. Un de ces membres, « *Homo Sapiens* » (notre ancêtre direct) existait déjà sur le site marocain de Djebel Irhoud vieux de 300 000 ans.

Après avoir colonisé l'Afrique, il franchit le détroit de Bab-el-Mandeb, et/ou l'isthme de Suez, il y a 70 000 ans pour se répandre sur le Dekkan et l'Australie il y a 65 000 ans, puis gagner la Chine et l'Europe 45 000 ans avant notre ère. Les inlandsis lui ont longtemps bloqué l'accès aux régions arctiques, mais il aurait traversé la « *Béringie* » (section alors émergée du détroit de Behring) pour coloniser les deux Amériques ; il y a 14 000 ans il était en Terre de Feu. Les îles du Pacifique furent atteintes au Moyen Âge ; en 1912, Homo Sapiens atteignait le Pôle Sud en 1912, et, enfin, le 21 juillet

1969, Neil Armstrong et Buzz Aldrin mettaient le pied sur la Lune.

Mais, depuis l'Antiquité, l'homme se pose une question : « *Y a-t-il d'autres humanités dans l'Univers ?* » Le physicien Fermi s'exprima sur la question vers 1950 ; il conclut que si c'était le cas, deux hypothèses sont à débattre :

➢ Soit il existe des humanités supérieures aux nôtres et elles auraient pris contact avec nous directement ou par des ondes radio.

➢ Soit, nous sommes les seuls « *êtres évolués* » de tout l'Univers (d'ailleurs réduit à la Voie lactée) ; cette hypothèse n'exclut pas la présence d'autres formes de vie à l'extérieur du système solaire.

Depuis 1950, l'écoute des ondes radio qui proviennent de l'Univers n'a jamais pu conclure à une autre origine que naturelle ; quant à la présence d'une vie extraterrestre, si minime soit-elle, elle exige des conditions précises. Pour apparaître et se développer, la vie a besoin que des réactions chimiques complexes se réalisent entre l'hydrogène (H_2), l'oxygène (O_2), l'azote (N_2) et le carbone (C). Il est vrai que ces éléments existent partout dans l'Univers, mais :

➢ Les réactions chimiques ne peuvent se réaliser qu'en présence d'eau (H_2O), sous sa forme liquide, dans une lagune peu agitée.

➢ Il faut que la planète sur laquelle les réactions se produisent soit une planète tellurique, constituée d'un matériel rocheux et d'un champ magnétique qui écarte le rayonnement cosmique très nocif.

➢ Cette planète doit posséder une atmosphère. D'une part ce gaz doit être composé d'azote (N_2) et de dioxyde de carbone (CO_2) : en effet, c'est la vie qui libère l'oxygène du dioxyde de carbone par photosynthèse. D'autre part l'atmosphère doit posséder une couche d'ozone (O_3) qui protège du rayonnement ultraviolet.

➢ Cette planète doit se déplacer autour d'une étoile à une distance optimale : si elle est trop proche, les températures seraient trop élevées et l'eau serait à l'état de vapeur (Vénus) ; trop éloignée, la planète connaîtrait le gel permanent (Mars) ;

c'est ce qu'on nomme la zone d'habitabilité avec une température voisine de 15 °C.

Les progrès de la recherche spatiale ont permis de découvrir des exoplanètes dans la Voie lactée, mais aucune ne correspond à l'image de notre planète. En effet, au travers des calculs de probabilité, on a longtemps estimé que les « *autres systèmes planétaires* » (une étoile et son cortège de planètes) devaient être nombreux dans la Voie lactée, et ils le sont. Mais la réalité est bouleversante, Le Système Solaire n'est qu'une originalité dans un Univers où domine la diversité : les étoiles sont de nature et de tailles variées, les systèmes planétaires sont complexes ; la notion de « *zone d'habitabilité* » n'est pas applicable partout.

Sans être unique, « *le cas de la Terre apparaît néanmoins exceptionnel dans l'Univers* », dans l'état actuel des connaissances scientifiques, affirmer que la vie existe ailleurs, ne serait-ce que dans la Voie lactée, relève encore de la croyance : on ne peut démontrer ni l'évènement ni son contraire, ce qui est aussi le cas pour Dieu, et qu'on ne me parle pas des « *Objets Volants Non Identifiés* » et autres soucoupes volantes.

Que la vie existe sur Terre est une réalité, mais qu'elle existe ailleurs dans l'Univers reste une hypothèse.

Brève histoire de l'Univers

Nous vivons dans un « *Univers en expansion* » ; un soir, à Tautavel, au cours d'une conférence en plein air, le regretté Hubert Reeves (1932-2023) nous en expliqua le sens. Si notre Univers était fixe, la lumière en aurait atteint les limites et la voûte céleste serait lumineuse ; or, il n'en est rien, cette voûte est noire ; donc, l'Univers est en expansion ! C'était une explication simpliste, mais elle avait l'intérêt pédagogique de pouvoir être comprise par tout le monde (et notamment, ce soir-là, par des vignerons catalans).

Mais cette conception est récente ; jusqu'au XIXe siècle, l'Univers observé et organisé selon les lois des mathématiques et de la physique, se réduisait au « *Système Solaire* » et à des étoiles à la nature mal définie, évoluant dans un espace de taille incertaine. Ce sont les calculs réalisés au XXe siècle qui ont démontré l'immensité de « *l'Espace* », les « *étoiles* » devenant autant de soleils qui dispensent de l'énergie par la fusion nucléaire de l'hydrogène en hélium. Chaque étoile est accompagnée de « *planètes* », qui constituent avec l'étoile un « *système planétaire.* » Notre étoile, « *le Soleil* », est ainsi accompagnée de « *quatre planètes telluriques* » (Mercure, Vénus, Terre et Mars) et de « *quatre planètes géantes gazeuses* » (Jupiter, Saturne, Neptune et Uranus).

Toutefois, la Voie lactée (*galaxías kúklos*) était connue depuis l'Antiquité, et, en 1610, Galilée (1564-1642) démontra qu'elle était constituée d'étoiles. Au milieu du XVIIIe siècle, les observations de l'astronome Thomas Wright (1711-1786) en firent un « *corps céleste* ». Au XXe siècle, les calculs des astrophysiciens Harlow Shapley (1885-1972), Bertil Lindblad (1895-1965) et Jan Oort (1900-1992) confirmèrent cette hypothèse : la Voie lactée rassemble entre 200 et 400 milliards d'étoiles (et leurs probables systèmes planétaires), inscrites dans une formation en spirale dont le diamètre est compris entre 100 000 et 200 000 années-lumière (l'année-lumière est la distance parcourue par la lumière en 365 jours soit 3 942 milliards de kilomètres).

À la fin du XVIIIe siècle, alors qu'il recherchait des comètes, l'astronome Charles Messier (1730-1817), découvrit deux « *amas d'étoiles* » (*Haltère* et *Andromède*) qu'il nomma « *nébuleuses* ». William Herschel (1738-1822) recensa les nébuleuses entre 1786 et 1802. Puis l'amélioration des télescopes démontra leur ressemblance avec la Voie lactée, on leur donna le nom de « *galaxies* » (du grec *galaxías* = Voie lactée). Elles sont constituées de milliards d'étoiles, et le télescope spatial Hubble a permis d'affirmer que l'Univers contient environ 125 milliards de galaxies. Il a permis aussi de déterminer que les galaxies se rassemblent elles-mêmes en « *amas* » de plus de 100 galaxies.

Maintenant, il est reconnu que la « *Terre* » appartient au « *Système Solaire* », un modeste système planétaire de la « *Voie lactée* ». Celle-ci relève du « *Superamas de la Vierge* ». Par le calcul statistique, ces nombres astronomiques ont fait croire « *que des millions de planètes seraient identiques à la Terre*, et *abriteraient des formes de vie au moins aussi évoluées* ».

Un Univers en expansion

Cette hypothèse s'appuie sur l'évolution des modèles mathématiques qui se sont succédé depuis le XVIIIe siècle, quand l'observation, réduite au Système Solaire s'étendit à l'ensemble des galaxies.

D'Isaac Newton à Albert Einstein

En 1687, Isaac Newton (1643-1727) publia *Principes mathématiques de la philosophie naturelle*, un ouvrage où il exposait les fondements d'une nouvelle physique. En astronomie, il expliquait, par les mathématiques, les observations de Nicolas Copernic (1473-1543) et de Johannes Kepler (1571-1630). Newton établissait ainsi la « *loi de l'attraction universelle* » : « *Deux corps s'attirent avec des forces vectoriellement opposées et de même valeur, cette valeur est proportionnelle au produit des deux masses et inversement proportionnelle au carré de la distance qui les sépare* », une loi qui restait incontestée au début du XXe siècle.

Ce modèle mathématique expliquait ainsi le mouvement des planètes dans le « *Système Solaire* »…

➢ Les planètes tournent autour du Soleil dans le plan de l'écliptique, selon une orbite elliptique leur donnant une force centrifuge (vers l'extérieur) de même valeur que l'attraction solaire (vers l'intérieur).

➢ La Terre effectue ainsi un trajet de 939 885 629 km en 365 jours, soit une vitesse de 30 km/s, à une distance qui varie de 152,1 millions de kilomètres (aphélie) à 147,1 millions de kilomètres (périhélie).

➢ Uranus, à 4,5 millions de kilomètres, est soumise à une attraction moindre et ne se déplace qu'à 5,4 km/s. À l'inverse, Mercure, située à 57,9 millions de kilomètres du Soleil, se déplace sur son orbite à 47,4 km/s.

… L'attraction que les planètes exercent entre elles (notamment celle de la massive Jupiter) explique des anomalies dans leurs mouvements, mais l'application de la « *loi de l'attraction universelle* » en donne une explication.

Toutefois, l'orbite de Mercure est sujette à des variations anormales autour du plan de l'écliptique du Système Solaire : or, la « *loi de l'attraction universelle* » n'en fournit aucune explication. C'est le physicien allemand Albert Einstein (1879-1955) qui entre 1907 et 1915, proposa un modèle différent de celui de Newton ; l'attraction entre les objets célestes n'est pas provoquée par une force gravitationnelle mais par une déformation de l'espace, proportionnelle à leur masse.

➢ L'espace occupé par le Système Solaire est assimilé à une « *toile élastique* », et les astres sont matérialisés par neuf boules. La masse de celle qui représente le Soleil constituera 99,99 % de l'ensemble. La boule « solaire » est placée au centre de la toile qui se déforme en un « entonnoir » : le Système Solaire.

➢ Une bille, lancée sur le bord de l'entonnoir, tourne de plus en plus vite en s'approchant du centre, sa trajectoire devenant « excentrique » près du Soleil. C'est une démonstration simpliste, mais elle explique les perturbations de l'orbite de Mercure.

Ce modèle, appelé « *relativité générale* », remplaça progressivement la « *loi de l'attraction universelle* » de Newton, et nous en resterons là.

Démonstration de « l'expansion »

Au début du XXe siècle, l'observation optique de l'Univers s'améliora ; en 1904, le miroir du télescope de l'observatoire du Mont Wilson, en Californie, mesurait 2,54 m de diamètre. L'observation des galaxies lointaines devint possible.

Simultanément, la communauté scientifique s'interrogea sur l'avenir des galaxies. On avait déterminé que la matière première à l'origine des étoiles était constituée d'hydrogène. Du fait de la gravité, les atomes d'hydrogène finissaient par s'agglomérer, la pression de plus en plus forte en élevait la température jusqu'à ce que la fusion nucléaire les transforme en étoiles dont la propre gravité attirait les atomes plus lourds, notamment l'oxygène, l'azote, l'aluminium, le fer, le nickel (jusqu'au plus lourd, l'uranium). Ainsi se constitua la matière première des cortèges planétaires.

Le modèle d'Einstein

En 1917, Albert Einstein pensait que systèmes planétaires, galaxies et amas galactiques constituaient un « *Univers statique* » (il se trompait), « *homogène* » (partout il présente des caractéristiques semblables) et « *isotrope* » (à grande échelle, sa structure reste la même, quelle que soit la direction d'observation).

Mais, s'il avait raison, sous l'effet de la gravité, les différents objets de l'Univers s'attirant les uns les autres, ils auraient eu tendance à se rapprocher ; les galaxies devaient s'effondrer (or, on observait l'inverse) et c'est le reproche qu'Alexander Friedmann (1888-1925) opposa à Einstein.

Pour soutenir son modèle d'Univers statique, Einstein introduisit la « *constante cosmologique* » dans ses équations de la relativité générale : il s'agissait d'une « *force répulsive* » qui contrebalançait l'attraction universelle (en termes de masse et d'énergie, elle était attribuée à une « *énergie sombre* », d'ailleurs mal définie). Son Univers devenait une hypersphère *homogène* et *isotrope*.

Friedmann, Hubble et Lemaître

Alexander Friedmann ne fut pas convaincu. En 1922, il reprit les équations d'Einstein de la relativité générale qui mêlent gravitation, temps et espace, et conçut un autre modèle mathématique, les équations de Friedmann, où la constante cosmologique d'Einstein (elle expliquait la stabilité de l'Univers) fut remplacée par la notion d'« *Univers en expansion* », ce qui annulait les effets de la gravitation universelle. Friedmann mourut en 1925 sans avoir pu prouver ces calculs par l'observation, mais si l'Univers est en expansion constante, les galaxies doivent s'éloigner les unes des autres ; le moyen de le savoir est de mesurer la longueur d'onde de la lumière que ces galaxies émettent.

En 1929, l'astronome américain Edwin Hubble (1889-1953) découvrit que la longueur d'onde de la lumière émise par les galaxies les plus lointaines se décalait vers le rouge (c'est le *décalage spectral cosmologique*). Dès 1927, le jésuite Georges Lemaître (1894-1966), astronome et physicien belge, en utilisant les équations de la théorie de la relativité générale, avait prédit ce décalage vers le rouge comme preuve d'une expansion de l'Univers. En 1929, Hubble compara le *décalage spectral cosmologique* avec la distance nous séparant de chacune des galaxies observées, et il établit la « *loi de Hubble-Lemaître* » : « *plus une galaxie est loin de nous, plus elle semble s'éloigner rapidement* » (on associa les noms de Hubble et Lemaître car ce dernier était arrivé aux mêmes conclusions dès 1927).

Cette relation apparut linéaire…

- La « *vitesse de récession* » ou « *vitesse de fuite* » d'une galaxie ou vitesse à laquelle un objet s'éloigne d'un observateur, est constante, c'est la « *constante de Hubble* ».
- Hubble calcula qu'une galaxie située à 3,26 millions d'années-lumière s'éloigne de nous à la vitesse de 70 km/s :

comme la relation est linéaire, une galaxie située à 326 millions d'années-lumière s'éloigne à la vitesse de 7 000 km/s.

... Mais la *loi de Hubble-Lemaître* a ses limites, une galaxie située à 10 milliards d'années-lumière (limites de l'espace observable à ce jour) s'éloignerait à la vitesse de 465 714 km/s, ce qui est impossible. Aucun objet en mouvement ne peut dépasser la célérité de la lumière.

Selon la « *théorie de la relativité restreinte* », Albert Einstein expliqua qu'un objet soumis à une accélération acquiert de la masse. Or, pour qu'un objet accélère, il faut lui fournir de l'énergie ; à la vitesse de la lumière (300 000 km/s), la quantité d'énergie à fournir tend vers l'infini. Non seulement on ne peut dépasser la célérité de la lumière, mais il serait très difficile de s'en approcher.

Toutefois, la théorie fixiste d'Albert Einstein était battue en brèche, les galaxies s'éloignaient les unes des autres et la démonstration associée à l'observation établissait la réalité d'une expansion infinie. Mais si on remonte le temps, il doit exister une origine où la taille de l'Univers était nulle.

L'occurrence du « Big Bang »

En effet, l'équation de la *loi de Hubble-Lemaître* peut être « *utilisée en sens inverse* », en remontant le temps vers un Univers plus étroit, ce qui implique qu'il soit plus dense et plus chaud. Dans l'équation de la *loi de Hubble-Lemaître*, le temps 0 est la situation actuelle de l'Univers, et, sur un repère orthonormé, la dimension actuelle de l'Univers correspond à cet instant 0. *Le calcul de la date à laquelle la taille de l'Univers était nulle donne une date de -13,8 milliards d'années.*

Il ne s'agit pas de l'origine de l'Univers mais de *la date du point de départ de l'expansion telle qu'elle a été définie par Georges Lemaître et Edwin Hubble* (sur une hypothèse émise par Alexandre Friedmann). Par dérision, le physicien britannique *Fred Hoyle* (1915-2001), défenseur de la théorie de l'Univers statique d'Einstein, nomma « ***Big Bang*** » cet instant initial de l'expansion de l'Univers (à laquelle il n'a jamais cru).

Mais le « *Big Bang* » n'est pas une explosion ; dans l'équation de la *loi de Hubble-Lemaître*, il traduit un état où la taille de l'Univers serait nulle, ce qui en physique se traduirait par « *une température et une masse infiniment élevées.* »

On ignore l'état réel de l'Univers au moment du Big Bang : les observations actuelles ne permettent que d'observer un « *fond diffus cosmologique* » proche de 13,8 milliards d'années-lumière. C'est un rayonnement électromagnétique *homogène* et *isotrope* car il est observé dans toutes les directions du Cosmos. Ce rayonnement fossile aurait été émis 380 000 ans après le Big Bang, dans un Univers encore très petit, encore dense et chaud : sa température était de 3 000 K (1 K = -273,13 °C). Aujourd'hui, la température de l'Univers n'est plus que de 2,7 K (soit -270,45 °C) avec une densité moyenne comprise entre 1,7 et $4,1.10^{-31}$ g/cm^3.

La formation de la matière

Ce qui s'est passé entre le Big Bang (380 000 ans) a toutefois pu être modélisé mathématiquement ; l'Univers parvint à fabriquer des *atomes* constitués d'un *noyau* chargé positivement, d'une part, et des *électrons* chargés négativement, d'autre part. L'aboutissement fut l'atome d'hydrogène constitué d'un noyau et d'un électron. Cette « *création* » se serait réalisée en trois époques successives :

« ***L'ère de Planck*** » ne dura que ***10^{-43} secondes***, soit un temps infiniment bref (1 seconde/10^{43}) appelé la « durée de Planck » : temps qu'il faudrait à un photon (300 000 km/s) pour parcourir la « longueur de Planck » : $1,61\,624.10^{-35}$ m ou $1,61\,624$ m/10^{35}, c'est-à-dire la longueur la plus faible qu'il soit possible de mesurer. La température était de 10^{32} K (une étincelle électrique dure 0,01 ou 10^{-2} secondes avec une température de 19 727 K ou 20 000 °C). Selon une expression imagée d'Hubert Reeves, les constituants de la matière formaient une « *soupe* » sans protons ni électrons.

« ***L'ère primordiale*** » (*de 10^{-43} et 10^{5} secondes après le Big Bang)* dura 100 000 ans ; la température de l'Univers chuta de 10^{32} à 3 737 K.

➢ *Entre 10^{-43} et 10^{-12} secondes après le Big Bang* l'Univers avait la consistance d'un « *plasma* », état dans lequel la matière se constituait sous la forme de « *particules* », d'une part : les « *quarks* », et de forces électromagnétiques, d'autre part : les « *gluons* ». L'Univers, minuscule restait très chaud.

➢ *Entre 10^{-12} et 10^{-9} secondes après le Big Bang*, l'Univers était uniformément peuplé de « *quarks* ». Mais la température > 10^{13} K interdisait aux « *gluons* » de les rassembler en une matière cohérente.

➢ *Entre 10^{-9} secondes et 1 seconde après le Big Bang*, l'expansion de l'Univers s'amplifia, la température chuta en dessous de 10^{13} K ; la force électromagnétique des « *gluons* » parvint à lier les « *quarks* » entre eux, des amas nommés « *hadrons* » constitutifs des « ***protons*** » et les « ***neutrons*** » des noyaux des atomes.

➢ *Entre 1 et 10 secondes après le Big Bang*, la température s'abaissa à 10^{9} K. Le solde de « *quarks* » était alors constitué de particules élémentaires infiniment petites et insensibles à la force électromagnétique des « *gluons* ». On les nomme « *lepton* » et ce sont eux qui vont devenir les « ***électrons*** » dont la masse est 2 000 fois moins massive que celle d'un « ***proton*** ».

➢ *Entre 10 s à 100 000 ans après le Big Bang*, une autre particule se constitua, les « ***photons*** », ce sont les plus petites mesures indivisibles (ou « *quantum* ») d'énergie associée aux ondes électromagnétiques (un « photon » *se déplace à la vitesse de la lumière, aussi sa masse est-elle nulle*). Les photons ont dominé pendant 100 000 ans en interagissant avec les neutrons.

Mais simultanément à l'occurrence des « *photons* », entre 10 s et 20 min après le Big Bang, par le mécanisme de la « *nucléosynthèse primordiale* », les *photons* ont interagi avec les « *protons* » pour former les noyaux les plus légers : hydrogène (H) et hélium (He). Puis, entre 20 min et 100 000 ans après le Big Bang, ***les atomes d'hydrogène et d'hélium se sont constitués quand les noyaux commencèrent à capturer les électrons***.

L'âge sombre de l'Univers

Entre 100 000 à 380 000 ans après le Big Bang, les *photons* n'interagissaient plus avec les *protons*, lesquels avaient capturé tous les électrons, pour donner naissance aux atomes d'hydrogène et d'hélium. Plus tard, à l'intérieur des étoiles, par *fusion nucléaire* de deux atomes d'hydrogène, de nouveaux atomes d'hélium se sont constitués ; eux-mêmes fusionneront avec la création d'atomes de plus en plus lourds, l'ultime phase étant l'uranium (92 électrons gravitent autour du noyau).

Mais, 380 000 ans après le Big Bang, dans un Univers encore relativement étroit, la matière, dont la température était encore de 3 000 K, était exclusivement constituée d'hydrogène et d'hélium. Le *fond diffus cosmologique*, époque la plus ancienne observable par les radiotélescopes, date de cette époque : une « *soupe* » d'atomes d'hydrogène et d'hélium. ***Mais les briques de notre Univers étaient mises en place.***

Les composantes de l'Univers

C'est « ***l'ère stellaire*** » dont l'expansion rapide commença en 380 000 ans après le Big Bang, dans un Univers dont la température avait chuté à 3 000 K ; d'une part, les atomes les plus légers (hydrogène et hélium) existaient, et d'autre part, la présence du *fond diffus cosmologique* est la preuve que les *photons* avaient cessé d'interférer avec la matière, pour devenir la « ***lumière*** », un assemblage entre les « *photons* » (masse nulle) et une « *onde électromagnétique* ». C'est un modèle destiné à représenter les rayonnements électromagnétiques comme une forme de transfert de l'énergie.

Les « *atomes* » se sont rassemblés en « *molécules* » : deux atomes d'hydrogène (H) constituent une molécule d'hydrogène (H_2). Ces molécules étaient libres, mais du fait de l'*interaction gravitationnelle* (lois de Newton), ces fragments de matière se sont attirés les uns les autres pour constituer des « *nuages interstellaires* ». Puis, dans des sites préférentiels, toujours du fait de l'interaction gravitationnelle, la matière se concentra de plus en plus, la température s'y accrut jusqu'à ce qu'elle dépasse 15.10^6 K et déclenche « ***la fusion nucléaire*** » entre deux atomes d'hydrogène pour donner naissance, d'une part, à un atome d'hélium, et, d'autre part, à une débauche d'énergie calorifique et de rayonnement électromagnétique : ***les étoiles qui peuplent l'Univers étaient nées***.

À une échelle plus restreinte, les étoiles où la fusion thermonucléaire est la plus active (étoiles à très longue durée de vie), l'*interaction gravitationnelle* a concentré la matière du nuage interstellaire dont elles sont issues sous la forme d'un disque de matière. Il s'agit des éléments simples de matière primitive (H_2, N_2) et des molécules issues de la combinaison de ces éléments simples : eau H_2O, dioxyde de carbone CO_2, ammoniac NH_3, cyanure d'hydrogène HCN, méthane CH_4, sulfure de fer FeS, silice SiO_2, par exemple, après l'explosion d'une étoile à vie courte. Mais, dans ce disque, la matière se concentre pour y former des planètes. ***C'est ainsi que se constitua notre Système Solaire***.

Les nuages interstellaires

On estime que l'Univers contiendrait entre 10^{80} et 10^{85} atomes, mais que, du fait de l'expansion et de la constante gravitationnelle, ces atomes ont tendance à se regrouper pour constituer des « *nuages de matière* ». Le terme fait illusion, certes, un nuage contient des dizaines de milliards d'atomes par mètre cube, et comme il s'allonge sur des centaines d'années-lumière, la masse globale peut atteindre plusieurs milliers de fois la masse du Soleil ($1{,}989.10^{27}$ tonnes).

Cependant, ces nuages ne contiennent que très peu de matière, aujourd'hui, ils sont composés de gaz (hydrogène et hélium) et de poussières issues de la destruction des étoiles, mais 380 000 ans après le Big Bang, ils ne rassemblaient que des atomes d'hydrogène et d'hélium. Du fait de leur faible densité, ces nuages interstellaires étaient froids (température moyenne de l'ordre de 10 K ou -263 °C), car leur structure n'était pas homogène et il existait des amas de molécules plus denses.

Toutefois, 155 millions d'années après la fin de l'âge sombre, l'effondrement de ces « *nuages primordiaux* » sous l'effet de la gravité a accru la température de certains amas qui sont devenus des « ***proto-étoiles*** » avec une température cette fois très élevée : 100 000 K. En effet, par gravité, la matière se concentra et la température s'éleva ; quand elle approcha de 15 millions K, les atomes d'hydrogène fusionnèrent en atomes d'hélium. L'amas initial devint une étoile dégageant une énergie considérable (***notre Soleil n'est qu'une étoile parmi des milliards d'autres***).

Les étoiles

Aujourd'hui, ces nuages sont composés de gaz (hydrogène et hélium) et de poussières issues de la destruction des étoiles, mais 380 000 ans après le Big Bang, ils ne rassemblaient que des atomes d'hydrogène et d'hélium.

Histoire des étoiles

On estime qu'il y eut trois générations d'étoiles.

La première génération d'étoiles (il y a 4 603 millions d'années)

Elle se constitua du fait de l'*interaction gravitationnelle ;* et le nuage d'hydrogène et d'hélium s'effondra sur lui-même ; en des points privilégiés, les *protons* se rapprochèrent les uns des autres et finirent par entrer en collision. Ce processus s'accompagna d'un accroissement de la température, et le nuage devient un *plasma* et, vers 10 000 000 K, la fusion des noyaux des atomes d'hydrogène s'opéra.

Mais en 5 millions d'années, les plus massives avaient brûlé leur hydrogène pour exploser en *supernova ;* la fusion nucléaire de l'hélium, puis de celle des éléments ainsi constitués, dispersa de nouveaux éléments chimiques, surtout plus lourds, pour constituer un nouveau nuage intersidéral.

La deuxième génération d'étoiles (il y a 4 596 millions d'années).

Elles étaient très massives (> 30 masses solaires) et la fusion nucléaire y fut encore plus brève (environ 100 000 ans) ; l'effondrement de ces étoiles donna de nouveaux nuages, riches en nouveaux éléments chimiques.

La troisième génération d'étoiles (il y a moins de 4 596 millions d'années)

Ce nuage riche en hydrogène, en hélium et en poussières résiduelles : Fe, Al, et un cortège d'autres éléments rassemblant les futurs composants des étoiles (hydrogène et hélium) et de leur cortège de planètes rocheuses et d'astéroïdes. Mais la part de ces atomes dans l'Univers est très disparate.

➢ La table périodique des éléments, dite « *table de Mendeleïev* » comporte aujourd'hui 118 éléments, allant de l'hydrogène $_1H$ à l'oganesson $_{118}Og$, mais les vingt-six derniers éléments n'existent pas naturellement dans l'Univers, ils ont été produits artificiellement dans les réacteurs nucléaires ou en laboratoire, on les dit « synthétiques ». Le dernier élément « naturel » est l'uranium $_{92}U$.

➢ Cependant, la densité de ces quatre-vingt-douze éléments est loin d'être uniforme…

	N° atomique	Élément	Pourcentage	Parties par million
1	1	Hydrogène	73,9	739 000
2	2	Hélium	24	240 000
3	8	Oxygène	1	10 400
4	6	Carbone	0,5	4 600
5	10	Néon	0,1	1 340
6	26	Fer	0,1	1 090
7	7	Azote	0,1	960
8	14	Silicium	0,07	650
9	12	Magnésium	0,06	580
10	16	Soufre	0,04	440
			99,87	999 060

Document a.01 – Les dix principaux éléments de notre galaxie

… l'hydrogène et l'hélium contribuent près de 99 % des atomes de notre galaxie (voir ci-dessous) la « *Voie lactée* ».

➢ Quand on sait que l'hélium possède deux électrons et qu'il ne peut s'allier à aucun autre atome, l'hydrogène reste l'élément le plus représentatif. Parmi les autres atomes issus du démantèlement des deux premières générations d'étoiles, l'oxygène $_6O$ ne constitue que 1 % (ou 10 400 parties par million ou ppm), le carbone $_6C$, 0,5 % (4 600 ppm – et l'azote $_7N$, 0,1 % (960 ppm)) ; ***pourtant, ces trois atomes sont essentiels dans la genèse de la vie et de la matière vivante***.

➢ Quant aux quatre-vingt-deux autres éléments, on ne les rencontre qu'à l'état de trace (mais des traces de dizaines de milliards de tonnes du fait de l'immensité de l'Univers).

Le mécanisme de la fusion nucléaire

L'effondrement de nuages très riches en hydrogène sous l'effet de la gravitation concentre la matière dont la température s'accroit. Quand celle-ci dépasse 10 000 000 K, deux noyaux d'hydrogène fusionnent pour constituer un noyau d'hélium ; c'est ainsi que le « *cœur de l'étoile s'allume* » :

➢ Dans le cœur de notre Soleil, chaque jour, la fusion nucléaire transforme 632,6 millions de tonnes d'hydrogène, en 628,3 millions de tonnes d'hélium, soit…

$$632,6.10^6 \text{ t d'}H_2 \quad ===> \quad 628,3.10^6 \text{ t d'He} + 4,3.10^6 \text{ t}$$

➢ L'excédent de $4,3.10^6$ t de matière est le résidu d'énergie des liaisons entre protons et neutrons à l'intérieur des noyaux (cette énergie est moins élevée dans un noyau d'hélium que dans deux noyaux d'hydrogène). En masse, cet excédent ne concerne que 0,68 % de la masse initiale d'hydrogène, mais si on convertit cette masse en énergie, chaque jour le Soleil émet $3,9 \times 10^{26}$ joules. L'explosion d'une tonne de T.N.T., une matière souvent prise en référence, libère 4 300 ou $4,3.10^3$ joules. Chaque jour, ***la fusion nucléaire du cœur du Soleil libère l'équivalent de 95.10^{21} tonnes de T.N.T***.

➢ Dans la pratique, cette énergie est libérée sous forme de rayonnement électromagnétique : des *rayons γ,* des *rayons X*, des *rayons UV*, de la *lumière visible*, des *rayons infrarouges*, des *micro-ondes* et des *ondes radio*, par longueur d'onde croissante. Il faut y ajouter le « *vent solaire* », un flux de particules pour l'essentiel constituées d'*ions* (groupe d'atomes portant une charge électrique) et d'*électrons.*

C'est une débauche d'énergie qui part dans les trois dimensions. Si le Soleil n'explose pas, c'est que la force gravitationnelle contrôle la réaction thermonucléaire, ce que nous ne sommes pas encore parvenus à réaliser en laboratoire.

L'immense variété des étoiles

Les étoiles se différencient selon leur taille exprimée par le « *rayon équatorial* », mesuré par triangulation entre l'aphélie et le périhélie de la Terre dans le plan de l'écliptique. Celui du Soleil est de 695 500 km (soit 109 fois celui de la Terre : 6 378 km), d'après les plus récentes observations, la taille des étoiles est comprise entre 0,1 et 2 150 fois le rayon du Soleil, soit entre 39 634 et 1 500.10^6 km.

➢ La plus grosse étoile connue est « *Stephenson 2-18* » dans la « *constellation de l'Écu de Sobiewski* », dans l'hémisphère céleste Sud. Son rayon est de 1 497.10^6 km. Si cette étoile se retrouvait à la place du Soleil, elle dépasserait de 719.10^6 km l'orbite de Jupiter.

➢ La plus petite étoile connue est « *EBLM J0555-5b* », dans la « *constellation du Peintre* ». Son rayon n'est que de 60 000 km, soit à peine supérieur à celui de Saturne (58 232 km) et très inférieur à celui de Jupiter (69 911 km). Mais sa masse est de 1 011,3.10^{24} tonnes soit *85 fois celle de Jupiter* (1,898.10^{24} tonnes) et *284 fois celle de Saturne*. La force gravitationnelle qui lui est associée déclencha la fusion nucléaire.

La durée de *l'activité d'une étoile* varie entre quelques millions d'années et plus de 50 milliards d'années selon la vitesse de la fusion nucléaire, laquelle est en proportion inverse de sa taille.

➢ Dans les grosses étoiles (*Stephenson 2-18*), la réaction thermonucléaire est très rapide, et ces astres consomment leur réserve d'hydrogène en quelques millions d'années seulement.

➢ À l'inverse, dans les petites étoiles (ex. : *EBLM J0555-5b*), la fusion nucléaire est lente et leur espérance de vie est de l'ordre de la dizaine de milliards d'années.

➢ Ainsi, le Soleil, une étoile née 9,5 milliards d'années après le Big Bang, n'a consommé que la moitié de son stock initial d'hydrogène, et il lui reste encore plus de 5 milliards d'années à briller (son extinction n'est pas un risque pour l'humanité).

La typologie des étoiles

En vision nocturne, au télescope, les étoiles sont classées selon leur couleur (*brunes* à *blanches*) et suivant leur taille (*naines* à *supergéantes*) calculée en masses solaires, mais cette typologie exprime aussi l'état de leur évolution ; on distingue ainsi :

➢ Les ***naines brunes*** (< 0,08 masse solaire) : la fusion nucléaire y a échoué, faute de température suffisante, et leur masse est à peine supérieure à celle des grosses planètes : Saturne, Jupiter,

➢ Les ***naines rouges*** (0,08 et 0,8 masse solaire) sont les plus petites étoiles de la Voie lactée (« *Proxima du Centaure* » à 4,24 années-lumière de nous). La fusion nucléaire y est extrêmement lente : on estime qu'il leur faudra 1 000 milliards d'années pour transformer leur hydrogène en hélium. En fin de vie, elles se transformeront en ***naines blanches***.

➢ Les ***naines jaunes*** (0,8 et 1,2 masse solaire) constituent l'ensemble des étoiles de taille moyenne, celles dont le Soleil constitue un très bon exemple. Après une existence de 5 à 10 milliards d'années, ces étoiles deviennent des ***géantes rouges*** qui s'effondreront sur elles-mêmes, pour former une ***naine blanche***. Parmi les 200 et 400 milliards d'étoiles de la Voie lactée, 10 % d'entre elles (20 à 40 milliards) sont des naines jaunes.

➢ *Les* ***géantes rouges*** (0,3 à 8 masses solaires) sont donc des naines jaunes dont le noyau vient d'épuiser son stock d'hydrogène ; très fortement dilatées, leur rayon peut atteindre des centaines de fois celui du Soleil, soit près de 70.10^6 km, à mi-chemin entre les orbites de Mercure ($57,9.10^6$ km), et de Vénus ($108,2.10^6$ km). Mais leur surface s'est considérablement refroidie : 2 500 K contre 6 000 K à la surface d'une naine jaune, et ce refroidissement se traduit par *cette teinte rouge caractéristique des basses températures pour les étoiles*. Une fois les réserves d'hydrogène épuisées, le « *cœur* » se contracte dans une « *coquille* » à l'intérieur de laquelle la pression et la température de 100.10^6 K (15.10^6 K dans une naine jaune) sont suffisantes pour que le processus de fusion reprenne, celui des atomes d'hélium en atomes de carbone. Mais cette « *coquille* » se dilate et absorbe la majeure partie de l'énergie issue de la fusion nucléaire, ce qui explique l'extraordinaire diamètre que peuvent atteindre ces étoiles.

➢ *Les* ***naines blanches*** (0,5 à 2 masses solaires) constituent les résidus de l'évolution des étoiles, avec un rayon voisin de celui de la Terre ; leur masse volumique (ou densité) est de plusieurs tonnes par cm^3, soit plusieurs milliers de fois celle des matériaux les plus denses de notre planète (l'osmium, $_{76}Os$, le métal le plus dense, a une masse volumique de 22,59 g/cm^3 et celle du noyau interne de la Terre est de 13 g/cm^3 environ) ; enfin, leur température de surface peut dépasser 100 000 K. On estime que les naines blanches constituent 96 % des étoiles de notre galaxie.

➢ *Les* ***naines noires*** sont l'aboutissement du refroidissement d'une naine blanche, en 5 à 6 milliards d'années.

➢ *Les* ***géantes bleues*** (plus de 10 masses solaires) sont des étoiles très massives, qui consomment leur hydrogène en 10 à 100 millions d'années. Quand les réactions thermonucléaires ont eu raison de leur réserve d'hydrogène, elles deviennent des « ***supergéantes rouges*** » ; le cœur « *s'effondre* » en dégageant beaucoup d'énergie, ce qui provoque l'expansion de l'enveloppe de l'étoile. Le rayon peut atteindre des centaines de fois celui du Soleil. Mais ces étoiles instables finissent par exploser, constituant une « ***supernova*** » (du fait de l'augmentation fantastique de sa luminosité, vue depuis la Terre, une supernova semble être une nouvelle étoile, pourtant, elle en constitue la disparition).

Elles ne laissent « qu'une sorte de noyau » qui, selon sa masse, deviendra, une ***étoile à neutrons*** ou un ***trou noir*** qui sont donc des noyaux résiduels de supernova. La gravité y est telle que les protons et les électrons se sont combinés pour se transformer en neutrons, et ces objets célestes sont très denses (1,5 masse solaire) et très petits (rayon de 10 km seulement). La masse volumique est gigantesque et voisine de 700 000.10^{18} tonnes/cm^3. Une ***étoile à neutron*** tourne rapidement sur elle-même et elle projette un pinceau de radiations le long de son axe magnétique ; comme pour un observateur placé dans la direction de cet axe, il se produira un « *effet de phare* », appelé « ***pulsar*** ». Aucune forme de vie ne peut survivre à un tel environnement.

Mais le noyau de l'étoile morte peut s'avérer encore plus massif et sa contraction gravitationnelle le conduit alors à un « ***trou noir*** », un objet est si dense avec un champ gravitationnel si élevé, que la matière et les rayonnements électromagnétiques dont la lumière, ne peuvent s'en échapper (c'est la raison pour laquelle il est noir). Comme la vitesse de la lumière (300 000 km/s) n'atteint pas la vitesse de libération (vitesse à acquérir pour échapper à l'attraction d'un astre), il est impossible d'observer directement un trou noir.

Si on résume, l'étoile type est une naine jaune qui après consommation totale de son hydrogène deviendra une géante rouge, pour terminer son existence comme naine blanche et naine noire.

Les phases de la vie d'une étoile jaune : le Soleil

Le Soleil s'est formé 9 500 millions d'années après le Big Bang, il y a 4 603 millions d'années environ (la Terre est apparue 60 millions d'années plus tard). On estime qu'il lui restera à vivre 5 390 millions d'années avant de devenir une géante rouge, puis de s'éteindre définitivement 5 100 millions d'années plus tard (environ).

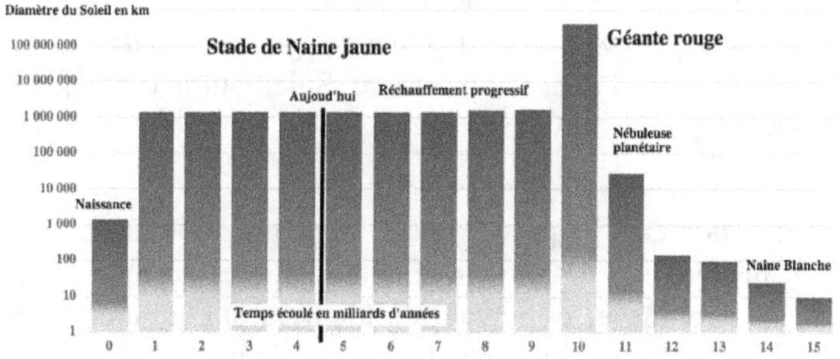

Document a.02 – Cycle de vie du Soleil

La séquence principale

Phase de fusion nucléaire de l'hydrogène en hélium, c'est la plus longue et la plus stable de l'activité solaire ; c'est aussi au début de celle-ci que le nuage de poussières résiduelles se condensa en un disque proto-planétaire.

Le Soleil, quant à lui, est constitué de 95 % d'hydrogène ; son cœur est celui d'une *naine jaune* (chaque seconde, les noyaux de 632,6 millions de tonnes d'hydrogène fusionnent en 628,3 millions de tonnes de noyaux d'hélium). Rappelons que la différence, 4,35 millions de tonnes (ordre de celle de la masse de la pyramide de Gizeh) sont converties en énergie électromagnétique (des rayons gamma aux ondes radio, en passant par les « sept couleurs » de l'arc-en-ciel). Si on exprime cette masse en unité énergétique, chaque seconde, le Soleil émet 4.10^{26} watts vers l'espace (et son système planétaire). Il faut y ajouter le vent solaire essentiellement constitué d'ions et d'électrons, éjectés de la haute atmosphère du Soleil, et dont la production est très variable.

La fusion nucléaire est très lente (la force gravitationnelle du Soleil empêche le noyau de se transformer en une « *gigantesque bombe H* »). Cette réaction est étendue sur une dizaine de milliards d'années, soit > 75 % de la durée moyenne de vie d'une *naine jaune.* Toutefois, la fusion nucléaire a tendance à s'accélérer, et progressivement le rayon du Soleil s'accroît : actuellement de 696 340 km, il atteindra 835 608 km dans 7,5 milliards d'années ; en parallèle, sa luminosité augmente de 7 % par milliard d'années : il était moins brillant dans le passé mais le sera de plus en plus dans l'avenir.

Cette « *séquence principale* » devrait prendre fin dans près de 5,9 milliards d'années, quand le Soleil aura consommé toutes ses réserves d'hydrogène.

La phase de géante rouge

À ce moment, l'équilibre entre l'énergie produite par la fusion nucléaire et les forces gravitationnelles au niveau du cœur sera rompu et ce noyau s'effondrera sur lui-même en devenant de plus en plus chaud. À l'extérieur, dans ce qu'on nomme la « *couronne solaire* », l'énergie thermique considérable en provenance du noyau, sera supérieure à la force de gravité et le Soleil se dilatera, jusqu'à ce que notre étoile devienne une « *géante rouge* » au rayon de 100 à 300 fois le rayon actuel. Sa « photosphère » (couronne extérieure de l'astre) dépassera l'orbite de Mercure puis de Vénus, et la Terre ne sera plus qu'un désert brûlant dépourvu d'atmosphère.

À la fin du stade de *géante rouge*, le cœur, du fait de la force gravitationnelle, atteindra une température de 100.10^{6} K (7 fois la température actuelle). Alors commencera la fusion de l'hélium en carbone puis en oxygène, puis il ne restera plus que le cœur essentiellement riche en carbone, qui, par gravité, s'effondrera à la taille de la Terre : une *naine blanche*. Enfin, dans 13 à 15 milliards d'années, par refroidissement, l'astre sera devenu une *naine noire,* n'émettant plus aucun rayonnement. Mais la vie sur Terre avait disparu depuis longtemps.

Remarque

Selon une certaine logique, les 10^{86} atomes qui constituent l'Univers seraient nés des fusions successives qui auraient conduit de l'hydrogène (^{1}H) à l'uranium (^{238}U), ce qui semble indiquer une évolution « *linéaire* » et « *uniforme* » du plus simple vers le plus complexe, par fusion, au cœur des étoiles, de l'hydrogène en hélium, puis en carbone au cœur des géantes rouges selon le schéma : *nuage intergalactique ==> naine jaune ==> géante rouge ==> naine blanche ==> naine noire.* Mais ce schéma évolutif n'est pas celui de l'Univers depuis la formation de la première étoile.

➢ Il existe des « ratés » avec des *naines brunes* où la fusion nucléaire a échoué et des *naines rouges* qui deviennent des *naines blanches* sans passer par le statut de *géantes rouges*.

➢ À l'inverse, dans les *géantes bleues*, la combustion de l'hydrogène conduit à des *supergéantes rouges*, lesquelles, après avoir brûlé tout leur hydrogène, deviennent des *supernovas* qui laissent un *noyau* très dense, soit des *étoiles à neutrons* et des *pulsars*, soit des *trous noirs*, dont la force gravitationnelle retient toutes les ondes électromagnétiques (y compris la lumière).

La diversité conduit non pas à des systèmes uniques, mais à des systèmes plus complexes où le « hasard » et les « circonstances » jouent leur propre rôle : la genèse et l'évolution de l'Univers ne relèvent pas d'un grand fil conducteur conduisant du Big Bang aux étoiles, ***leur histoire ne relève pas d'une volonté divine***. En son temps, ***Georges Lemaître déconseilla à Pie XII de faire un lien entre le Big Bang et la Genèse de l'Univers selon la Bible***.

Achevons cette histoire dans des directions ; l'immensité des « *galaxies* » qui s'oppose à la réduction des « *systèmes planétaires* », dont le « *Système Solaire* ».

Les galaxies

Une galaxie est un ensemble d'étoiles et de poussières issues de la dispersion des nuages planétaires des supernovas. La cohésion d'un tel ensemble est assurée par la force gravitationnelle, et une galaxie contient parfois un trou noir en son centre.

Quelques généralités

La galaxie la plus proche du Soleil et de la Terre est la « *Voie lactée* » constituée de 200 à 400 milliards d'étoiles. Mais les *naines jaunes*, catégorie dont le Soleil fait partie, n'en formeraient que 10 % (20 à 40 milliards d'étoiles) ; ***or, ce sont les seules susceptibles de posséder un cortège de planètes habitables.***

Document a.03 – Type de galaxies selon Edwin Hubble : ***galaxie elliptique Messier 87, galaxies en spirales Andromède et Tourbillon, et galaxie irrégulière du Nuage de Magellan***

La « *Voie lactée* » (ou « *Galaxie* » avec une majuscule) a un diamètre de l'ordre de 105 700 années-lumière, et elle constituerait la taille médiane de toutes les galaxies jusqu'ici observées ; toutefois, il existe des *galaxies naines* peuplées « seulement » d'une dizaine de milliards d'étoiles (ordre de grandeur 10^{10}) en opposition à des *galaxies géantes* de plusieurs millions d'étoiles (ordre de grandeur 10^{12}).

Enfin, dans l'Univers observable (limite atteinte par les possibilités des instruments d'observation les plus performants que sont les radiotélescopes, et cela, jusqu'au fond diffus, 380 000 ans après le Big Bang), on ne peut observer que les *galaxies médianes* et les *galaxies géantes*, les *galaxies naines* sont indécelables aux limites de l'Univers. Mais les modèles statistiques estiment que l'Univers pourrait contenir jusqu'à 2 000 milliards de galaxies (ordre de grandeur de 2.10^{12} galaxies, une hypothèse invérifiable).

En 1920, Edwin Hubble mit en évidence la présence de systèmes galactiques à l'extérieur de la Voie lactée, et il en révéla trois types : les *galaxies elliptique*s (galaxie Messier 87 dans la constellation de la Vierge), les *galaxies en spirales* (Voie lactée, Andromède), et les *galaxies irrégulières* (grand Nuage de Magellan dans les constellations de la Dorade et Table).

Enfin, il existe des étoiles isolées à l'extérieur des galaxies.

La Voie lactée

On connaît la Voie lactée depuis l'Antiquité, et Démocrite (460-370 av. J.-C.) lui reconnut le premier le statut d'ensemble d'étoiles. Vue de la Terre par une nuit très claire, la *Voie lactée dessine à une bande blanchâtre inclinée de 30° dans le ciel,* c'est-à-dire sur le plan de l'écliptique (*dans la mythologie grecque, Héraclès, enfant, fut placé sur le sein d'Héra ; mais il tira si fort que le lait gicla et se répandit en une grande traînée laiteuse dans le ciel : la Voie lactée*).

Âge de la Voie lactée :

Les plus anciens éléments qui la peuplent encore sont les « amas globulaires ». On calcule leur âge en évaluant la désintégration des isotopes du thorium et de l'uranium :

➢ Le noyau de l'isotope d'un même élément possède le même nombre de protons, mais le nombre de ses neutrons est différent. Par exemple, le carbone 12 ou ^{12}C possède 12 protons et 12 neutrons ; toutefois, il existe un isotope appelé carbone 14 ou ^{14}C (12 protons et 14 neutrons). Le carbone 14 est instable, il a tendance à se transformer en carbone 12 selon une régression géométrique de raison 6 000 : tous les 6 000 ans, le nombre d'atomes est divisé par deux (cette période est appelée la « *demi-vie du* $^{1}{}_{4}C$ »). Dans un arbre, par exemple, la part du ^{14}C par rapport au ^{12}C est connue, la part de ^{14}C dans un tronc fossile permet d'en déterminer l'âge…

➢ Plus l'isotope possède une demi-vie élevée, plus il est possible de déterminer l'âge des étoiles qui en possèdent encore. Ainsi, le thorium 232 ou ^{232}Th se transforme progressivement en radium 228 ou ^{228}Ra, mais sa demi-vie est de $1,40.10^{10}$ ans. Les modèles mathématiques ont pu estimer la part du ^{232}Th mesurée sur les plus anciennes étoiles (en fait, on mesure la radioactivité résultante) et les estimations de la part de cet élément lors de la naissance de ces étoiles (au moyen de modèles mathématiques) permettent de donner une « date de naissance » : -12,7 milliards d'années pour l'amas globulaire M4 dans la constellation du Scorpion.

➢ Pour affiner la mesure, on a effectué la même démarche avec l'uranium 238 ou ^{238}U qui se désintègre en thorium 234 ou ^{234}Th, avec une demi-vie de $4{,}468.10^9$ années. Les calculs ont conduit aux mêmes résultats (***nous avons insisté sur cette présentation car elle est fondamentale pour le calcul de l'âge du Système Solaire et de la Terr***e).

➢ Enfin, on sait que les naines blanches se refroidissent très lentement par émissions de radiations. Les radiotélescopes permettent d'évaluer leur température ; en comparant les températures des différentes naines blanches, on a estimé leur vitesse de refroidissement ; les plus froides, les plus anciennes sont alors vieilles de près de 13 milliards d'années.

… Un peu moins de 13 milliards d'années est donc l'âge probable de la Voie lactée. Avec 4,603 milliards d'années, le Soleil est une étoile plutôt jeune née dans le troisième tiers de la vie de la Galaxie.

Taille de la Voie lactée

Aujourd'hui, par sa taille, le disque de la Voie lactée vient juste après celui de la galaxie d'Andromède, avec un diamètre estimé à 100 000-120 000 années-lumière. Si on réduit 120 000 années-lumière au diamètre de la Terre : 12 742 km, celui de l'orbite de Neptune : $45\,000.10^6$ km serait réduit à un disque de 50 cm.

Quant à sa masse, on la calcule en fonction de la vitesse de libération à la limite extérieure de la Galaxie : 350 km/s (la vitesse de libération des étoiles les plus périphériques est de 254 km/s). Un calcul compliqué permet néanmoins d'estimer la force gravitationnelle de l'ensemble de la Galaxie et de là sa masse potentielle, entre $5{,}8.10^{11}$ et $8{,}5.10^{11}$ masses solaires (1 masse solaire = $1{,}989.10^{27}$ tonnes) dont de la matière noire pour l'essentiel (une *matière hypothétique* qui n'est détectée que par son influence gravitationnelle).

On a longtemps épilogué sur la nature de ce noyau ; or, selon toute probabilité, il s'agirait d'un « ***trou noir géant*** ».

Les exoplanètes de la Voie lactée

En effet, le Soleil est une *naine jaune*, il n'est pas la seule, et ces *naines jaunes* peuvent posséder des systèmes planétaires.

Les modèles statistiques nous informent que notre Galaxie pourrait compter jusqu'à 400 milliards d'étoiles susceptibles de posséder chacune une planète. La Voie lactée pourrait ainsi contenir au moins 400 milliards de planètes (Diantre !). Une étude réalisée en 2013, issue des observations effectuées à partir du télescope spatial Kepler (mis en orbite en 2009 et aujourd'hui hors service), estime qu'il y aurait au moins 17 milliards de planètes de la taille de la Terre, et 11 milliards d'entre elles seraient en orbite autour d'une naine jaune de la taille du Soleil, et dans « *sa zone habitable* » (présence d'une atmosphère et d'une hydrosphère avec une température suffisante à l'éclosion de la vie extraterrestre : 288 K ou 15 °C en moyenne).

Au moins une planète de ce type serait à 12 années-lumière de la Terre (toutefois, selon les possibilités de la technologie actuelle, il faudrait 100 000 ans pour y parvenir). Cependant, les observations n'ont détecté que des planètes gazeuses géantes ; nous verrons que certaines sont très proches de leur étoile et en font le tour en quelques jours seulement.

***Ce n'est pas le modèle que donne la structure du Système Solaire** !*

Le Système Solaire et son histoire

Ce système planétaire se compose d'une étoile jaune, le *Soleil*, de *quatre planètes telluriques* (de densité élevée) et de *quatre planètes gazeuses* (de très faible densité), mais ces huit planètes ne constituent que 0,00134 pour 10 000 de la masse du Soleil et l'essentiel de la matière contenue dans le Système Solaire se trouve dans le Soleil lui-même. À ces planètes, il faut ajouter au moins *quatre planètes naines* situées dans la ceinture d'astéroïdes à l'extérieur de l'orbite de Neptune. On y ajoute la *ceinture d'astéroïdes* entre les orbites de Mars et de Jupiter, les *astéroïdes « grecs et troyens »* sur l'orbite de Jupiter. Des objets dits « *transneptuniens* » circulent au-delà de l'orbite de Pluton. Les *comètes* (astres constitués de glaces dont le rôle pourrait être majeur dans l'apparition de la vie sur la Terre), et des *nuages de poussières et d'objets célestes* appartiennent à deux ensembles : la *ceinture de Kuiper* située à 43 UA du Soleil (une UA ou Unité Astronomique est la distance moyenne qui sépare la Terre du Soleil, soit 150.10^6 km) et le *Nuage de Oort*, qui s'étend de 20-30 000 UA aux confins du Système Solaire.

La masse totale de cet ensemble est de 1 991 900.10^{24} t , mais, avec une masse de 1 989 000.10^{24} t, le Soleil en constitue 98,85 % ; la région transneptunienne totaliserait 226.10^{24} t (0,011 % de la masse du Système Solaire), les huit planètes n'en couvrant que $2{,}674.10^{24}$ t (soit 0,00013 % de la masse du Système Solaire). Quant à la Terre ($0{,}00597.10^{24}$ t), ce n'est qu'une part infinitésimale : 0,000 000 3 % de l'ensemble (ou 0,3 ppm.), ***mais c'est là qu'apparut la vie !***

Description du Système Solaire

Il serait très hasardeux de penser que tous les autres systèmes planétaires de la Voie lactée lui ressemblent ; la découverte des exoplanètes semblerait même démontrer le contraire. Pour ce qui est du Système Solaire, son diamètre est estimé à 100 000 UA (15 milliards de kilomètres) ou 1,5 année-lumière. À l'échelle de la Galaxie, ce n'est qu'un détail ; à l'échelle de la Terre, c'est gigantesque. Aussi commencerons-nous par les immensités de l'espace transneptunien.

Le Système Solaire au-delà de Neptune

C'est un monde glacial de 4,1 K ; tous les corps sont donc à l'état solide, que ce soit l'eau (solide à 273,15 K), ou l'oxygène O_2 (fusion à 54,3 K), voire l'hydrogène H_2 (fusion à 13,9 K).

Les petits objets célestes

Ils appartiennent à la ceinture d'astéroïdes ou évoluent dans la zone transneptunienne ; ils sont solides ce qui ne veut pas dire telluriques.

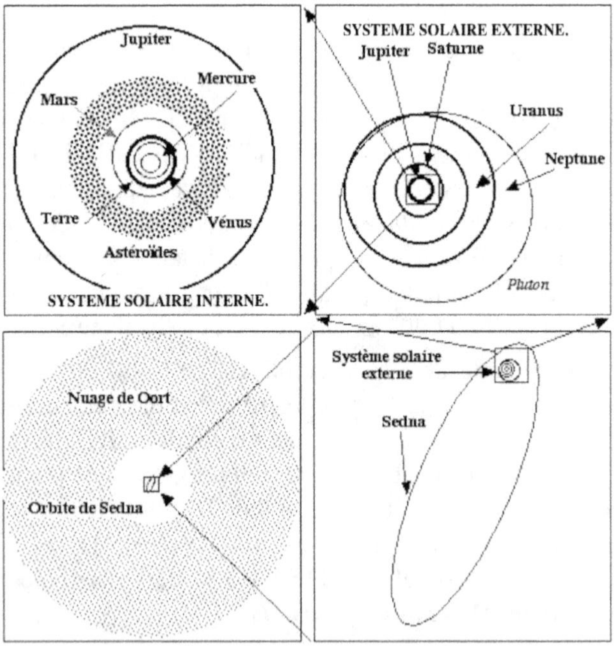

Document b.01 – Panorama du Système Solaire

	Distance du Soleil	Rayon	Masse	Composition
Pluton	39,5 UA	1 185 km	$13{,}1.10^{24}$ t	Roche et glace
Hauméa	55,6 UA	1 050 km	$0{,}04.10^{17}$ t	Roche et glace
Makémaké	45,4 UA	1 450 km	$0{,}003.101^{8}$ t	Roche et glace
Sedna	515,5 UA	498 km	10^{17} t	Hydrocarbures

Les quatre planètes naines

Elles sont perdues dans l'immensité spatiale : Pluton fait un tour du Soleil en 248 ans, Hauméa en 283 ans, Makémaké en 306 ans et Sedna en 11 705 ans. Ces astres sont plus ou moins sphériques (Hauméa est ovoïde), leur « noyau » est tellurique, mais la couronne extérieure est couverte d'une épaisse couche de glace, voire de méthane liquide ; Sedna aurait plutôt la structure d'un noyau de comète.

Le nuage de Oort

C'est une « *bulle* » sphérique de 80 000 UA de diamètre, située entre 20 000 et 100 000 UA du Soleil. Il n'a jamais été observé, c'est l'astrophysicien néerlandais, Jan Oort (1900-1992) qui détecta son existence par l'analyse des orbites des comètes. Sa nature chimique a été déduite de celle des comètes ; dans un milieu de quelques K, les molécules le plus fréquemment rencontrées sont l'eau, l'ammoniac, le méthane, l'éthane, le monoxyde de carbone et le cyanure d'hydrogène (***or, ce sont des composés qu'on rencontre dans les matières organiques***).

Cette matière se serait formée près du Soleil, mais la force gravitationnelle de Jupiter, Saturne, Uranus et Neptune l'aurait chassée vers l'extérieur pour y rassembler des « *milliers de milliards* » de noyaux de comètes de plus de 1,3 km de diamètre, qui intéressent les astrophysiciens, car ils donnent une image du Système Solaire après l'effondrement de la « *nébuleuse solaire* », il y a 4 600 millions d'années.

La ceinture de Kuiper

Après la découverte par Clyde Tombaugh (1906-1997) en 1930, les astrophysiciens Frederick C. Leonard (1896-1960) et Kenneth Edgeworth (1880-1972) subodorèrent que d'autres corps évoluaient au-delà de l'orbite de Neptune ; trop dispersés pour se condenser en une planète, ils formaient une ceinture de corps de petite taille.

Au début des années 1960, le physicien Alastair Cameron (1925-2005) et l'astronome Fred Whipple (1906-2004), qui étudiaient les anomalies de l'orbite d'Uranus, estimèrent probable la présence d'une « *ceinture de noyaux de comètes* », de masse considérable, située au-delà de Neptune ; on lui donna le nom de « *ceinture de Kuiper* » en hommage à l'astronome Gerard Kuiper (1905-1973) père de l'hypothèse qu'à l'origine du Système Solaire, il y avait un disque à partir duquel les planètes se seraient formées par gravitation et par accrétion. En 1992, l'astronome David Jewitt (1958-2009), et son étudiante Jane Luu (née en 1963) découvrirent deux objets célestes dans cet espace transneptunien : « *Albion* » à 43,9 UA et « *1993 FW* » à 43,6 UA

Cette ceinture rassemblerait le solde des fragments du disque protoplanétaire imaginé par Kuiper ; c'est une réplique vingt fois plus massive de la ceinture située entre Mars et Jupiter. Elle serait la source de la majorité des comètes dont les noyaux sont constitués par des ***molécules d'H_2O, d'HCN, de CO_2, de CH_4, de C_2H_6, de N_2, d'O_2***... à l'état solide.

Les comètes

Depuis l'Antiquité, l'apparition aléatoire de ces astres mystérieux convainquait les astrologues de l'occurrence de phénomènes extraordinaires et néfastes. Mais, situées entre la ceinture de Kuiper et le Soleil (quelques-unes proviennent du nuage de Oort), les comètes ne sont que des corps célestes en orbite autour du Soleil selon une ellipse très aplatie. Elles ne deviennent une comète qu'à l'approche du Soleil, le vent solaire sublime la glace (passage de l'état solide à l'état gazeux) ce que la mission Rosetta a observé sur le noyau de la comète « *67P/Tchourioumov-Guérassimenko* » en 2016, et l'orne d'une « *queue* » orientée dans la direction opposée au Soleil.

Leur composition soulève un vif intérêt ; leur cœur est constitué pour moitié de glaces (essentiellement H_2O, CO, CO_2, CH_4, C_2H_6...) et de poussières rocheuses agglomérées sur le modèle d'une « boule de neige sale ». En 2011, le physicien de la NASA, Richard B. Hoover (né en 1943) prétendit avoir trouvé des « *bactéries fossiles* » dans le noyau de quelques comètes (mais il n'apportait pas de preuves) ; plus sérieusement, la présence de matière organique, CH_4 et C_2H_6, a été démontrée et c'est une des hypothèses d'une origine extraterrestre de la vie sur Terre.

En effet, lors de sa formation, la Terre était trop chaude pour avoir pu conserver son eau juvénile ; or, l'analyse de la comète Hartley, en 1986, rendit compte que son eau était chimiquement voisine de celle des océans de la Terre. Les quelque $1,4.10^9$ km^3 des eaux terrestres seraient issues du bombardement par des noyaux de comètes, quelques dizaines de millions d'années après la formation de la Terre. Aujourd'hui, on estime comme probable que ces noyaux venaient de la ceinture de Kuiper.

Les planètes intraneptuniennes

Ce sont les quatre planètes gazeuses, la ceinture d'astéroïdes et les quatre planètes telluriques. Leur répartition ne constitue pas un modèle intergalactique, mais une originalité du Système Solaire ; les observations de quelques exoplanètes montreront que ce modèle n'a pas encore été retrouvé dans notre galaxie.

Les quatre géantes gazeuses

Jupiter, Saturne, Uranus et Neptune sont très éloignées du Soleil, entre 5,2 et 30,1 UA ; aussi leur température de surface est-elle très basse, elle varie de 110,2 K (-162,9 °C) à la surface de Jupiter à 55,2 K (-217,9 °C) sur celle de Neptune ; le méthane, l'éthane, le dioxyde de carbone, l'ammoniac, l'azote et l'oxygène seraient des liquides à la surface de ces planètes. Quelle que soit leur structure géologique, leurs satellites sont des déserts glacés.

Ce sont aussi des planètes gigantesques qui cumulent 98,5 % de la masse totale des huit planètes, leur diamètre est compris entre 4 et 11 fois celui de la Terre et leur volume entre 58 et 1 322 fois. Mais leur densité moyenne (1,23 t/m^3) est à peine supérieure à celle de l'eau (la densité de Saturne est même inférieure à 1). Cette faible densité tient à leur composition : essentiellement de l'hydrogène et de l'hélium…

	Eloignement du Soleil		Diamètre en km	Volume en km^3	Masse en t	Densité en t/m^3
	En km	En U.A.				
Jupiter	778 340 821	5,20	139 822	$1\,431\,281.10^9$	$1\,898{,}60.10^{24}$	1,33
Saturne	1 426 666 422	9,54	116 464	$827\,129.10^9$	$568{,}6.10^{24}$	0,69
Uranus	2 871 658 186	19,20	51 118	$69\,939.10^9$	$86{,}84.10^{24}$	1,27
Neptune	4 498 396 441	30,07	49 244	$62\,526.10^9$	$102{,}43.10^{24}$	1,64

Document b.02 – Les géantes gazeuses

	Hydrogène (H_2)	Hélium (He)	Méthane (CH_4)
Jupiter	87 %	13 %	0,1 %
Saturne	93 %	5 %	0,2 %
Uranus	83 %	15 %	2,3 %
Neptune	80 %	19 %	1,5 %

Document b.03 – Composition des planètes gazeuses

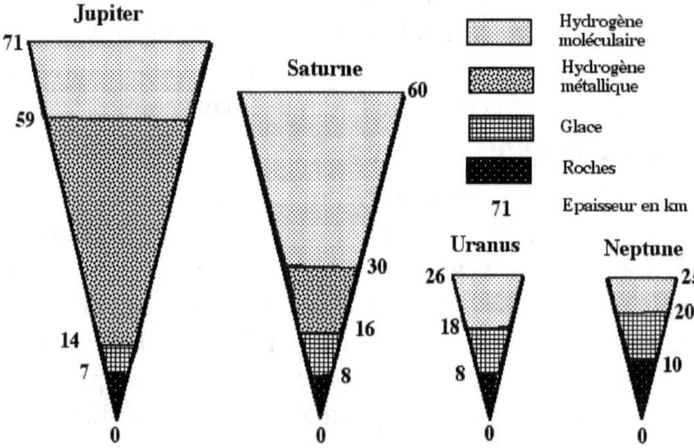

Document b.04 – Structure interne des planètes gazeuses
(NB : les échelles sont respectées)

… L'hydrogène domine à plus de 80 %, et sa part dans la composition de Saturne y explique une densité inférieure à celle de l'eau. Lors de leur genèse, à la manière des étoiles, ces planètes ont accumulé les atomes d'hydrogène par effet gravitationnel. Mais leur masse ne permit pas d'atteindre les 150 millions K nécessaires au déclenchement de la fusion nucléaire des noyaux d'hydrogène. Au centre de Jupiter, la pression atteint 70 milliards d'hPa et ne permet qu'une température de 20 000 K. Avec une part moyenne de 13 %, l'hélium occupe la seconde place, ce qui correspond à son taux dans les nuages gazeux intergalactiques. Le méthane n'est qu'à l'état de traces.

Mais les gaz ne constituent pas la totalité de la structure physico-chimique des planètes gazeuses. Le noyau interne, très chaud, est « rocheux » ; il se constitua au tout début du cortège des planètes du Soleil : son diamètre est compris entre 7 000 et 10 000 km, ce qui avoisine le diamètre des planètes telluriques : il est entouré d'une couronne interne d'une dizaine de milliers de kilomètres de « *glace* », probablement de l'eau H_2O, associée à des composés du carbone, de l'oxygène et de l'azote : CO_2, HCN, CH_4, C_2H_6, NH_3…

➢ Sur Uranus et Neptune, la structure passe directement à la couronne externe, enveloppe gazeuse d'hydrogène et d'hélium « moléculaires » de 10 à 20 000 km d'épaisseur.

➢ Sur Jupiter et Saturne, il existe une seconde couronne interne composée « *d'hydrogène métallique* » (45 000 km sur Jupiter et 14 000 km sur Saturne) ; on nomme ainsi une « forme dégénérée » d'H_2, quand, sous l'effet de la pression, l'espacement entre les protons et les électrons devient inférieur à la distance séparant l'électron du proton ou « rayon de Bohr ». Vers la surface, la couronne externe (12 000 km sur Jupiter et 30 000 km sur Saturne), est une enveloppe gazeuse d'hydrogène et d'hélium « moléculaires ».

Sans posséder de solution de continuité, à l'extérieur, il existe une atmosphère, essentiellement composée d'hydrogène (80 % à 93 %) ; les autres molécules diffèrent :

➢ ***Atmosphère neptunienne*** : on y a relevé des traces de méthane (CH_4), d'ammoniac (NH_3), d'éthane (C_2H_6) et d'acétylène (C_2H_2). La couleur bleue de cette planète provient du méthane qui absorbe le rouge.

➢ ***Atmosphère uranienne*** : on y a détecté de l'eau (H_2O), de l'ammoniac (NH_3) et du méthane (CH_4). C'est à l'absorption des infrarouges par ce gaz qu'Uranus doit sa couleur cyan.

➢ ***Atmosphère saturnienne*** : l'analyse spectrale révèle du méthane (CH_4), de l'éthane (C_2H_6) de l'ammoniac (NH_3), de l'acétylène (C_2H_2) et de la phosphine (ou phosphure d'hydrogène PH_3). Le rayonnement ultraviolet solaire est plus actif ce qui génère la photolyse du méthane, tandis que d'autres molécules, plus lourdes, tombent par gravité, ce qui engendre des *tourbillons anticycloniques* caractéristiques des planètes géantes.

➢ ***Atmosphère jovienne*** : elle possède une troposphère bien stratifiée avec des nuages de gouttelettes d'eau à la base (pression de 7 000 à 10 000 hPa et température de 340 K ou 67 °C). Puis des nuages d'hydrosulfure d'ammonium (NH_4HS) et de sulfure d'ammonium $(NH_4)_2S$ occupent une zone médiane (pression de 1 000 à 7 000 hPa et température de 120 à 320 k ou -153 à 47 °C). Enfin, au voisinage de la tropopause (entre 700 et 1 000 hPa pour une température de 100 à 110 K), les nuages sont composés de glace d'ammoniac NH_3. Il n'y a pas de nuages de méthane dans la troposphère jovienne, car la température est trop élevée pour qu'ils se condensent. Associés à une rotation rapide de la planète, des orages monstrueux naissent quand la vapeur d'eau se condense avec des vents 360 km/h ; la « *Grande Tache rouge* », de 12 000 km sur 25 000 km, n'est que l'une d'entre eux.

Les planètes gazeuses du Système Solaire présentent une certaine unité structurale, l'hydrogène et l'hélium y dominent largement autour d'un noyau « tellurique », les autres composants gazeux sont l'eau et des composés du carbone, de l'hydrogène, de l'oxygène, de l'azote, voire du soufre et du phosphore, ***des « matières organiques » déjà observées dans les noyaux de comète***.

Une autre caractéristique des planètes gazeuses est la présence d'anneaux.

➢ Les ***anneaux joviens*** ont été découverts en 1979 par la sonde Voyager 1 ; ils sont très ténus et principalement composés par de la « *poussière cosmique* » (entre 1 µm et 0,1 µm de diamètre), des cristaux de glace et une faible part de matière organique (des composés d'hydrogène et de carbone dits *composés aromatiques* souvent très stables).

➢ Les ***anneaux de Saturne*** sont d'une autre ampleur, huit anneaux principaux s'étendant de 66 900 km à 12 000 000 km du centre de la planète, découverts par Galilée (1544-1642) vers 1610. Leur composition chimique est assez uniforme, pour 99,9 % d'entre eux, il s'agit de particules d'eau gelée avec des traces d'impuretés constituées de silicates (sels de silicium ou

^{14}Si, souvent la base de la croûte des planètes telluriques) et de « ***tholins*** », un terme générique regroupant diverses substances organiques (CH_4, C_2H_6, NH_3, HCHO, H_2S…).

Enfin, plus de 200 satellites, appelés souvent des « lunes », ont été identifiés sur les quatre planètes gazeuses : 14 autour de Neptune, 27 autour d'Uranus, 83 autour de Saturne et 84 autour de Jupiter. Nous ne retiendrons ici que les « grosses lunes telluriques » car leur structure interne pourrait « *abriter une certaine forme de vie* ». En effet, certaines de ces lunes possèdent un « manteau » aqueux que les forces gravitationnelles et les effets de marée de la planète hôte (Jupiter et Saturne) maintiennent à une température > 273,15 K (0 °C) ; si une source d'énergie venue du noyau existe, il a pu se construire un « *écosystème simple* » !

Les satellites de Saturne :

➢ ***Mimas*** *(35,5.10^{12} t et 396 km de diamètre)* n'a qu'une densité de 1,17, ce qui traduit une composition très majoritairement aqueuse avec quelques débris rocheux. Une modélisation de sa structure permet de croire en la présence d'un ***noyau liquide*** sous un manteau de glace solide.

➢ ***Encelade*** *(108.10^{12} t et 594 km de diamètre)* a été explorée par la sonde Cassini qui a photographié des « *geysers* » d'eau liquide, de gaz carbonique et de molécules organiques. L'hypothèse d'un « *océan* » sous sa croûte est aujourd'hui plausible, du fait d'un échauffement du noyau tellurique par la puissante force de marée de Saturne ; ce serait l'origine de cet océan dont la température serait voisine de 273 K (0 °C), voire plus.

➢ ***Titan*** est une lune massive (134 520.10^{12} t) et son diamètre est de 5 151 km (Mercure : 4 879,4 km, Mars : 6 779 km) ; si Titan était en orbite autour du Soleil, ce serait une planète. Sa *structure interne* est à 50 % rocheuse – principalement de la silice (SiO_2) et du fer (^{26}Fe métallique, sulfure de fer FeS et oxyde de fer Fe_3O_3) ; il s'agit du *noyau rocheux* de 3 400 km de rayon. La *structure externe* est constituée de 50 % d'eau à l'état solide et liquide. Par effet gravitationnel, se succèdent un *manteau interne de glace*, un *manteau externe liquide* (océan) et une « *croûte de glace* » (banquise). Ajoutons que son atmosphère est, d'une part, composée de 98,4 % d'azote N_2, et, d'autre part, de 1,6 % d'hydrocarbures (méthane CH_4, éthane C_2H_6, acétylène C_2H_s et propane C_3H_8), de cyanoacétylène C_3HN, de cyanure d'hydrogène HCN, de dioxyde de carbone CO_2, de monoxyde de carbone CO, d'argon Ar et d'hélium He. C'est une composition proche de celle de la Terre primitive, et Titan « pourrait » ***héberger de la vie extraterrestre microbienne***, ou plutôt un ***milieu prébiotique***. Cette situation est écartée de la surface, du fait des températures, mais la vie est une possibilité (et non une probabilité) dans l'hypothétique « *océan* » situé sous la croûte…

Les satellites de Jupiter

➢ ***Europe*** *(3 122 km, 48 000 000.10^{12} t)* serait constituée d'un *noyau de fer et de nickel*, d'un *manteau de silicates* et d'une banquise recouvrant toute cette lune. La surface « *glaciaire* » est fissurée par des « *lineae* » ; un « *océan de 100 km de profondeur* » serait réchauffé par effet de marée, et provoquerait « *l'équivalent d'une tectonique des plaques* ». Grâce au télescope spatial Hubble, des panaches de vapeur d'eau ont été détectés. Europe possèderait ainsi une couronne aqueuse, liquide à sa base et solide en surface, estimée à 3 000 millions de km^3 (1 400 millions de km^3 sur Terre). Il est possible (mais non probable) qu'au contact du noyau et de l'océan existeraient des jets d'eau à haute température, riches en sels minéraux, dus à la circulation d'eau dans la partie externe du noyau. ***Des écosystèmes pourraient être alimentés par chimiosynthèse !*** Des traces de vie pourraient être détectées dans la vapeur des panaches…

➢ ***Ganymède*** *(5 262 km, 150 000 000.10^{12} t)* est le plus gros satellite naturel du Système Solaire. Du fait de sa densité (1,936 kg/m^3), cette lune pourrait être composée pour 50 % de roches et 50 % d'eau. Ganymède présente une stratification verticale très différentiée…

	Épaisseur	Composition
Noyau inférieur	132 km	Fer en fusion
Noyau supérieur	263 km	Fer à l'état solide
Manteau rocheux	877 km	Silicates et soufre
Manteau de glace	482 km	Glace d'eau
Manteau d'eau liquide	***748 km***	***Eau et sels dissous***
Croûte	132 km	Banquise de glace

… Cet océan (apparemment chargé en sulfate de magnésium $MgSO_4$, sulfate de sodium Na_2SO_4, ammoniaque NH_4OH et hydrogène sulfurés H_2S) aurait une température > 0 °C, du fait de l'attraction jovienne. Cet océan fait, lui aussi, l'objet de ***spéculations quant à son habitabilité !***

➢ ***Callisto*** *(4 821 km, 110 000 000.10^{12} t)* est très éloignée de Jupiter. Sa composition est comparable à celle de Ganymède : de la roche au centre et de l'eau à la périphérie, en parties égales en termes de masse…

	Épaisseur	Composition
Noyau	1 261 km	Chondrite
Manteau solide	2 967 km	Glace et roches
Manteau d'eau liquide	***372 km***	***Eau chargée de sels***
Croûte	223 km	Banquise de glace

… Le noyau est entouré d'un très épais manteau où se mêlent des débris rocheux et de la glace d'eau s'achevant par un « *mince océan souterrain* » fortement chargé en sels minéraux abaissant son point de fusion (silicates hydratés de fer et de magnésium, dioxyde de carbone, dioxyde de soufre, ammoniaque et quelques composés organiques). ***Il va de soi que l'océan souterrain pourrait accueillir une vie extraterrestre.***

On ne dira jamais assez que l'apport énergétique du Soleil, qui est encore de 1 361 W/m^2 à la limite de l'atmosphère terrestre, n'est que de 50 W/m^2 au niveau de Jupiter et de 1,5 W/m^2 à celui de Neptune. Sur leur lune, l'énergie naît des processus de marées engendrés par les planètes géantes, mais à la surface, ce sont des déserts glacés.

La ceinture d'astéroïdes

Entre les orbites de Mars et de Jupiter, circulent des objets célestes, formés lors de la naissance du Système Solaire ; leur taille varie entre la « *poussière* » et la *planète naine Cérès* (476,2 km de rayon et 9,46.10^{17} t). Les composants de cette ceinture ont été dénommés « *astéroïdes* » c'est-à-dire « *en forme d'étoile* » car, observés au télescope, ils offraient une allure irrégulière très différente du disque presque parfait des planètes. Ils diffèrent aussi des « *noyaux de comètes* » de la ceinture de Kuiper, par une structure rocheuse très riche en métaux (dont le fer).

L'immense majorité des astéroïdes concerne des milliards d'éléments minuscules de la taille d'un grain de poussière. Depuis 2018, grâce au télescope Hubble, on a identifié 240 astéroïdes de plus de 100 km de diamètre et on estime à 10 millions le nombre de corps célestes dont le diamètre dépasserait 2 km. Les modèles mathématiques estiment alors que la dimension moyenne d'un astéroïde serait de 2 km. Parmi eux, on n'a identifié que quinze objets dont la taille dépasse 200 km.

Une hypothèse ancienne voulait que l'orbite de cette ceinture ait été occupée par une planète qui aurait « explosé ». Grâce aux modèles mathématiques prenant en compte les orbites de l'ensemble des astéroïdes, on est arrivé à la conclusion que leur masse totale est de $3\,300.10^{15}$ t, ce ne sont que 0,51 % de la masse de Mars ($641\,850.10^{15}$ t) et 1 % de celle de Mercure ($328\,500.10^{15}$ t), la plus petite planète du Système Solaire. Il n'y eut jamais de planète entre Mars et Jupiter, et les astéroïdes ne sont que les résidus du disque protoplanétaire qui entourait le Soleil.

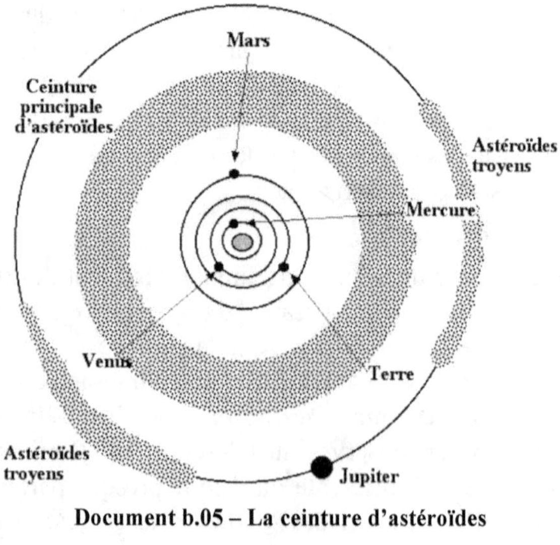

Document b.05 – La ceinture d'astéroïdes

	Diamètre moyen en km	Masse totale en 10(15) Tonnes et %	
Cérès	910	946	28,7%
Pallas	530	259	7,8%
Vesta	520	211	6,4%
Hygeia	430	87	2,6%
Davida	336	36	1,1%
Interamnie	330	33	1,0%
Europa	310	29	0,9%
Eunomia	270	31	0,9%

	Diamètre moyen en km	Masse totale en 10(15) Tonnes et %	
Sylvia	270	15	0,4%
Psyché	265	17	0,5%
Euphrosyne	250	18	0,5%
Cybèle	245	14	0,4%
Junon	245	28	0,9%
Bamberga	240	13	0,4%
Camille	240	12	0,4%
Ensemble	**359**	**1 747**	52,9%
Ceinture des astéroïdes	**2**	**3 300**	100,0%

Document b.06 – Les 15 principaux astéroïdes

La collision de ces résidus ne donna que ces amas rocheux que sont les astéroïdes, la force de gravité de Jupiter ne permettant qu'une accrétion de la taille de Cérès. Au-delà, une planète aurait explosé car sa propre force de cohésion n'aurait pas supporté l'attraction jovienne.

La ceinture des astéroïdes est divisée en plusieurs ensembles selon leur éloignement de Jupiter…

➢ *Partie externe :* les *astéroïdes de type C* (comme carbone) sont des corps telluriques proches des météorites de *chondrites carbonées* (riches en carbone, et où le fer est oxydé). Les éléments volatiles tels que l'eau, sont absents.

➢ *Partie interne :* les *astéroïdes de type S* (comme silicate) sont essentiellement constitués de silicates de divers métaux. Mais on n'y rencontre aucun élément carboné.

➢ *Vers le centre du Système Solaire,* les *astéroïdes de type M* (comme métaux), sont riches en alliage de fer et de nickel issus de la collision d'objets plus gros qui auraient libéré leurs noyaux métalliques.

… Les astéroïdes se sont formés en même temps que la Terre, quand ils se heurtent, l'orbite nouvellement acquise peut croiser celle de la Terre ; ce sont les « *géocroiseurs* », soit un demi-million d'astéroïdes au diamètre compris entre 50 et 100 mètres, et dont l'orbite est susceptible de croiser celle de la Terre et de la heurter ; on estime qu'une météorite de moins de 50 m de diamètre frappe la Terre tous les 100 ans. Un astéroïde rocheux ou métallique d'un diamètre supérieur à 100 mètres frappe la surface de la Terre tous les 10 000 ans. Enfin, l'impact avec un géocroiseur de la taille de celui qui mit un terme au règne des dinosaures est infime, et serait prédit plusieurs décennies à l'avance.

Il existe deux autres ceintures d'astéroïdes dans l'orbite de Jupiter, ce sont les astéroïdes troyens, de composition voisine de la « *grande ceinture d'astéroïdes* », ils ont échappé à l'attraction de la planète géante qui en aurait probablement fait des satellites.

Les quatre planètes telluriques

Il s'agit des « *quatre planètes internes* » – Mars, Terre, Vénus et Mercure – situées entre les astéroïdes et le Soleil. « Planètes telluriques » signifie que ce sont des astres constitués de roches et de métal, que leur structure interne est en trois parties (un noyau métallique, un manteau silicaté plus ou moins liquide et une croûte rocheuse), qu'elles peuvent disposer d'une atmosphère, que les anneaux sont absents et que les satellites naturels y sont rares, voire absents.

La Terre est la plus grosse des planètes internes, et si la base 100 est attribuée à son diamètre, celles de Mercure, Vénus et Mars sont respectivement de 38, 95 et 53. Surtout, si la base 100 est attribuée à la masse de la Terre, planète la plus massive, la masse de Mercure est de 6, celle de Vénus est de 81 et celle de Mars est de 11. Aussi, la force de gravitation, proportionnelle à la masse, est-elle considérable sur la Terre et sur Vénus, mais faible sur Mercure et Mars. Cela signifie que la Terre et Vénus ont pu conserver une atmosphère, ce qui n'a pas été le cas de Mercure, voire de Mars.

a) Les planètes telluriques à l'échelle, de gauche à droite : Mercure, Vénus, Terre et Mars

	Eloignement du Soleil		Diamètre en km	Volume en km^3	Masse en t	Densité en t/m^3	Nombre de lunes
	En km	En U.A.					
Mercure	57 909 227	0,39	4 879	61.10^9	$0{,}330.10^{24}$	5,43	0
Vénus	108 208 475	0,72	12 104	928.10^9	$4{,}868.10^{24}$	5,24	0
Terre	149 598 262	1,00	12 742	$1\,083.10^9$	$5{,}974.10^{24}$	5,51	1
Mars	227 943 824	1,52	6 779	163.10^9	$0{,}642.10^{24}$	3,93	2

b) Quelques caractéristiques des planètes telluriques

Document b.07 – Les quatre planètes telluriques

La structure géologique interne

C'est certainement la seule unité qui rassemble les quatre astres :

➢ ***Mercure :*** sa petite taille implique que la force gravitationnelle qui assure la cohésion des composants et la stratification noyau-manteau-croûte ne sont possibles que par la présence d'un noyau massif et volumineux. Celui-ci occupe 85 % du rayon de la planète (2 440 km) soit 2 074 km, il est composé de fer et de nickel (vers 2015, la sonde Messenger a détecté une graine de fer à l'état solide). Suivent un *manteau* constitué de roches plutoniques silicatées, épais de 312 km, et une *croûte basaltique* de 45 km d'épaisseur.

➢ ***Vénus*** possède un *noyau interne* constitué de fer métallique que la pression maintiendrait à l'état solide ; son épaisseur serait de 1 029 km. Il est entouré d'un *noyau externe* de 1 816 km composé d'un alliage de fer et de nickel à l'état liquide. Puis, le *manteau*, épais de 3 177 km, est composé de roches plutoniques silicatées et riches en oxydes métalliques. Enfin, Vénus possède une *croûte* de 30 km d'épaisseur, composée de granit et de basalte (analyses de la sonde soviétique Venera entre 1960 et 1970). On n'a pas pu établir avec certitude l'existence d'une tectonique des plaques.

➢ ***La Terre*** possède aussi une structure interne bien individualisée. Le *noyau interne* (fer et nickel) comporte une *graine solide* de 1 271 km de diamètre. Il est entouré d'un *noyau externe liquide* (viscosité voisine de celle de l'eau) de 2 200 km d'épaisseur contenant 80 à 85 % de fer et de 10 à 12 % de composés du soufre, de l'oxygène, du silicium et du carbone, et de 5 % de nickel. Ce noyau externe est entouré d'un *manteau* complexe de roches silicatées riches en fer. Enfin la *croûte*, dont l'épaisseur varie de 7 à 30 km, est composée d'une couronne de basalte sur laquelle « flottent » les continents granitiques. En effet, la croûte terrestre offre deux originalités : elle est constamment remaniée par la tectonique des plaques et 70 % de sa surface sont recouvertes d'eau à l'état liquide (cas unique dans le Système Solaire).

➢ ***Mars*** possède une structure interne légèrement différente avec un noyau probablement liquide de 1 835 km de rayon. Malgré une taille modeste, la planète possèderait un *noyau liquide* du fait de sa minéralogie : un alliage de fer, de nickel et de soufre (et d'autres éléments légers), ce qui abaisserait son point de fusion. Le *manteau* serait assez semblable à celui de la Terre : roches silicatées riches en fer. Quant à la croûte, apparemment plus épaisse dans l'hémisphère Sud, elle serait beaucoup plus épaisse que sur la Terre, avec une épaisseur de 50 km en moyenne, ce qui exclut toute possibilité de tectonique des plaques.

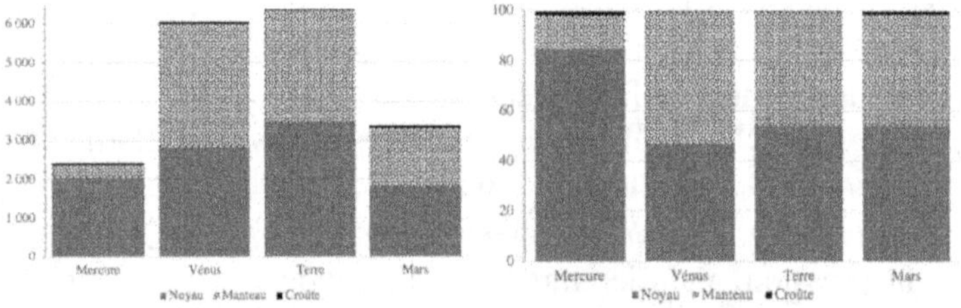

Document b.08 – Structures comparées des quatre planètes telluriques
(à droite le rayon est en base 100)

De cette « stratigraphie », résulte une « *physionomie* » particulière, d'autant plus qu'il faut aussi prendre en compte la température (liée à la proximité du Soleil) et à la présence ou l'absence d'une atmosphère et d'une hydrosphère.

	Distance moyenne Km	**Irradiance**		**Température en °C**	
		En w/m2	Base 100	Calculée	Mesurée
Mercure	57 909 227	12 300	904	160,9	169,0
Vénus	108 208 475	3 140	231	41,3	462,0
Terre	149 598 262	1 361	100	-18,7	15,0
Mars	227 943 824	600	44	-62,9	-63,0

Document b.09 – Énergie reçue et température de surface des quatre planètes telluriques

Surface et atmosphère des planètes telluriques

Mercure et Vénus sont respectivement 0,4 et 0,7 fois moins éloignées du Soleil que la Terre ; à l'inverse, Mars en est 1,5 fois plus distante. La surface du Soleil émet une quantité d'énergie constante de 63 500 000 W/m^2, dans toutes les directions, aussi celle-ci se diffuse-t-elle au fur et à mesure que l'on s'éloigne de l'astre. Ainsi, la part reçue par une planète, ou « *irradiance* », décroît avec l'éloignement : à près de 58 millions de kilomètres du Soleil, l'irradiance de Mercure est de 12 300 W/m^2 ; distante de 150 millions de kilomètres du Soleil, la Terre ne reçoit plus que 1 361 W/m^2 et Neptune, à 4 498,4 millions de kilomètres ne reçoit qu'une énergie infime : 1,51 W/m^2. En base 100 pour l'irradiance de la Terre, Mercure reçoit 9 fois plus d'énergie que la Terre, Vénus 2,3 fois plus, mais Mars 0,4 fois moins.

La température est proportionnelle à l'énergie reçue ; sur un astre dépourvu d'atmosphère, celle-ci décroît avec l'éloignement du Soleil. Au XIXe siècle, les physiciens Jožef Stefan (1935-1893) et Ludwig Boltzmann (1844-1906) ont établi la relation entre l'irradiance et la température. On obtient ainsi une température théorique (ou température calculée) : elle est de 161 °C sur Mercure, 41 °C sur Vénus, -18,7 °C sur Terre et -62,9 °C sur Mars. Mercure est une planète brûlante et Mars une planète glaciale. Tout le monde le sait, mais sur Terre la température moyenne est de 15 °C (et elle est en train de s'accroître). Les sondes qui se sont posées sur Vénus ont, quant à elles, mesuré 462 °C en moyenne, c'est une fournaise. La cause de la différence entre le calcul et la réalité tient à ce que Mercure n'a pas d'atmosphère, Mars très peu, la Terre, celle que nous connaissons, et Vénus possède une atmosphère très dense et très épaisse. Il en résulte des paysages très différents.

Mercure,

Trop près du Soleil et trop petite, elle n'a pas pu conserver son atmosphère primitive, dissipée dans l'espace par le vent solaire. La température moyenne mesurée à la surface est de 169 °C (valeur de la température calculée). À l'équateur, la température au sol atteint 427 °C le jour, mais la nuit, faute d'atmosphère, celle-ci descend à -173 °C.

Sans atmosphère, Mercure est couverte de cratères d'impact (certains impacts ont même provoqué des épanchements volcaniques). La physionomie de Mercure est celle d'un astre mort, criblé d'impacts, aride et brûlant le jour.

Vénus

C'est une planète dont la surface est celle d'une sphère d'un blanc uniforme et très lumineux (c'est l'étoile du Berger qui apparaît au coucher du Soleil). En effet, on ne voit pas le sol de Vénus, mais la surface d'une atmosphère épaisse qui peut se diviser en trois ensembles.

La basse atmosphère (entre 0 et 45 km d'altitude) pourrait avoir conservé les composants initiaux retenus par la gravité : CO^2 (96,5 %), N_2 (3,5 %), SO_2, Ar, H_2O, CO, He et Ne (traces). La pression est de 10 000 hPa pour une température de 462 °C, sa densité est si élevée, 65 kg/m^3, que les vents de quelques km/h ont un pouvoir érosif intense.

Au-dessus (entre 45 et 70 km), les nuages – H_2SO_4 (75 %) et H_2O (25 %) – renvoient 90 % de l'énergie solaire vers l'espace et en absorbent 5 % (le sol ne reçoit que 157 W/m^2), mais l'effet de serre est si intense que la température atteint 462 °C. Dans les nuages, les variations de température engendrent des vents pouvant dépasser 300 km/h. Calme au sol, la basse atmosphère est très turbulente en altitude.

Le paysage vénusien est aux 4/5 constitué de plaines d'épanchement volcanique recouvertes d'un régolite anguleux et parsemées de volcans plats de type hawaïen. Des plateaux, qui ne sont pas sans évoquer les continents terrestres, parsèment ses plaines d'épanchement et pourraient constituer la croûte continentale. Néanmoins, la physionomie de Vénus est celle d'un univers exclusivement minéral, torride et désolé.

La Terre présente bien des particularités

Une croûte continentale granitique repose sur une croûte océanique basaltique entièrement recouverte d'eau. Cette couche basaltique est scindée en plusieurs plaques qui se renouvellent par subduction des unes sous les autres. Les continents se sont alors brisés puis ressoudés à plusieurs reprises, se déplaçant entre les Pôles et l'équateur, créant à chaque fois des chaînes de montagnes que l'érosion des eaux a démantelées.

Au-dessus, se tient une atmosphère turbulente, la *troposphère* (épaisse de 7 à 15 km), composée de 79 % d'azote, de 20 % d'oxygène et de gouttelettes d'eau dans des nuages. En altitude, on rencontre une *stratosphère* où, entre 20 et 40 km d'altitude, le rayonnement solaire a cassé une partie des molécules de dioxygène (oxygène O_2) et libéré des atomes qui se sont combinés au dioxygène en molécules d'ozone O_3, lequel protège la Terre des rayons ultraviolets. Enfin, cette atmosphère contient de la vapeur d'eau et du dioxyde de carbone qui assurent, par effet de serre, une température de 14 à 15 °C, qui maintient les océans à l'état liquide.

Ces conditions ont permis l'apparition de la vie, ce qui n'a toujours pas été démontré ailleurs dans le Système Solaire.

Mars

D'une part, elle ne reçoit que 600 W/m^2 d'énergie solaire, soit un peu plus de 40 % de ce que la Terre acquiert, d'autre part, les températures calculées et mesurées sont quasi identiques : -62,9 °C et -63 °C, du fait de la quasi-absence d'effet de serre. La température au niveau du sol à midi varie de -107 °C aux Pôles à 20 °C à l'équateur.

L'atmosphère martienne est originale, c'est celle de la Terre primitive : 94,9 % de dioxyde de carbone (CO_2), 2,8 et 2,1 % d'azote (N_2) et d'Argon (Ar) et < 0,2 % d'oxygène (O_2). Quant à la vapeur d'eau (H_2O), sa part est < 0,03 %. En 2004, l'astromobile Opportunity a photographié des cirrus qui seraient des nuages de cristaux de glace. On subodore que l'eau martienne pourrait se trouver concentrée sous forme de glace dans son épaisse croûte.

Au sol, la pression atmosphérique n'est que de 6 hPa et la *troposphère* s'étend sur 45 km d'épaisseur environ. La *mésosphère* (entre 45 et 110 km d'altitude) est dépourvue de couche d'ozone. Quant à la *thermosphère* et l'*ionosphère ;* elles s'élèvent jusqu'à 200 km d'altitude, mais « *l'air* » est extrêmement raréfié et la pression est *inférieure au Pascal.* Trop ténue, sans couche d'ozone ni champ magnétique, l'atmosphère martienne ne protège pas la surface du dangereux rayonnement solaire, dont les ultraviolets, incompatibles avec l'existence d'une forme de vie telle que nous la connaissons.

Histoire géologique de la planète Mars

Ce n'est qu'une parenthèse, mais nous verrons que les « *Martiens* » ont hanté l'imaginaire collectif pendant plus d'un siècle et une partie de ce chapitre doit être consacrée aux connaissances récemment acquises sur la véritable histoire de la planète rouge.

Mars (comme les autres planètes telluriques) fut le théâtre de bombardements météoritiques, mais la croûte martienne est stabilisée depuis près de 4 000 millions d'années ; aussi aucune tectonique des plaques n'a pu effacer l'impact de ces bombardements météoritiques :

Un premier épisode de 200 millions d'années eut lieu entre 4 400 et 4 200.10^6 B. P. (*Before Present* = avant l'actuel). Il est possible que la surface de Mars fût alors occupée par de vastes océans dans l'hémisphère Nord et avec une atmosphère encore épaisse assurant une ambiance climatique plus tempérée. Mars aurait alors perdu la plus grande partie de son atmosphère, dissipée dans l'espace (la faible gravitation ne put la retenir). Les poussières issues des impacts auraient aussi modifié le climat dans le cadre d'une sorte de « *long hiver volcanique* ». Enfin, l'énergie cinétique des « *impacteurs* » serait aussi à l'origine d'un ralentissement des mouvements du noyau liquide, ce qui aurait fait disparaître la magnétosphère et les très dangereux rayonnements solaires ont atteint la surface. Selon certaines hypothèses (à démontrer), les premières formes d'une vie archaïque auraient été annihilées.

La seconde phase de bombardement dite « *bombardement tardif* » se tint entre 4 100 et 3 900.10^6 BP. C'est au cours de cet épisode que se formèrent les grands cratères d'impact : *Argyre Planitia* (800 km de diamètre et 5,2 km de profondeur) et *Hellas Planitia* (2 200 km de diamètre et 9,5 km de profondeur) dans l'hémisphère Sud, ou *Utopia Planitia* (3 200 km de diamètre et 5,2 km de profondeur) dans l'hémisphère Nord.

À la fin de ce bombardement, encore visible du fait de l'absence d'agents d'érosion, le volcanisme martien serait apparu avec une phase de paroxysme entre 3 700 et 3 200.10^6 BP. Du fait de l'absence de tectonique des plaques, il ne peut s'agir que d'un volcanisme de « *point chaud* », là où un flux d'énergie venu du noyau perce le manteau puis la croûte. Or, l'immobilité crustale fait que le processus peut durer des millions, voire des milliards d'années ; ce qui conduit à des édifices gigantesques.

➢ *Alba Mons* (22,5 km de dénivellation entre la base et le sommet et 1 600 km de diamètre) est le plus vaste édifice volcanique connu du Système Solaire. Il faut y ajouter *Olympus Mons* (21,2 km de hauteur sur 648 km de diamètre), *Ascraeus Mons* (18,2 km sur 460 km), *Arsia Mons* (17,8 km sur 450 km) et *Pavonis Mons* (14,1 km sur 100 km), *Elysium Mons* (14 km sur 410 km). Sur Vénus, *Maat Mons*, autre volcan bouclier, ne culmine qu'à 8 km.

➢ Mars est aussi couverte de « *stratovolcans* » (volcans coniques constitués de couches de laves et de scories superposées), et de très nombreux petits volcans de quelques centaines de mètres de diamètre. Il faut y ajouter des plaines d'épanchement volcanique, également décrites sur Mercure et Vénus.

Ce volcanisme cessa il y a 3 200 millions d'années, mais il reprit vers 1 500.10^6 BP puis entre 800 et 400.10^6 BP et enfin entre 200 et 100.10^6 BP. Certes, Mars, plus petite que la Terre, s'est refroidie plus rapidement, mais sa taille est supérieure à celle de la Lune et une activité (très réduite) pourrait subsister, car le noyau martien est encore liquide et l'activité volcanique ne serait pas nulle, avec des geysers de dioxyde de carbone (régions polaires) et quelques petites coulées de lave. *Mars Reconnaissance Orbiter*, en orbite martienne depuis 2006, a identifié, le long d'une fissure volcanique de 30 km de long, une « *bande sombre* » de 8 km de large qui serait composée de cendres issues d'une éruption explosive (type plinien) survenue il y a peut-être 50 000 ans seulement…

Mais la topographie martienne reste très proche de celle de la Lune, les paysages sont désolés avec des cratères d'impact et des volcans éteints, le sol est un régolite (cailloux anguleux, sable et poussières) qui n'évoque aucune évolution pédologique : ce type de paysages existe sur Terre dans le *Hoggar* au Sahara, dans le *désert Mojave* aux États-Unis ou dans le *Rub' al-Khali* en Arabie, là où l'eau de surface fait défaut. Pourtant, la surface de Mars est aussi jalonnée de vallées, de champs de dunes, et de « rifts » (fractures ouvertes dans l'écorce). *Valles Marineris* se tient près des grands volcans boucliers au-dessus d'un renflement (à l'origine des points chauds) appelé le « *renflement de Tharsis* ».

Longue de 3 770 km, large parfois de 600 km et profonde de 5 lm, *Valles Marineris* est probablement un « *rift avorté* » (comme le Grand Rift africain) formé au cours de la première phase de volcanisme martien entre 3,7 et $3{,}2.10^9$ BP, mais le « ravinement » qui dissèque ses versants (c'est aussi le cas de quelques cratères d'impact) pose le problème de la présence de glace « *sous-martienne* » pouvant épisodiquement fondre lors d'une éruption volcanique ou de l'impact d'une météorite.

Document b.07 – Un « reg » au Hoggar, à gauche, et sur Mars, à droite (au Sahara, on devine deux touffes d'herbe)

Enfin, *l'astromobile Perseverance*, lancé en 2020 et parvenu sur Mars le 18 février 2021, a identifié des dépôts « *apparemment lacustres* » au fond d'une cuvette (ces lacs auraient été très nombreux sur Mars). Mais cela ne fait que confirmer que la planète rouge était plus tiède et plus humide avant la première phase de bombardement achevée il y a $4{,}0.10^9$ années.

Depuis, c'est un astre mort.

Histoire du Système Solaire

Elle fut principalement liée à celle du Soleil qui rassemble 99,86 % de la masse totale de matière du Système Solaire. Selon l'hypothèse de la formation et de l'effondrement gravitationnel d'une « *nébuleuse solaire* », l'histoire du Système Solaire commença il y a 4 550 millions d'années.

➢ Dans le chapitre consacré à l'histoire de l'Univers, nous avons expliqué que 380 000 ans après le « *Big Bang* » (il y a 13 799,62 millions d'années), des nuages interstellaires, composés de matière solide (poussières) et de gaz, se sont formés.

➢ Dans certains endroits de cet Univers, la densité était plus élevée, et gaz et matières s'y concentrèrent en « *nébuleuses interstellaires* » que nous avons décrites comme « *pouponnières des étoiles et des galaxies* ».

➢ La « *Voie lactée* » naquit il y a 13 610 millions d'années, et, dans le bras en spirale de la constellation d'Orion (nous n'avons pas évoqué les 12 constellations, elles n'ont rien de scientifique, ce sont des montages astrologiques destinés à prédire l'avenir avec une fiabilité très incertaine), cette « *nébuleuse primitive* », ici la « *nébuleuse solaire* », n'était qu'un « *nuage intergalactique* » froid (entre 1 et 2 K), mais, à l'intérieur de celle-ci, une concentration de matière, surtout de l'hydrogène et de l'hélium, aurait formé un « *nuage moléculaire* » dense, tournant rapidement sur lui-même.

La formation du « Système Solaire »

Ce « *nuage moléculaire* » aurait alors été soumis à la probable perturbation engendrée par l'explosion d'une supernova. En effet, ces nuages de matière sont instables, la matière s'y regrouperait en « *petits amas de poussières et de gaz* », eux-mêmes en rotation.

- L'onde de choc de la supernova aurait provoqué l'effondrement de ces amas sous la forme d'autant de « *disques de matières* » en rotation rapide ; on les nomme « *disques protoplanétaires* » car ils sont à l'origine d'une étoile et de son cortège de satellites ; on estime son diamètre entre 6,5 à 19,5 années-lumière.
- L'une de ces « *protoétoiles* » n'était autre que le Soleil, et les atomes d'hydrogène sont entrés en collision sous l'effet de la force gravitationnelle. Cinquante millions d'années auraient été nécessaires pour que la température de cœur de ce « *protosoleil* » dépasse 15.10^6 degrés Celsius, la fusion des atomes d'hydrogène en atomes d'hélium s'enclencha, notre Soleil était né.
- Dans « *notre disque protoplanétaire* », le Soleil concentra 99,9 % de la matière ; toutefois, la collision des gaz et des poussières restants aurait donné naissance à des amas de matières eux-mêmes entrés en collision pour former des « *petites planètes primitives* » appelées « *planétésimaux* ». Ils ont ensuite accrété la matière qui les entourait jusqu'à constituer les huit planètes du Système Solaire, il y a environ 4 400 millions d'années.
- Nées au sein du « *disque protoplanétaire* » du Soleil, elles gravitèrent autour de lui toutes dans le même plan appelé « *plan de l'écliptique* ». Mais une fois suffisamment massives, elles attirèrent à elles tous les corps célestes du « *disque protoplanétaire* » encore en orbite. ***Ce fut le « premier bombardement », 4 400 et 4 200 millions d'années avant notre ère*** (observé aussi sur Mars).

Quant à la différenciation entre planètes telluriques et planètes gazeuses, elle dépend de leur éloignement du Soleil. Quand ces protoplanètes sont proches du Soleil (Mercure, Vénus, Terre et Mars), les éléments légers sont restés à l'état gazeux et ont été chassés vers l'extérieur par le vent solaire, mais pour celles qui étaient au-delà de Mars, avec une irradiance très basse, toute la matière se condensa pour constituer les noyaux très denses de Jupiter, Saturne, Uranus et Neptune. Par effet gravitationnel, elles se sont alors entourées de leur enveloppe gazeuse (H_2 et He).

Ce modèle fut accepté jusqu'en 2005 ; toutefois, il n'expliquait pas la présence d'une ceinture d'astéroïdes (dont les astéroïdes troyens de Jupiter), de la ceinture de Kuiper, de la formation du nuage d'Oort. Or, en 2005, quatre astrophysiciens de l'observatoire de la Côte d'Azur, à Nice, Rodney Gomes (Brésil), Hal Levison (États-Unis), Alessandro Morbidelli (France) et Kleomenis Tsiganis (Grèce) publièrent trois articles dans la revue *Nature*, affirmant que Jupiter, Saturne, Uranus et Neptune auraient d'abord gravité sur des orbites quasi circulaires autour du Soleil, à des distances moins éloignées de l'astre qu'aujourd'hui.

Le modèle de Nice

Un scénario, élaboré à partir de modèles mathématiques, partit de ***l'hypothèse que les planètes gazeuses auraient migré*** : Jupiter se serait rapprochée du Soleil, Saturne, Uranus et Neptune s'en seraient éloignées.

➢ Quand les gaz et les poussières du « *disque protoplanétaire* » ont été dissipés, les quatre géantes gazeuses orbitaient sur une ellipse compacte entre $822,8.10^6$ km (Jupiter) et $2\ 543.10^6$ km (Neptune).

➢ Aujourd'hui, Jupiter est à $778,510^6$ km, et Neptune est à $4\ 495.10^6$ km du Soleil (Jupiter s'en est rapprochée de $44,3.10^6$ km, mais Neptune s'est éloignée de $1\ 982.10^6$ km).

➢ Enfin, un « *disque de planétésimaux* », objets planétaires formés de roche et de glace, s'étendait au-delà de $5\ 236.10^6$ km.

La force gravitationnelle des quatre géantes gazeuses a chassé les *planétésimaux* dans toutes les directions. Or, la « *troisième loi de Newton* » ou « *principe de l'action et de la réaction* », explique que si un corps « *A* » exerce une force sur un corps « *B* », « *B* » exerce alors sur « *A* » une force d'égale intensité, de même direction, mais de sens opposé. En conséquence, si une planète éjecte un corps vers l'extérieur du Système Solaire, elle se déplacera en direction de l'intérieur (la proposition inverse est valable).

Jupiter se serait ainsi rapprochée du Soleil, ce qui provoqua l'éloignement de Saturne, Uranus et Neptune.

➢ Tout aurait commencé par une migration de Jupiter vers le Soleil, accompagnée de celle de Saturne vers l'extérieur. Cette migration dura plusieurs centaines de millions d'années, jusqu'à ce que les deux géantes entrent en « *résonance* ». Jupiter s'approcha à 778.10^6 km du Soleil, décrivant une orbite beaucoup plus elliptique, avec une période de révolution de 11,88 années ; Saturne s'éloigna à $1\,426{,}7.10^6$ km du Soleil, aplatissant elle aussi son orbite, sa période de révolution passant à 29.46 années. Saturne fait pratiquement un tour du Soleil quand Jupiter en fait deux ; quand elles sont proches l'une de l'autre, les forces d'attraction sont considérables.

➢ Surtout, la migration de Saturne modifia les orbites d'Uranus et de Neptune qui se sont éloignées du Soleil, décrivant des orbites de plus en plus allongées, ce qui ne fut pas sans conséquence sur les « *planétésimaux* » situés à l'intérieur de leurs orbites. Certains furent soit rassemblés dans la ceinture de Kuiper (entre 30 et 55 UA), soit chassés dans toutes les directions pour constituer le nuage d'Oort (entre 20 000 et 100 000 UA).

➢ Mais une autre fraction de ces « *planétésimaux* » fut propulsée vers l'intérieur du Système Solaire, en direction des planètes telluriques qui subirent un ***second bombardement, dit aussi « bombardement tardif »*** (dont nous avons décrit les effets sur Mars entre 4 100 et 3 900 millions d'années).

À ce moment, les orbites de Jupiter, Saturne, Uranus et Neptune se sont stabilisées selon leur configuration actuelle. Quand il découvrit Pluton en 1930, Clyde W. Tombaugh (1906-1997) en fit la neuvième planète du Système Solaire. Elle fut rétrogradée au rang de planète naine du fait de sa taille, mais elle constituait aussi une anomalie : située à 5 900,9 millions de kilomètres du Soleil, Pluton était une planète tellurique dont l'orbite était inclinée par rapport au plan de l'écliptique. Aujourd'hui, il est admis qu'elle appartient à la ceinture de Kuiper.

La formation des planètes

Que ce soit les planètes telluriques ou les géantes gazeuses, toutes se sont formées sur le même modèle, celui de l'accrétion des poussières et des gaz, n'ayant pas été absorbés par le Soleil en formation, appartenant à un « *disque protoplanétaire* » issu de la contraction gravitationnelle d'une « *nébuleuse solaire* ».

Le démantèlement du « disque protoplanétaire »

Alors que la fusion nucléaire était en action à l'intérieur du Soleil, les poussières et les gaz, que celui-ci n'avait pas absorbés il y a environ 4 400 millions d'années, ont fini par s'agréger (on dit aussi « *s'accréter*) » par contact direct aboutissant à la formation de millions d'objets célestes de moins de 1 km dans leur plus grande dimension (ils étaient loin d'être sphériques), c'est aujourd'hui la taille des grosses météorites.

Mais ces objets sont eux-mêmes entrés en collision pour constituer des « *planétésimaux* » dont la définition officielle est : « *Un corps solide formé lors de l'agrégation des planètes dont la cohésion interne est dominée par sa propre gravité et dont la dynamique orbitale demeure suffisamment indépendante des effets de frottement sur le gaz de la nébuleuse circumstellaire. Ceci correspond aux objets de dimension supérieure à environ un kilomètre* » ; il ne s'agit pas de planètes mais « d'objets célestes comparables aux astéroïdes ». Ces « *planétésimaux* » ont alors eux-mêmes agrégé des objets plus petits : on estime que ces astres s'accroissaient ainsi au fur et à mesure de nouvelles collisions, entre eux et/ou avec des objets plus petits.

Ce bombardement se réalisa entre 4 400 et 4 200 millions d'années avant notre ère avec la formation des noyaux, manteaux et croûtes des planètes telluriques, et des noyaux des géantes gazeuses. Au cours de ces deux cents millions d'années, on estime que le diamètre des « *planétésimaux* » put s'accroître de quelques centimètres par an. Pour une accrétion moyenne de 1 cm/an en 200 millions d'années, le rayon de l'astre atteint 2 000 km, pour une accrétion de 5 cm/an, il est de 10 000 km. Les planètes telluriques s'inscrivent parfaitement dans ce modèle.

Ensuite, tout dépendait de la proximité du Soleil et de l'abaissement des températures au fur et à mesure qu'on s'en éloignait.

Les planètes telluriques

À moins de 4 UA ou 600.10^6 km du Soleil, la température était trop élevée pour que les molécules volatiles les plus abondantes (H_2O et CH_4) se condensent ; elles furent repoussées vers l'extérieur par le vent solaire. Seules les molécules des éléments et des composés chimiques se condensant à des températures élevées ont pu participer aux accrétions.

Les molécules les plus abondantes sont le ***fer***, le ***nickel*** et l'***aluminium*** et les ***composés silicatés*** (silicates d'aluminium, de sodium, de calcium…) ; ce sont les composants majeurs des quatre planètes telluriques. Mais ces matières sont assez rares dans l'Univers et dans la « *nébuleuse solaire* », on estime que leur part n'excédait pas 0,6 % de sa masse de matière. Ainsi s'explique la petite taille des planètes telluriques, et des planètes naines (Cérès, Pluton…). Entre son statut de planétésimal et celui de planète, la future planète Terre n'aurait grossi que de 0,05 fois sa masse actuelle, soit $0{,}3.10^{24}$ tonnes, et elle aurait cessé d'accumuler de la matière 100 000 ans après la formation du Soleil.

Les premières planètes telluriques n'avaient ni atmosphère ni hydrosphère, ce sont des matériaux qu'elles ont acquis, après refroidissement, lors de l'épisode de « *bombardement tardif* » par des objets célestes et de planétésimaux chassés vers l'intérieur du Système Solaire, issus du nuage de Oort et de la ceinture de Kuiper (selon le modèle de Nice).

Les géantes gazeuses

Au-delà de 4 UA ou 600.10^6 km du Soleil, la température s'abaisse en dessous du point d'évaporation de la plupart des éléments volatils dont l'hydrogène principal constituant des géantes gazeuses (Jupiter, Saturne, Uranus et Neptune) et de fusion de l'eau (constituant majeur de leurs satellites). Cette limite géographique appelée « *ligne des glaces* » ou « *ligne de gel* », se situe entre Mars et Jupiter. Les matières les plus concernées sont l'eau H_2O, le méthane CH_4, l'ammoniac NH_3, le monoxyde de carbone CO, le dioxyde de carbone CO_2 et le dihydrogène H_2. On donne d'ailleurs le nom de « *glaces* » à tous ces éléments et composés quand ils sont à l'état solide.

Or, ces « glaces » sont fréquentes dans l'Univers, et principalement l'hydrogène en tant qu'élément simple et l'eau en tant que composé chimique. Quand ces géantes ont atteint une certaine massivité, elles ont capturé l'hydrogène et l'hélium, les plus légers, mais aussi les plus abondants des éléments de l'Univers. C'est la raison qui fait que Jupiter, Saturne, Uranus et Neptune ont, en moyenne, un diamètre 10 fois plus gros que les planètes telluriques, et une masse 300 fois plus élevée (mais du fait de leur composition, leur densité est 4 fois plus faible). Aujourd'hui, les géantes gazeuses rassemblent 99 % de toute la matière en orbite autour du Soleil.

La force de gravité a, par la suite, stratifié les composants internes selon leur densité entre noyau, manteau et croûte pour les planètes telluriques et enveloppes gazeuses pour les géantes. Le processus a été le même pour les planètes naines et les très grosses lunes.

Le cas de la ceinture des astéroïdes

Nous avons décrit ci-dessus ces objets célestes qui gravitent entre Mars et Jupiter, ou sur l'orbite de Jupiter (astéroïdes troyens). Quand les planètes telluriques se sont formées dans l'espace situé aujourd'hui entre Mars et Jupiter (entre 1,7 et 4,5 UA ou 254 et $673{,}23.10^6$ km du Soleil), cette région d'espace contenait assez de matière pour que son accrétion constitue une planète 2 à 3 fois plus grosse que la Terre.

➢ Il s'y forma des « *planétésimaux* » qui eux-mêmes ont produit 20 à 30 « *protoplanètes* » par accrétion.

➢ Mais Jupiter était très proche de l'extérieur de cette ceinture ($149{,}6.10^6$ km) et du fait de la migration des géantes gazeuses, Jupiter allait s'en rapprochant. La « *résonance orbitale entre Jupiter et Saturne* » et les « *interactions gravitationnelles* » entre ces planètes et les « *planétésimaux* » perturbèrent l'équilibre de la ceinture d'astéroïdes.

➢ La vitesse des objets célestes, des « *planétésimaux* » et des « *protoplanètes* », s'accrut ; les collisions, plutôt que de former des accrétions de matières, dégénérèrent en explosions dispersant la matière. Celle-ci resta dispersée en objets célestes froids, les astéroïdes, à l'exception de quelques planètes naines : Cérès, Pallas, Vesta.

Puis Jupiter migra vers l'intérieur du Système Solaire et se rapprocha à 105.10^6 km environ de la ceinture d'astéroïdes.

➢ Les résonances orbitales ont encore accru la vitesse des astéroïdes et des planétésimaux : ceux-ci furent éjectés vers l'extérieur de la ceinture, une partie fut captée par l'attraction des géantes gazeuses dont ils constituent les satellites, d'autres adoptèrent l'orbite de Jupiter pour constituer les deux amas d'astéroïdes troyens.

➢ À l'inverse, en cette phase finale du « *Bombardement Tardif* », les protoplanètes les plus massives ont migré vers le *Système Solaire interne* ; si la plupart furent absorbées par le Soleil, quelques-unes entrèrent en collision avec les planètes telluriques.

L'origine des hydrosphères et des atmosphères

Le principe même de formation des planètes telluriques, l'accrétion violente de la partie interne du « *disque protoplanétaire* », donnaient aux quatre planètes telluriques l'aspect d'une boule de matières en fusion, à l'intérieur desquelles la gravité sélectionnait un noyau, un manteau et une croûte par densité différentielle. La température de surface (plusieurs milliers de degrés Celsius) excluait la présence d'une hydrosphère et d'une atmosphère primitive.

L'air et l'eau sont venus de l'extérieur.

➢ Quand Jupiter chassa quelques planétésimaux vers l'intérieur, il s'agissait d'astres légers, proches des comètes, constitués essentiellement de « *glaces* » (H_2O, N_2, CO_2, NH_3). Nous avons vu que Mars posséda des océans il y a plus de 4 000 millions d'années, probables fruits de sa collision avec un astre très riche en glace. Mais la faiblesse de l'attraction martienne ne lui a pas permis de conserver son atmosphère et son hydrosphère.

➢ Vers 4 000 millions d'années, la Terre entra en collision avec un « *géocroiseur* » nommé « *Théia* », et l'impact éjecta une partie des roches terrestres qui constituèrent la Lune. Surtout, *Théia* avait probablement la structure d'une comète (eau, et composés carbonés et azotés), cette eau est à l'origine de l'hydrosphère, d'une part, et de son atmosphère, d'autre part, que l'on sait, à cette époque essentiellement composée de dioxyde de carbone.

➢ Cet impact ne fut probablement pas le seul, mais on a démontré que la ceinture de Kuiper (et le nuage de Oort) était riche en « *noyaux de comètes* », la massivité terrestre put attirer à elle et conserver des grandes quantités d'eau, ce que la petite taille de Mars était incapable de faire.

Or, cette eau aurait été riche en matières organiques à l'origine de l'explosion de la vie sur Terre, mais c'est une autre histoire !

Origine de la vie sur Terre

Avant d'évoquer la possibilité, voire la probabilité, d'une « *vie extraterrestre* », ne faudrait-il pas définir ce qui, scientifiquement, « *différencie la vie de la mort* ». Un arbre est un être vivant ; ses racines puisent l'eau du sol chargée d'éléments nutritifs ; le tronc, constitué de vaisseaux, conduit cette sève vers les feuilles, là où se réalise la fonction chlorophyllienne qui permet la nutrition et la croissance de la plante. Mais, quand le bûcheron abat l'arbre, il n'en conserve que le tronc (commercialement une « *grume* ») ; et celui-ci a perdu sa « *fonction vitale* ». Les assemblages de « *cellules* » en un « *tissu végétal* » qui constituaient les vaisseaux conducteurs de sève, ne sont plus qu'un matériau inerte, le bois. *Pourtant, la composition chimique est restée la même !*

La différence entre l'arbre, un « *être vivant* » et le bois, une « *matière inerte* » a toujours été une pierre d'achoppement pour expliquer l'origine de la vie. Les « *mythologies* » expliquaient la vie comme l'insufflation du « *processus vital* » par une divinité. Par exemple, les Chinois croyaient que le monde était né d'un œuf cosmique abritant « *Pangu* », le premier être vivant ; quand celui-ci mourut, son sang devint les rivières, ses yeux la lune et le soleil, sa fourrure se changea en forêts, et surtout, la « *vermine qui grouillait sur son corps* » devint les animaux et les hommes. Le mythe n'explique pas la vie, mais il en donne l'origine. Le monothéisme – judaïsme, christianisme, islam – admit l'existence d'une divinité unique, créatrice de la Terre (monde inerte) qu'elle peupla d'êtres auxquels Dieu avait insufflé la vie (le brahmanisme et le bouddhisme parviennent à une explication voisine). Dieu et les êtres vivants ont la vie en commun, mais il existe une différence fondamentale, « *seuls les êtres vivants connaissent la mort* » ; l'explication du processus vital reste religieuse, mais le mécanisme : naissance, croissance, décrépitude et mort, relève d'une pensée déjà scientifique.

Comment, scientifiquement, la *matière inerte* est-elle devenue de la *matière vivante ?* Quand Claude Bernard (1813-1878), le père de la biologie moderne, publia les *Leçons sur les phénomènes de la vie communs aux animaux et aux végétaux* en 1878, il considéra que la biologie étant une science expérimentale, elle n'avait pas à donner une définition de la vie. En effet, définir la vie serait une affirmation a priori, sans fondement scientifique. Cette définition pourrait convenir à la philosophie, mais elle serait contraire à l'esprit même des sciences expérimentales.

> « *Il est illusoire et chimérique, contraire à l'esprit même de la science, d'en* (la vie) *chercher une définition absolue* ». Claude Bernard (1878).

Il faut, cependant, définir la « *différence entre une cellule vivante et une molécule complexe inerte* ».

➢ *L'Encyclopédie Larousse* donne la définition suivante : « (La vie est le) *caractère propre aux êtres possédant des structures complexes (macromolécules, cellules, organes, tissus), capables de résister aux diverses causes de changement, aptes à renouveler, par assimilation, leurs éléments constitutifs (atomes, petites molécules), à croître et à se reproduire* ». À l'évidence, ces caractères ne s'appliquent pas à une molécule « inerte » (qui est sans activité, sans mouvement propre), aussi complexe soit-elle.

➢ *L'Encyclopædia Universalis* se réfère à Aristote : « *Parmi les corps naturels, certains ont la vie et certains ne l'ont pas. Nous entendons par vie le fait de se nourrir, de croître, et de dépérir par soi-même* » (*De l'âme*, II, 1). Puis Aristote écrivit que « *la vie est ce par quoi le corps animé diffère de l'inanimé* ».

➢ Le *Dictionnaire Robert* donne une définition claire de l'animé et l'inanimé : « *animé désigne une personne ou un animal : femme, plombier, lutin, girafe sont des noms animés* » : « *inanimé désigne un objet, un phénomène, une abstraction, un état : piscine, chocolat, temps, gentillesse, fatigue sont des noms inanimés* ».

Si on résume, le « *vivant* » concerne des « *assemblages chimiques* » très complexes qui vont de la « cellule » aux

« êtres parfaits » (plantes ou animaux) au travers des tissus (assemblages de cellules) et des organes (assemblages de tissus). Ainsi, peut-on définir que « *les êtres vivants sont animés* » ; ils se nourrissent à partir de leur biotope, ils se reproduisent par eux-mêmes, soit par « *scissiparité* » pour les plus simples, soit par la « *reproduction sexuée* » ou fécondation d'une cellule femelle par une cellule mâle. Certains peuvent se déplacer, tous grandissent après leur naissance, mais tous meurent à la suite du vieillissement de leurs constituants. C'est à peu près cette définition que soutenait Claude Bernard. Au-delà de cette définition, se tiendrait la notion d'un « *être intelligent* », capable de réagir à son environnement : un arbre perd ses feuilles à l'automne, face au froid ou à la sécheresse, les animaux se terrent et « hibernent », certains grands herbivores, par exemple, migrent au gré des saisons à la recherche de pâturages ; enfin, l'homme, « *l'animal intelligent par excellence* », est capable d'intervenir sur son environnement par l'agriculture, l'irrigation et « j'en passe ».

C'est ça la vie ! Une étoile qui « brûle » son hydrogène n'est pas vivante, car elle ne consomme que son propre constituant et elle meurt avant de se reproduire. On dit que la Terre est une « *planète vivante* » du fait de la tectonique des plaques, grâce à laquelle elle renouvelle son écorce en permanence, mais elle puise sa matière dans son manteau, lequel est animé par des mouvements de convection dus à des flux énergétiques issus du noyau. Certes, c'est un système physico-chimique extrêmement complexe ! Toutefois, malgré cette complexité, notre planète ne se nourrit pas à partir de l'extérieur et elle est incapable de se reproduire ; or, ces deux actions, nutrition et reproduction, sont le fait des êtres vivants unicellulaires, aussi simples soient-ils.

C'est aussi la nuance entre l'animé et l'inanimé, entre le vivant et l'inerte. Nous écarterons l'intervention divine, laquelle, par son action, aurait fait passer de l'inerte au vivant, car il s'agit d'une croyance, ce qui par définition est indémontrable. *Nous retiendrons qu'il y a 3 800 millions d'années environ, des réactions chimiques complexes ont conduit à la naissance de molécules aussi complexes, capables de s'autoalimenter et se reproduire…*

Les fondements chimiques

Revenons à la composition chimique de l'Univers où seulement 10 des 92 éléments constituent 99,99 % ou 999 020 ppm (parties par million) de l'ensemble…

Hydrogène	Hélium	Oxygène	Carbone	Néon	
739 000	240 000	10 400	4 600	1 340	ppm
Fer	Azote	Silicium	Magnésium	Soufre	
1 090	960	650	580	400	ppm

… L'hydrogène H_2, constitue 73,9 % des éléments de la Voie lactée. L'hélium vient ensuite, mais c'est un gaz rare qui ne se combine à aucun autre élément (même cas pour le néon). Les autres éléments n'existent qu'en très modeste part : 1,04 % pour l'oxygène, 0,46 % pour le carbone, 0,109 % pour le fer, 0,096 % pour l'azote, 0,065 % pour le silicium et 0,040 % pour le soufre.

Le fer, le silicium, le magnésium et le soufre s'allient facilement à l'oxygène sous forme *d'oxyde ferrique* Fe_2O_3 (le plus fréquent), de *silice* SiO_2, de *magnésie* MgO et *d'oxydes de soufre* SO_2 et SO_3. La silice et les autres oxydes entrent dans la composition des roches (noyau, manteau et écorce des planètes telluriques), et il est vrai que les roches rapportées de la Lune et de Mars sont assez proches des roches terrestres. Les analyses spectrales indiquent une composition semblable pour les satellites des géantes gazeuses. La « minéralogie » d'exoplanètes telluriques pourrait être proche de celle de la Terre, avec un noyau ferreux générateur d'un champ magnétique (ce noyau n'existe pas sur Mars).

L'hypothèse erronée du silicium

Je me souviens d'avoir lu, dans ma jeunesse, des articles pseudo-scientifiques (dans des revues dont je tairai le nom, car elles existent encore) qui envisageaient la constitution d'une « matière vivante » à partir de la chimie du silicium. En effet, la *silice* SiO_2 est une molécule abondante sur la Terre, et probablement ailleurs dans la Voie lactée. On connaît, au moins, 110 composés chimiques comportant l'élément silicium

Certains composés, les « *siloxanes* » contiennent de l'oxygène en plus de l'hydrogène et du silicium et, habituellement aussi, du carbone. À partir de petites molécules, se développent d'importantes structures par polymérisation ; celles-ci possèdent des caractéristiques physiques qu'on rencontre dans les polymères issus de la chimie du carbone : fluidité, élasticité, stabilité.

La formule empirique des « *siloxanes* » est R_2SiO, où R est un groupe radical qui peut être organique (présence d'hydrogène et de carbone). On peut citer le *diméthylsiloxane* $[SiO(CH_3)_2]_n$ et le *diphénylsiloxane* $[SiO(C_6H_5)_2]_n$ qui peuvent être des hybrides organiques et inorganiques ; mais...

- Leurs chaînes organiques sont essentiellement anthropiques et synthétisées par l'industrie.
- La chaîne principale – Si-O-Si-O associée à des métaux – est purement inorganique, comme celles des roches composant les planètes telluriques.

... Dans la Voie lactée, les composés chimiques des briques de la vie sont issus de la chimie du carbone. Nous avons évoqué cette hypothèse car elle occupe encore l'esprit de certains exobiologistes amateurs, attachés à une biochimie différente de celle de la Terre. Mais restons-en là.

Les « briques organiques » de la vie

Ce sont des composés chimiques qui se sont constitués à partir des éléments les plus abondants dans l'Univers : hydrogène (73,9 %), oxygène (1,04 %), carbone (0,46 %), azote (0,096 %) ; quant à « *une brique de la vie* », elle contenait les molécules les plus simples.

Dans l'ordre de probabilité décroissant, il s'agissait de l'eau H_2O, du méthane CH_4 et de l'ammoniac NH_3 ; il faut y ajouter une molécule sans hydrogène, le dioxyde de carbone CO_2. Les molécules plus complexes ne se sont constituées qu'à partir de ces quatre molécules :

Le formaldéhyde	CH_2O.
L'urée	CH_4N_2O
L'acide cyanhydrique	HCN
Les acides aminés	$H_2NCH\text{-}OOH$.

… Les réactions chimiques à l'origine de ces molécules de base n'ont pu se réaliser que dans les océans, car l'eau est de loin le composé le plus abondant. Il ne faut pas non plus ignorer deux autres molécules complexes, rares mais présentes dans la matière vivante…

Le fer dans l'hémoglobine du sang :	$C_{34}H_{32}FeN_4O_4$.
Le magnésium dans la chlorophylle :	$C_55H_{72}O_5N_4Mg$.

D'où proviennent les molécules initiales (H_2O, CH_4, NH_3 et CO_2), voire les « *briques de la vie* » (formaldéhyde, urée et acides aminés) ? L'analyse chimique des objets célestes du *nuage de Oort*, de la *ceinture de Kuiper* et des noyaux de comètes montre que ces molécules devaient déjà exister dans le nuage de gaz et de poussières qui s'est effondré sur lui-même pour former le « *disque protoplanétaire* ». Le dégazage du manteau de la Terre primitive a pu alors libérer ces molécules, mais au cours du « *grand bombardement tardif* », elles ont pu être apportées dans les noyaux de comètes (et pourquoi ne pas associer ces deux hypothèses ?)

Une autre question doit être soulevée ! Avant l'occurrence de la photosynthèse, afin que les premiers procaryotes (êtres unicellulaires les plus simples) se constituent, il fallait *fournir de l'énergie aux réactions complexes*.

➢ Les religions révélées – judaïsme, christianisme et islam – donnèrent une autre réponse : la main de Dieu, Créateur de toute chose. Dans l'hindouisme, le monde n'existe que si Brahma y pense, ce qui exclut toute évolution ; quand un être meurt, il renaît sous une autre forme, et ainsi de suite. Mais si Brahma n'y pense plus, c'est la catastrophe ; toutefois « *il y pense depuis le Big Bang* ».

➢ L'autre hypothèse est une « *chimiosynthèse* » au voisinage des sources hydrothermales des dorsales océaniques, ce qui nous conduit à une « *origine anaérobie* » de la vie.

Provenance de ces briques organiques

Deux théories s'opposent ; selon l'une d'elles, la « *panspermie* », la vie, est présente partout dans l'Univers. Il suffit de lancer un modèle statistique : la vie existe sur au moins une planète du système solaire, or, il y a des centaines de milliards d'étoiles (entre 300 et 400 milliards) dans la Voie lactée, il y a donc plusieurs milliards de systèmes stellaires du type du Système Solaire. Par conséquent, c'est en milliards qu'il faut évaluer le nombre de planètes habitées. *Mais, jusqu'à ce jour, aucune autre planète habitée n'a été reconnue, j'irai même jusqu'à écrire qu'il n'y a que sur Terre que nous sommes certains que la vie existe.*

Aussi, un néologisme a-t-il été créé, « *l'endospermie* » : *la vie sur Terre est originale et rien ne prouve qu'elle existe ailleurs.* À l'inverse, sur notre planète, la manière « *dont cela s'est passé* » est assez bien cernée.

L'hypothèse de la « Panspermie »

En grec ancien, « *panspermia* » signifie « *mélange de graines de toutes sortes* » ; le mot a été construit à partir de « *pan* = tout », et de « *sperma = graine ou semence* ». Des organismes vivants, ou au moins leurs molécules constitutives, pourraient être transférés d'une planète, ou d'un système stellaire, à un autre ; ainsi la Terre aurait été « *contaminée* » par une semence d'origine extraterrestre.

L'hypothèse philosophique remonte à Anaxagore de Clazomènes (500 à 428 av. J.-C.). Contraire au principe créationniste des religions révélées (judaïsme, christianisme et islam), cette théorie fut reprise en 1834 par Jöns Jacob Berzelius (1779-1848), en 1871 par le célèbre physicien britannique Lord Kelvin (1824-1907) et en 1879 par un physicien allemand Hermann von Helmholtz (1821-1894) ; tous les trois furent des savants incontestés dans leur domaine. Mais c'est surtout le chimiste suédois, Svante August Arrhenius (1859-1927), prix Nobel de chimie en 1903, qui soutint que « *la vie aurait été véhiculée dans l'espace interplanétaire sous forme de spores portées par les radiations* ».

Il ne faut pas rejeter l'hypothèse par un « apriori » :

➢ On sait que des météorites aqueuses et des noyaux de comètes transportent des « *molécules constitutives de la vie* » (eau, ammoniac, dioxyde de carbone) dont un nombre incommensurable percuta notre planète depuis 4 000 millions d'années (notamment lors du « *bombardement tardif* »).

➢ Entre 2008 et 2015, des biomolécules et des micro-organismes ont été exposés pendant plus d'une année aux radiations du vent solaire dans la *Station spatiale internationale ;* or, certaines ont survécu, ce qui rend au moins possible un voyage interplanétaire dans le vide absolu.

➢ À la surface de la Terre Victoria, en Antarctique, en 1984, un fragment de « *météorite martienne* », issu de la collision, il y a 15 millions d'années, entre un astéroïde et Mars, puis chu sur la Terre il y a 13 000 ans, serait lui-même un fragment de cet astéroïde surnommé « *ALH84001* ». En 1996, des analyses effectuées par la NASA auraient mis en évidence des tubes d'apparence biologique, assez semblables à ceux de nanobactéries terrestres, d'une part, et des acides aminés accompagnés de composés aromatiques considérés comme des marqueurs biologiques, d'autre part.

Cette dernière découverte serait « une preuve » de l'existence d'une vie extraterrestre, sous réserve que la météorite ne soit pas été contaminée par des bactéries terrestres, et que la médiatisation n'ait pas le but inavoué d'obtenir une rallonge de financement (une hypothèse parfaitement recevable).

De toute façon, la panspermie ne fait que reculer le *paradoxe de l'œuf et de la poule.* Mais elle pose la question d'une vie extraterrestre.

L'hypothèse de « l'endospermie »

Si cette hypothèse est retenue, la vie est née sur notre planète et s'est développée selon un modèle biochimique assez bien cerné.

La forme la plus élémentaire de la matière vivante est aujourd'hui la « *cellule* », du latin « *cellula* » qui signifie petite chambre. En biologie, la cellule est « *l'unité structurale, fonctionnelle et reproductrice constituant tout ou partie d'un être vivant* ». Chaque cellule est une entité qui s'alimente, se reproduit et fonctionne de manière autonome chez les êtres unicellulaires. Chez les êtres multicellulaires, les cellules sont réunies en « *tissus* » qui regroupent des cellules ayant la même fonction, par exemple, la peau. Les tissus sont eux-mêmes réunis en « *organes* » ou assemblages de tissus collaborant à une « *même fonction physiologique* » (le cœur, par exemple) et, dans ce contexte, les organes fonctionnent de *façon coordonnée* (le cœur et la circulation sanguine).

Mais une cellule n'est aussi qu'une « *vésicule* » dont on peut schématiquement expliquer l'origine et la constitution.

Qu'est-ce qu'une vésicule ?

C'est un espace clos entouré d'une membrane, et la formation spontanée des *vésicules* est parfaitement observable à l'aval d'une chute d'eau, ou en mer au cours d'une tempête ; il se forme de la « *mousse* » ou « *écume* », ensemble de bulles d'air prisonnières dans des « *vésicules* ». On l'explique par la qualité de certaines molécules qui possèdent simultanément la capacité d'êtres hydrophiles et hydrophobes. Une molécule est hydrophile si, du fait des lois de la physique, elle se concentre davantage dans l'eau que dans l'huile, et elle est dite hydrophobe (ou lipophile) dans le cas inverse.

Quelques molécules, comme celles du savon, ont une extrémité hydrophile et une autre hydrophobe. Dissoutes dans l'eau, elles dessinent des structures complexes, appelées « *bicouches* » qui se replient en « *vésicules* » : une « *bicouche* » est une paroi dont les « *faces sont hydrophiles* », et les « *extrémités hydrophobes* », le tout étant rassemblé à l'intérieur de la bicouche. Une « *vésicule* » est une sorte de sac plein de liquide qui flotte dans l'eau, mais dont la « *paroi est une bicouche* ».

Une cellule vivante possède un « *noyau* » enveloppé de « *cytoplasme* », l'ensemble étant séparé de l'extérieur par une

« *membrane* ». Le cytoplasme (contenu d'une cellule vivante) est donc une vésicule, appelée « *vésicule cytoplasmique* » permettant à la cellule de gérer son métabolisme (le stockage de la nourriture, sa digestion et le rejet des déchets). D'un point de vue chimique, les cellules sont le siège de réactions complexes.

Comment se forment les premières cellules ?

Rien ne le prouve, mais pourquoi des vésicules ne se seraient-elles pas formées dans l'océan Mondial entre 3 000 et 4 000.10^6 années avant notre ère, comme aujourd'hui se forme de l'écume ? La question qui se pose est celle de leur existence et de leur reproduction.

Il fallait d'abord que les parois soient perméables aux apports extérieurs, ce qui est conforme aux lois de la physique. Il fallait aussi que ces apports externes soient constitués de petites molécules indispensables à l'alimentation et à la reproduction des grosses. Ces vésicules étaient alors le lieu de *réactions autocatalytiques qui permettent la reproduction à l'identique*, or, toutes les vésicules n'ont pas cette propriété. Toutefois, si elles sont suffisamment nombreuses, si les conditions thermiques et chimiques de l'environnement océanique sont favorables, « *il n'est pas improbable qu'un tel événement ait pu se réaliser naturellement* ». À partir de ces vésicules complexes, des cellules primitives auraient émergé. *Mais pour que ces vésicules constituent des cellules vivantes, il fallait qu'elles puissent non seulement se nourrir et croître, mais aussi se multiplier à l'identique* (ou presque).

Dans l'écume, une vésicule en croissance finira par exploser et disperser son contenu, et elle « *meurt sans avoir vécu* », sauf « *si les parois de certaines vésicules avaient incorporé des molécules susceptibles de former de nouvelles vésicules, constituant un réseau autocatalytique* » (réaction chimique dont le catalyseur figure parmi les produits de la réaction). Ce scénario est plausible, et dans ce cas, « *une vésicule capable de s'alimenter et de se reproduire est un être vivant primitif* », et rien ne s'oppose alors à ce qu'une telle vésicule soit l'ancêtre de tous les êtres vivants (sur la Terre).

Mais toute cellule dispose d'un ADN et d'un code génétique

Si l'on admet l'hypothèse précédente, il faut aussi admettre que les êtres vivants primitifs furent capables d'évoluer pour arriver aux formes de vie actuelles. De *façon exceptionnelle et aléatoire* (et c'est à retenir), les réseaux autocatalytiques ont pu être modifiés par absorption de nouvelles molécules. Or, *ces modifications constituent un patrimoine transmissible*, car toute molécule incorporée à un réseau autocatalytique devient capable de se reproduire.

C'est la sélection naturelle de Darwin : *variations aléatoires* transmissibles et *compétition au sein d'une population* pour l'accès aux ressources. Aussi, les *cellules primitives qui se reproduisaient le mieux furent les plus performantes*, et les êtres vivants primitifs furent amenés à évoluer. Par perfectionnement successif, ces processus, rudimentaires au début, ont progressé vers la quasi-perfection : *réplication de l'ADN* et *fabrication des protéines*.

Ceci n'est qu'une théorie, car il est impossible de remonter le temps jusqu'à l'océan primitif. Mais on peut reconstituer le passé à partir du présent, base du raisonnement d'Alexandre Ivanovitch Oparine (1894-1980) et de John Haldane (1892-1964), et on estime qu'elle fut en partie démontrée par l'expérience de Stanley Miller (1930-2007) qui inventa la chimie prébiotique.

Il fallait aussi que des conditions bien spécifiques soient réunies : *de l'eau liquide*, des *molécules organiques en abondance*, une *température adéquate*. Or, ce sont des conditions qu'on rencontrait dans les profondeurs des océans, il y a 3 800 millions d'années.

Apparition et entretien de la vie

À moins d'admettre la genèse spontanée des êtres vivants par la main et la volonté du Créateur, on doit reconnaître l'existence d'un « *pont entre la chimie et la physique d'une part, et la biologie d'autre part* ». Alexandre Ivanovitch Oparine (1894-1980) et John Haldane (1860-1936) travaillèrent indépendamment l'un de l'autre : pourtant, ils sont parvenus à des conclusions similaires : aux origines de la vie, il exista une « *soupe primitive* » au sein de laquelle se formèrent des vésicules capables de se reproduire à l'identique à partir de molécules organiques qui trouvèrent les conditions optimales à leur formation.

La théorie de la « soupe primitive »

Quand la Terre se consolida, il y a près de $5\ 000.10^6$ années, Oparine et Haldane estiment qu'une relation optimale se réalisa entre la Terre et le Soleil, un compromis entre la taille de la planète et sa distance du Soleil. La taille de la Terre est suffisamment forte pour retenir une atmosphère et un océan (ce qui ne fut pas le cas de Mars), le Soleil est suffisamment proche pour y entretenir une température de 15 °C en moyenne (Mars est trop éloignée).

Dans ces conditions, les réactions chimiques conduisant aux « *briques de la vie* » ou molécules organiques à la base de la matière vivante – urée ou CH_4N_2O, formaldéhyde ou CH_2O, acide cyanhydrique ou HCN et acides aminés ou $H_2NCH\text{-}OOH$ – ont pu se réaliser au sein des océans.

Le mécanisme chimique et biochimique probable

En laboratoire, une réaction chimique nécessite trois composantes : des *réactifs* ou produits chimiques, un *réacteur*, par exemple, un tube à essai et une *source d'énergie*, par exemple la flamme d'un bec Bunsen. Il y a près de 4 000 millions d'années, ces composantes existaient : les *réactifs* étaient les composés chimiques de l'atmosphère primitive, le *réacteur* était le milieu ambiant, en l'occurrence l'atmosphère terrestre, et la *source d'énergie* était envoyée par le Soleil (moins actif qu'aujourd'hui).

Mais la clé du système repose sur la présomption de la composition chimique de l'atmosphère terrestre : à l'Archéen, l'atmosphère contenait 65 % de dioxyde de carbone CO_2, 30 % de vapeur d'eau H_2O et 5 % d'azote moléculaire N_2, auxquels il faut ajouter des traces d'hydrogène H_2. Sous l'action du rayonnement solaire, il est probable que l'hydrogène se combina au dioxyde de carbone pour donner du méthane…

$$6.H_2 + ½.CO \quad = \quad CH_4 + H_2O$$

… et de l'ammoniac…

$$N_2 + 3.H_2 \quad = \quad 2.NH_3$$

… Ces gaz constituaient des molécules légères qui flottaient autour de la planète, *constituant le réacteur contenant les réactifs*. Sous l'action de l'énergie solaire, des réactions chimiques donnèrent naissance aux premières molécules organiques. Selon Oparine et Haldane, les radiations ultraviolettes émises par le soleil étaient capables de briser les molécules simples de l'atmosphère primitive. De cette scission, seraient issus des radicaux chimiques très réactifs pouvant se combiner rapidement et constituer de nouvelles molécules plus grosses, plus complexes et plus lourdes. Ils pensaient aussi que les décharges électriques produites par les orages pouvaient *constituer une source d'énergie complémentaire*.

Quoi qu'il en soit, la vapeur d'eau se condensait dans les nuages dont les gouttelettes contenaient ces nouvelles molécules en solution. À la première pluie, elles tombaient sur le sol et plus précisément dans les océans. Quelles étaient ces nouvelles molécules ? Il ne pouvait s'agir que de composés C-H-O-N qu'on appelle aussi des composés organiques (urée ou CH_4N_2O, formaldéhyde ou CH_2O, acide cyanhydrique ou HCN et acides aminés ou H_2NCH-OOH). Dissoutes dans l'océan, ***ces*** *molécules formèrent la soupe primitive*, elles y constituèrent des vésicules simples qui évoluèrent vers des molécules organiques, lesquelles auraient enfin (et très lentement) donné naissance aux premières molécules vivantes, capables de se reproduire à l'identique, ou presque, puisque des « accidents » ont conduit à la sélection naturelle et à l'évolution.

La « démonstration » en laboratoire

C'est là qu'intervient l'expérience de Stanley Miller (1930-2007). Au milieu des années 1950, il conçut un milieu clos et stérile avec un système de ballons reliés entre eux et il y réalisa le vide afin d'éliminer l'atmosphère actuelle. Miller reconstitua l'atmosphère primitive en introduisant de l'eau stérilisée dans l'un des ballons, et du méthane (CH_4), de l'ammoniac (NH_3) et de l'hydrogène (H_2) dans le reste du système. La flamme d'un bec Bunsen fournit l'énergie. Dans un second ballon, deux électrodes reconstituaient les orages dans le mélange vapeur d'eau (H_2O), méthane (CH_4), ammoniac (NH_3) et hydrogène (H_2).

C'était la reconstitution des conditions primitives décrites par Oparine et Haldane. Grâce à un produit réfrigérant, Miller put aussi réaliser la condensation de la vapeur et des molécules en solution. L'expérience (plusieurs fois répétée) s'avéra concluante. Miller reconstitua de l'urée (CH_4N_2O), du formaldéhyde (CH_2O), de l'acide cyanhydrique (HCN) et des acides aminés. Or :

- La polymérisation de cinq molécules de formaldéhyde donne une molécule de « *ribose* » ou sucre à 5 carbones, une des « *briques du vivant* ».
- Celle de cinq molécules d'acide cyanhydrique donne de « *l'adénine* », un des *nucléotides essentiels à la formation de l'ADN.*
- La combinaison du formaldéhyde, de l'eau et de l'acide cyanhydrique produit les *acides aminés* qui sont essentiels à la synthèse des *protéines.*

Miller *n'a pas synthétisé la vie, il a seulement fabriqué les molécules indispensables à son édification, ce qu'on nomme les « briques de la vie »*. Mais il a démontré expérimentalement que ces molécules de base pouvaient avoir pris naissance dans ce qui avait été le milieu naturel des premiers âges de la Terre.

La naissance de la vie

Quelle a été la source d'énergie ? et comment le polymère obtenu a-t-il pu se conserver alors que le milieu était composé d'eau ?

Une expérience réalisée au *Laboratoire de la Vie de Tokyo*, a montré qu'une vésicule de 2 µm pouvait être obtenue en mélangeant des acides aminés avec de l'eau et l'azote, à une température de 250 °C, sous 130 atmosphères. ***La vésicule obtenue n'est pas sans rappeler la bactérie « solfolobus » qui vit en situation anaérobie dans les régions volcaniques.***

Quant à la réponse sur l'irréversibilité de la polymérisation, on évoque le rôle de l'argile. Certains protozoaires possèdent un ARN (Acide ribonucléique) capable de se répliquer sans enzyme (catalyseur des réactions biochimiques). Walter Gilbert (né en 1932) estime que l'ARN serait la plus ancienne de toutes les macromolécules biologiques ; « *elle permet de s'affranchir du paradoxe de l'œuf et de la poule* », à savoir lequel des protéines (catalyseurs) ou de l'ADN (information génétique) apparut le premier ?

Le catalyseur serait l'argile, issue de l'altération des feldspaths. L'argile est composée de molécules ordonnées et cristallisées. En la traitant avec de l'eau pure, et en ajoutant des ions, les feuillets s'associent en feuillets identiques, ***c'est un modèle de réplication***. C'est en milieu argileux que la polymérisation des acides aminés serait devenue irréversible et aurait construit les premières molécules informationnelles ou ARN. ***La reproduction des êtres à l'identique était née***.

La vie aurait alors pu apparaître dans les océans, sans oxygène, *puisant son énergie dans l'activité volcanique*, les molécules vivantes ainsi créées ayant utilisé l'argile pour se dupliquer. On pense évidemment aux écosystèmes qui existent à proximité des sources chaudes ou « *fumeurs noirs* » des dorsales océaniques.

Le processus ne pouvait, par ailleurs, que se réaliser à plus de 10 m de profondeur, limite de pénétration des ultraviolets.

Entretenir la vie

La vie serait apparue juste après le « *grand bombardement tardif* », il y a 3 800 millions d'années. Nous avons évoqué et nous reviendrons sur l'hypothèse, pas encore vérifiée, que ce fut peut-être aussi le cas sur Mars. Mais, quoi qu'il en soit, que la vie apparaisse est une chose, encore faut-il que *les cellules s'entretiennent par la nutrition et la respiration*, d'une part, et *qu'elles se répliquent par la reproduction*, d'autre part.

Les modes de respiration

Cette fonction biologique est une « *combustion lente* » (appelée aussi « *oxydation* ») entre un « *combustible* » constitué par les matières organiques accumulées par la nutrition, et un « *comburant* » ; pour la plupart des êtres vivants, le « *comburant* » est le dioxygène O_2 capté dans l'air ou dans l'eau (où il est en solution).

Chez les animaux terrestres, cet échange se fait entre l'air et le sang au niveau des poumons ; chez les plantes vertes, il se réalise au niveau des feuilles ; chez les poissons, l'échange se fait au niveau des branchies et chez les êtres unicellulaires, il se fait par osmose au travers des parois de la cellule.

Il n'en a pas toujours été ainsi.

La respiration anaérobie

Il y a 3 800 millions d'années, l'atmosphère, riche en dioxyde de carbone et traversée par les rayons ultraviolets, était impropre à la vie. Celle qui se constitua dans la « *soupe primitive* » d'Oparine dut trouver une solution à la combustion des molécules organiques qu'elle absorbait. Une hypothèse est qu'elle a trouvé le *comburant* sous la forme de sulfates et de nitrates en solution dans l'eau. Ces composés pouvaient provenir du lessivage des roches continentales altérées et/ou des sources hydrothermales fréquentes au sein des dorsales océaniques, quand la tectonique des plaques se mit en place.

Quelques bactéries utilisent encore cette procédure, la « *levure de bière* » tire son énergie de la fermentation anaérobie des sucres, certaines « *bactéries extrêmophiles* » utilisent les sulfates et nitrates d'origine volcanique, et c'est ce qui se passe au niveau des fumeurs noirs des volcans sous-marins. Cette forme archaïque d'entretien de la vie pourrait exister, ou avoir existé, sur une autre planète du Système Solaire, voire sur une exoplanète. ***On en recherche activement les traces sur Mars***.

La respiration aérobie

Sur Terre, depuis 2 500 millions d'années, la majorité des êtres vivants consomme du dioxygène O_2 et rejette un déchet, le dioxyde de carbone ou CO_2.

➢ Chez les plantes vertes (y compris les algues vertes), l'oxygène est capté dans l'atmosphère par l'intermédiaire des milliers de stomates (orifices de petite taille dans l'épiderme) situés à la surface des feuilles, et chaque stomate est constitué de deux cellules séparées par un *ostiole* (orifice par où circulent les gaz.). Les feuilles absorbent l'oxygène nécessaire à la *combustion* lente des substances mises en réserve par la nutrition. Cette *combustion* rejette du dioxyde de carbone.

➢ Chez les animaux supérieurs, l'échange se fait au travers d'une membrane en direction du sang ; dans ce liquide, les *globules rouges* ou *hématies* fixent l'oxygène et le transportent vers les organes consommateurs. Le produit de la combustion lente est toujours le dioxyde de carbone. Si l'animal vit en milieu aquatique, les échanges se réalisent au moyen de *branchies* fortement irriguées par le sang et entre lesquelles la circulation de l'eau est rapide. Si l'animal vit en milieu atmosphérique, les échanges se font au sein des alvéoles des poumons.

➢ Quoi qu'il en soit, tout s'achève par la respiration cellulaire : l'oxygène participe à une *oxydoréduction* qui dégage de l'énergie, énergie stockée sous forme d'*adénosine triphosphate* ou ADP pour être utilisée par la cellule. Cette réaction produit du dioxyde de carbone qui, dissous dans le plasma, est évacué au niveau des alvéoles.

Peu de gens savent que l'oxygène peut être toxique. Sur Terre, sa pression optimale est de 20 % de la pression atmosphérique ; c'est ce qu'on nomme sa « *pression partielle de 203 hPa* ». Il devient toxique à 1,3 atmosphère, soit 1 319 hPa ; *sur une exoplanète tellurique plus grosse que la Terre, une atmosphère riche en oxygène dont la pression serait très élevée, pourrait être impropre à la vie.*

Les modalités de la nutrition

Le terme vient du latin *nutrire* = nourrir, et la nutrition recouvre les fonctions physiologiques nécessaires à l'utilisation, ou « *métabolisation* », des aliments pour la croissance, l'entretien et le fonctionnement des organismes vivants.

Chez les « *Plantea* », la nutrition réclame la consommation de *carbone* et d'*azote* : le carbone est issu de l'assimilation du dioxyde de carbone atmosphérique au niveau des feuilles, et l'azote est assimilé sous ses formes oxydées (nitrates) au niveau des racines.

L'assimilation du carbone par photosynthèse

Le dioxyde de carbone est absorbé en solution dans l'eau pour les plantes aquatiques et sous sa forme gazeuse par les feuilles pour les plantes vertes. La *photosynthèse de la matière organique* se produit au niveau des *chloroplastes*, disques de 3 à 12 µm composés de 5 à 500 *cellules chlorophylliennes*.

➢ La chlorophylle ($C_{55}H_{72}O_5N_4Mg$) contenue dans ces cellules sert de catalyseur. L'eau (H_2O) est apportée par les racines, le dioxyde de carbone (CO_2) vient de l'air et l'énergie parvient du soleil sous forme de « *photons* ». La molécule d'eau est décomposée en oxygène (O_2) et en hydrogène (H_2), tandis que celle de dioxyde de carbone l'est en oxygène (O_2) et en monoxyde de carbone (CO)…

(1) $$H_2O = H_2 + 1/2\ O_2$$

(2) $$CO_2 = CO + O_2$$

…Tout l'oxygène se dégage, les plantes chlorophylliennes sont de grands pourvoyeurs d'oxygène atmosphérique et ***la détection d'oxygène en « forte » quantité dans l'atmosphère d'une exoplanète serait un « indice » que la vie y existe***. Un des rôles des plantes vertes est aussi de renouveler l'oxygène de l'atmosphère (et de l'hydrosphère).

➢ Le monoxyde de carbone (CO) et l'hydrogène se combinent pour donner de l'aldéhyde formique (CH_2O), premier terme de la photosynthèse. Puis l'aldéhyde formique se polymérise en glucose ($C_6H_{12}O_6$). Le glucose est la base de la matière vivante, et, pour une autre partie, il est stocké soit directement dans les fruits, les tiges, soit sous forme d'amidon qui est un glucose anhydre ($C_6H_{10}O_5$), dans les tubercules, les racines, les graines :

(3) $$C_6H_{12}O_6 = C_6H_{10}O_5 + H_2O$$

… La réaction globale devient

(4) $$5\ H_2O + 6\ CO_2 = C_6H_{10}O_5 + 6\ O_2$$

La photosynthèse doit être considérée comme la conversion d'énergie lumineuse en biomasse, c'est la raison pour laquelle les plantes vertes sont dites « *plantes autotrophes* » (du grec ancien « *aütos* » = soi-même, et « *trofos* » = qui se nourrit).

L'assimilation de l'azote

En effet, l'azote est l'autre élément essentiel ; les sels minéraux riches en azote sont absorbés par les racines, et une réaction libère des molécules d'ammoniac (NH_3), puis par « *ammonification* » cette nouvelle molécule est ionisée en ammonium (NH_4^+) à partir duquel la plante produit des protéines n ($C_2H_5O_2N$).

On retiendra aussi que *l'ammonification ne peut se réaliser que sur une planète où l'eau est à l'état liquide* : les roches subissent l'hydrolyse, un sol se constitue en surface et c'est là que les racines absorbent les sels d'azote.

La nutrition des autres êtres vivants

Amidon et protéines végétales constituent la principale source alimentaire primaire sur notre planète. Ils servent de *« carburants » aux consommateurs primaires* (les herbivores), lesquels sont la *ressource alimentaire des consommateurs secondaires* (les carnivores). Enfin, amidon et protéines végétales ou animales vont *se décomposer au décès de la plante et des animaux* ce qui permet de réintroduire du *dioxyde de carbone* dans l'air (et l'eau) et de l'*azote organique dans les sols* (et l'eau).

Ce sont les *cycles de l'azote et du carbone*, auxquels la vie est finement associée, au sein des *chaînes alimentaires* ou *chaînes trophiques*. ***Si une vie élaborée existe sur d'autres planètes, elle ne peut survivre que par ces deux processus, quel que soit le niveau de développement qu'elle a atteint.***

La reproduction

Du fait de l'usure de ses tissus et de ses cellules, tout être vivant est voué à une mort certaine. *La pérennité du processus vital ne peut être assurée par la reproduction des êtres vivants ; plantes et animaux sont mortels* ***mais la vie est éternelle*** (ce qui n'est pas vrai pour les espèces et encore moins pour les civilisations).

Sans la vie autotrophe, et sans la reproduction à l'identique des premières bactéries, la Terre serait restée à la situation originelle d'il y a 3 800 à 4 000 millions d'années, la « *soupe primitive* » d'Oparine. La vie qui s'y créa *dut trouver un mode de multiplication des individus*, conduisant à leur prolifération et à la colonisation de la planète.

La reproduction asexuée

Elle existe encore chez les êtres unicellulaires ; elle fut très probablement la première forme de prolongation d'existence d'une espèce. Chez les procaryotes (êtres unicellulaires les plus primitifs), par *scissiparité*, une cellule mère donne deux cellules filles, puis chaque cellule fille devient une cellule mère, et ainsi de suite selon une multiplication exponentielle.

Ce mécanisme est très utile chez des espèces à l'espérance de vie brève, car il leur permet de conquérir rapidement un espace (« *stromatolithe* » dès le Précambrien).

La reproduction sexuée

Celle des eucaryotes combine les échanges d'informations génétiques entre deux organismes différents. Elle passe par la formation des « *gamètes* » (cellules reproductrices) qui engendrent deux organes différents : des « *ovules* » (cellules reproductrices femelles) et des « *spermatozoïdes* » (cellules reproductrices mâles). Au cours de la fécondation, *ovules* et *spermatozoïdes* fusionnent pour constituer le *zygote* (œuf fécondé) : son génome est une combinaison de l'*acide désoxyribonucléique* (ADN) de chacun des deux gamètes, aussi *contient-il toute l'information génétique nécessaire pour former un nouvel organisme.*

➢ Chez les végétaux, la plante peut utiliser son propre pollen (gamète mâle), c'est l'autofécondation ou « *autogamie* ». Toutefois les insectes butineurs (abeilles, bourdons) favorisent la fécondation à partir d'un pollen étranger.

➢ Chez les animaux, la gamétogenèse a lieu dans des organes spécialisés ou « *gonades* ». Par exemple, chez les mammifères, les « *testicules sont les gonades mâles* » et les « *ovaires les gonades femelles* ». Quant à la fécondation, elle est externe chez les animaux aquatiques : gamètes mâles et femelles sont libérés dans l'eau, mais chez les animaux supérieurs, la fécondation est interne et elle implique l'accouplement entre deux individus.

La faculté de se reproduire est une chance, elle a permis la conquête de la planète par les espèces animales et végétales. Les plantes, par définition immobiles, ont plus de mal à reconquérir un espace perdu. Par exemple, en Europe, de nombreuses espèces forestières n'ont jamais reconquis l'espace perdu au cours du Würm. À l'inverse, un mammifère, *Homo Sapiens*, a fait la conquête de l'ensemble de la planète.

Sur la Terre, il a fallu des milliards d'années pour parvenir à cette perfection ; pendant tout ce temps, les conditions climatiques, océanographiques, géologiques ont dû connaître une certaine stabilité afin que ces processus vitaux se mettent au point. ***Cela implique que sur d'autres systèmes planétaires, il faut que les orbites restent stables afin d'éviter les chambardements climatiques, il faut écarter les risques de bombardement par des comètes et des météorites géantes, il faut que la planète conserve son champ magnétique…***

Dans le Système Solaire, les planètes telluriques sont situées entre les géantes gazeuses et l'étoile, ce qui les protège, les stabilise et permet à la vie de s'organiser selon les procédures que nous venons de décrire, immuables depuis 2 000 millions d'années.

Les premières manifestations de la vie

Du fait de la tectonique des plaques, les roches anciennes ont été recyclées, ou, au mieux, très fortement « *métamorphisées* ». Aujourd'hui, il s'agit des roches de l'Archéen, 4 000 à 2 500 millions d'années. Mais c'est au sein de ces « *cratons* » continentaux (appelés « *archons* ») qu'il faut rechercher les « *gisements paléontologiques* » les plus anciens : dans l'hémisphère Nord, ils sont situés sur le Bouclier Canadien, le Groenland, la Scandinavie et la Sibérie orientale ;

dans l'hémisphère Sud, ce sont les Guyanes, l'Afrique du Sud, le Bouclier Australien et l'Antarctique.

➢ Dès le milieu du XXe siècle, des « *fossiles de cyanobactéries* » retrouvés à Prieska en Afrique du Sud, avaient été datés de 2 600 millions d'années.

➢ Puis, à North Pole, dans l'Ouest australien, des « *stromatolithes* » (roche à structure laminaire constituée par des calcaires et des fossiles de communautés de cyanobactéries) seraient vieux de 3 400 millions d'années. Enfin, à Isua, au Groenland, ce sont des « *kérogènes* » (substances chimiques correspondant à un état intermédiaire entre la matière organique et les combustibles fossiles) enrichis en carbone C_{12} et vieux de 3 800 millions d'années, qui ont été interprétés comme « *l'indice de l'existence d'êtres vivants* ».

Les premiers écosystèmes aquatiques

Il s'agit des « *microfossiles* » de la ceinture de Nuvvuagittuq, un affleurement situé sur la rive est de la baie d'Hudson, au Québec. Des roches volcaniques sont associées à des « *sédiments très métamorphisés* ».

➢ Leur origine organique est probable : des filaments microscopiques constitués d'hématite incrustée dans du quartz, longs de moins de 0,5 mm pour un diamètre de 50 à 100 µm. Leur analyse tomographique (reconstruction du volume) a révélé une tige avec des branches parallèles sur un côté ; *on y a reconnu la plus ancienne manifestation de la vie*.

➢ En 2007, l'analyse de la dégradation d'isotopes du zirconium donna un âge de 3 750 millions d'années ; un âge qu'une nouvelle analyse recula à 4 321 millions d'années en 2012. En 2017, une dernière étude annonça y avoir découvert des fossiles de bactéries. Il est donc acquis que ***la vie existait dans les océans il y a 3 800 millions d'années***, et il pourrait s'agir de formes très archaïques nées par chimiosynthèse au voisinage de « *fumeurs noirs* » d'une très ancienne dorsale.

Quant aux « *briques de la vie* » (urée ou CH_4N_2O, formaldéhyde ou CH_2O, acide cyanhydrique ou HCN et acides aminés ou $H_2NCH\text{-}OOH$), elles pouvaient soit venir de réactions chimiques réalisées dans l'atmosphère primitive, soit de molécules complexes apportées lors du « *grand bombardement tardif*». La coexistence des deux processus n'est pas impossible, et, dans la « soupe primitive » des océans, la polymérisation des acides aminés se serait organisée de façon irréversible, conduisant à l'ARN et aux formes de vie les plus primitives.

Les missions martiennes les plus récentes sont à la recherche des mêmes traces sur la planète rouge (mais elles ont fait chou blanc !)

La pérennisation de la vie sur la Terre

En effet, la naissance de la vie est une chose, son maintien et son évolution en sont une autre, et pendant 2 500.10^6 ans avant notre ère, la vie fut exclusivement unicellulaire ou « *procaryote* » dont la survie ne tenait qu'à un fil…

Le rôle protecteur de planètes géantes

Une trop grande fréquence des bombardements par des météorites géantes serait très nuisible. On évoque souvent la chute d'un astéroïde dans la région du Yucatan pour expliquer l'extinction des dinosaures (et de bien d'autres espèces) à la fin du Crétacé. L'hypothèse est évoquée pour la grande extinction dès la fin du Permien (90 % des espèces). On l'évoque même pour la disparition des grands mammifères américains à l'Holocène. Or, dans le Système Solaire, le danger provient de la ceinture d'astéroïdes entre Mars et Jupiter, et de la ceinture de Kuiper, au-delà de Neptune.

La massivité de Jupiter, associée à l'attraction de Saturne, d'Uranus et de Neptune, fait que la plupart des « géocroiseurs » issus de la ceinture de Kuiper sont capturés par les géantes gazeuses par « percussion » ou par mise en orbite sous forme d'anneaux et de satellites. À elle seule, Jupiter rassemble 71,2 % de la matière des huit planètes solaires (les géantes gazeuses en regroupent 99,6 %). L'influence gravitationnelle de Jupiter s'étend sur 50 millions de kilomètres, ce qui lui permet de capturer nombre d'objets passant à proximité. Certes, une fois capturés, les objets dessinent une orbite fortement elliptique autour de Jupiter. Ces orbites sont instables, et fortement influencées par le Soleil, les météorites peuvent retourner sur une orbite héliocentrique ou s'écraser sur Jupiter. Le 9 juillet 1994, Jupiter captura la comète *Shoemaker-Levy 9* de 2 km de diamètre.

Depuis le « *grand bombardement tardif* », Jupiter protègerait les planètes telluriques internes contre les objets célestes extérieurs qui passent dans son voisinage. Toutefois, son influence sur la ceinture d'astéroïdes est en discussion. La probabilité de la chute d'une météorite de 100 à 200 mètres est d'une tous les 1 000 ans, celle d'un astéroïde de 500-800 mètres est d'une tous les 30 000 ans et celle d'un « *géocroiseur* » de 5 000 mètres de diamètre est improbable.

Aussi, cette collision est-elle rarissime depuis 3 800 millions d'années.

Le rôle incontournable de l'eau

Avec une température au sol de 15 °C en moyenne, la Terre est la seule planète tellurique où l'eau (sans laquelle la vie est impossible) existe sous ces trois états et principalement sous sa forme liquide. Aujourd'hui, à l'Holocène, l'eau se répartit ainsi…

Liquide	Solide	Gazeux	
1 380 000 000	24 000 000	17 000	km^3
98,3	1,7	0,0012	%

… L'eau (liquide) constitue plus de 98 % de la molécule H_2O sur notre planète (dont 97 % dans les mers et les océans) ; les glaciers et inlandsis n'en couvrent qu'à peine 2 % et la vapeur d'eau est une matière très rare (rappelons que les nuages ne sont pas constitués de vapeur mais de gouttelettes d'eau).

Ce qui peut varier, c'est la part prise par la glace. Au Quaternaire, elle a pu doubler mais 3,4 % restent négligeables. Même au temps de la « *Terre Boule de neige* », les océans sont restés liquides, car la glace flottante est un excellent isolant. Notre planète est couverte à 70 % par de l'eau, et la tectonique des plaques n'a pas modifié cette répartition. C'est cette enveloppe hydrique qui a permis la naissance, le développement et la pérennité de la vie, même si pendant des milliards d'années, on en resta à des cellules isolées dans les immensités océaniques.

La première phase de l'apparition

Elle nécessite une transformation quadripartite des molécules prébiotiques :

- *Utiliser l'eau sous sa forme liquide* (il n'existe pas de forme de vie sans eau), soit que l'être vivant s'y épanouisse, soit qu'il se construise son propre univers aqueux, comme la circulation sanguine chez les animaux terrestres.
- *S'entourer d'une enveloppe protectrice* afin de conserver intacts ses composants, et de contrôler les échanges avec le monde extérieur. Cette enveloppe est une « *vésicule* » qui devra constituer une « *cellule* ».
- *Reconstituer ces réserves* en utilisant les composés chimiques du milieu. C'est la nutrition et la respiration qui permettent la satisfaction des besoins énergétiques de cette réaction chimique très complexe qu'est le processus vital.
- *Se reproduire*, c'est-à-dire être capable de faire des copies conformes des cellules ainsi constituées. En effet, le processus vital n'est pas éternel : une cellule naît, se nourrit, se développe, et doit se reproduire avant de mourir afin de laisser une descendance qui entraîne la pérennité de la vie.

Nous avons vu que ces molécules prébiotiques y sont parvenues il y a 3 800.10^6 ans environ, mais on ne sait pas encore comment et l'on n'a pas réussi à les reproduire en laboratoire. Toutefois, on connaît les trois étapes que les molécules prébiotiques ont dû franchir.

Dans un premier temps, ces molécules ont mis au point le mécanisme de la fermentation, qui permet d'assimiler les autres produits organiques du milieu dans lequel elles se trouvaient. C'est la naissance de « *l'hétérotrophie* » ou assimilation de la matière organique en solution dans l'eau : des composés hydrocarbonés (H-C-O) et ammoniaqués (H-N-O). Or, l'azote et le carbone sont les composants de base de la matière vivante. La vie en consomme par combustion (réaction avec l'oxygène) et elle doit se réapprovisionner constamment. Aussi produit-elle des déchets et parmi eux le dioxyde de carbone (CO_2).

On reste étonné par la fragilité du processus. La vie ne pouvait se développer dans l'atmosphère oxydante (trop de CO_2), soumise au bombardement des ultraviolets ; elle ne pouvait se réaliser qu'en eau profonde en l'absence d'énergie lumineuse nécessaire à la photosynthèse. Apparue à la surface des océans, la vie courait le risque d'être détruite par les ultraviolets. Aussi évoque-t-on une autre hypothèse, celle de la *chimiosynthèse.*

➢ Les fonds océaniques, au niveau des dorsales, sont riches en sources chaudes (350 °C), tièdes (40 °C) et froides (15 °C). Le voisinage des sources tièdes est d'une richesse étonnante en biomasse : 10 000 à 100 000 fois celle du fond des océans.

➢ Le milieu est aphotique (absence de lumière) donc rebelle à la photosynthèse, mais on y a découvert des *bactéries chimiotrophes* qui tirent leur énergie du soufre (S) contenu dans l'hydrogène sulfuré (H^2S).

➢ Or, ce processus, certainement aussi ancien que la Terre et ses océans, a toujours été protégé des ultraviolets, alors que la source d'énergie (H_2S) est intarissable.

Toutefois, Miller estima le processus trop précaire pour avoir été à l'origine de la vie sur Terre : les acides aminés sont instables à des températures de 350 °C (mais des chercheurs japonais ont simulé la formation de l'urée, du formaldéhyde, de l'acide cyanhydrique et des acides aminés à partir du mélange d'eau, de méthane, d'azote et de CO_2 à 260-325 °C). Le vrai problème est celui de la durée de vie des sources hydrothermales. Or, du fait de la tectonique des plaques, il est fort peu probable qu'on trouve des systèmes hydrothermaux fossilisés.

Pourtant, l'idée d'une origine hydrothermale est attrayante car elle élimine le rôle d'une atmosphère primitive défavorable. Le chimiste allemand Gunther Wachterhauser (né en 1938) pense que les premières molécules organiques auraient été *autocatalytiques* en utilisant le CO_2 à la manière des plantes vertes, mais en tirant l'énergie non pas du Soleil mais de la pyrite ou sulfure de fer. La réduction du CO_2 par l'hydrogène sulfuré (H_2S) et le fer (Fe) de la pyrite aurait généré un *film organique*. Or, la pyrite abonde près des sources hydrothermales.

La vie au Précambrien

Cette vie primordiale ne pouvait se manifester que sous la forme d'organismes unicellulaires, et la biodiversité resta à ce stade pendant 2 500 millions d'années, soit près de 60 % de l'âge actuel de notre planète. Pour ceux qui aiment les probabilités, ***il y a 60 chances sur 100 que si on découvre la vie sur une exoplanète, ce serait une vie unicellulaire***.

L'environnement a été fortement influencé par la tectonique des plaques avec la succession de regroupements et de dispersions des continents ; des évènements fondamentaux dans l'évolution des écosystèmes y afférents.

➢ *L'agrégation des radeaux continentaux en supercontinents était défavorable* : disparition des écosystèmes de mers épicontinentales, « continentalisation » des climats avec formation d'inlandsis aux hautes latitudes et des grands déserts sous les tropiques. Dans tous les cas, les conditions de vie devenaient difficiles.

➢ À l'inverse, *la dispersion des plaques tectoniques accroissait la surface des plateaux continentaux et des mers épicontinentales*, et sur des continents de petite taille, quelle que soit la latitude, les climats restaient humides, sous l'influence des océans. Le ruissellement apportait des sels minéraux et les écosystèmes marins étaient en mesure de se développer.

On a aussi reconnu la trace de phases glaciaires au travers de dépôts de « *tillites* » (conglomérats riches en galets striés et en éléments mal classés, comme c'est fréquent dans les moraines actuelles).

➢ Ces traces ont été repérées dans « *Witwatersrand* » (Afrique du Sud), il y a 2 700 millions d'années, et près des Grands Lacs américains il y a 2 300 millions d'années.

➢ Puis ces traces se sont généralisées avec des épisodes glaciaires qui auraient atteint de très basses latitudes ; c'est l'épisode de la « *Terre boule de neige* » période au cours de laquelle la planète aurait été totalement englacée.

La vie résista à la « *Terre boule de neige* », mais elle n'évolua que très lentement, dominée par les êtres unicellulaires ou « *Monera* ». La biodiversité ne se diversifia que vers 1 700 millions d'années avant notre ère, époque à laquelle sont apparus les premiers « *eucaryotes* » êtres dont les cellules purent s'organiser en « *tissus* » (thalle des algues, par exemple) ; ces tissus purent eux-mêmes constituer des « *organes* » autorisant la constitution « *d'êtres pluricellulaires* » : algues, champignons.

Le Précambrien ancien (4 600 à 2 500.10⁶ ans)

Ce fut une période extrêmement longue à l'échelle humaine et si nous rapportons sa durée à celle du XXe siècle, il occupe les 87 premières années…

	Temps réel en 10^6 ans	Temps relatif
Hadéen	4 600 à 3 800	1900 à 1917
Archéen	3 800 à 2 500	1917 à 1946
Protérozoïque	2 500 à 540	1946 à 1988
Phanérozoïque	*Depuis 540.10^6 ans*	*1988 à 2000*

L'Hadéen fut abiotique (4 600 à 3 800.10^6 ans)

Pendant 800 millions d'années, la Terre s'est refroidie, une croûte océanique mobile et des radeaux continentaux se sont mis en place, ce qui engendra le mécanisme de la tectonique des plaques. Cette période prit fin avec le « *grand bombardement tardif* ». Mais les plaques océaniques se sont couvertes d'eau, et c'est dans ce contexte qu'à la fin de la période, la « *soupe primitive* » décrite par Oparine et Haldane, apparut, accompagnée peut-être des tout premiers êtres vivants unicellulaires.

L'Archéen ou âge des procaryotes (3 800=2 500.10^6 ans)

Un procaryote est un être vivant unicellulaire (il s'alimente et se reproduit) mais cette cellule n'a pas de structure interne. Le cytoplasme n'abrite pas de *noyau* (le nom vient du latin « *pro* » = avant, et du grec « *karyon* » = noyau), ni d'autres *organites*, par exemple, les *mitochondries* qui assurent la reproduction sexuée.

➢ Le procaryote type est la « ***bactérie*** » qui se reproduit par *scissiparité*. À l'Archéen, c'était un avantage considérable, car dès que des bactéries rencontraient un milieu favorable, leur « *démographie* » était exponentielle, ce qui contribuait à une colonisation rapide de ce biotope. Aussi, ces premières bactéries ont-elles rapidement constitué des colonies de « *stromatolithes* » ou communautés bactériennes associées à des feuillets de particules sédimentaires.

➢ Il y a 3 420 millions d'années, les stromatolithes ont colonisé les plateaux continentaux peu profonds ; la Lune n'était distante que de 330 000 km seulement, la Terre tournait sur elle-même en 18 heures : il n'en fallait pas plus pour accentuer le phénomène de marées avec un marnage estimé à 25 m sur un estran (zone de battement des marées) bien plus étendu qu'aujourd'hui.

➢ Au cours de l'Archéen, l'atmosphère et l'hydrosphère étaient surtout riches en dioxyde de carbone CO_2. Les plus anciennes bactéries étaient donc « *anaérobies* » (leur métabolisme ne dépendait pas de l'oxygène). Elles ne respiraient pas mais puisaient leur énergie par « *oxydation biochimique des minéraux* » et un tel métabolisme *autotrophe* (la cellule renouvelle elle-même sa matière organique) est appelé « ***lithotrophie*** ».

➢ De cette observation est née l'hypothèse d'une « chimiosynthèse de la matière vivante » autour des « *sources hydrothermales* », un processus qui existe au sein des dorsales océaniques.

… Puis les cellules sont devenues « *hétérotrophes* », s'alimentant par assimilation des débris anorganiques accumulés au fond des mers bordières.

La révolution des cyanobactéries

Au cours de l'Archéen, l'apparition de ces « *algues bleues* » (du grec *kuanos*, un bleu sombre, devenu *cyan*) ou « *algues bleu vert* » fut une révolution. Elles ne possédaient toujours pas de noyaux, mais le cytoplasme abritait des « *thylakoïdes* » (du grec « *thylakos* » = sac, et « *oides* » = semblable), où se déroule la phase « *photochimique* » de la photosynthèse…

$$CO_2 + H_2O + Photons \quad ====> \quad CH_2O + O_2$$

… La combinaison entre une molécule d'eau et une molécule de dioxyde de carbone donne un des composés organiques de la matière vivante végétale, base de l'amidon, des glucides, de la lignine du bois, avec dégagement de molécules d'oxygène gazeux ou « *dioxygène* ».

➢ Cette fonction fut fondamentale dans la diversification de la vie. On rattache les *cyanobactéries* au monde végétal, car elles étaient et restent « *autotrophes* ». Elles puisent leur énergie dans la lumière (*phototrophie*), elles consomment du dioxyde de carbone et de l'eau, dont elles ne conservent que la « racine » CH_2O pour libérer de l'oxygène.

➢ À partir de ce moment, *l'atmosphère et l'hydrosphère se sont appauvries en dioxyde de carbone et enrichies en oxygène.* D'anaérobie, la vie est devenue « *aérobie* » ou capable de se développer dans l'air ambiant ou dans une eau « *oxygénée* » (rien à voir avec l'eau oxygénée H_2O_2, un composé issu de l'industrie pharmaceutique).

Le Protérozoïque (2 500 à 540.10^6 ans)

C'est la dernière ère du Précambrien, quand la vie commença à se « diversifier » avec l'apparition d'un nouveau taxon d'êtres unicellulaires : les « *eucaryotes* ».

➢ Le mot a été construit à partir du grec ancien « *eú* » = tout, et de « *karuon* » = noyau, avec le sens général de « *qui possèdent un noyau* » ; siège du matériel génétique de la cellule (génome, ADN), il abrite divers « *organites* » responsables de la nutrition, de la respiration et de la reproduction sexuée. Il existe des *eucaryotes unicellulaires,* ou « *protistes* », dont les « *foraminifères* » qui constituent une partie du plancton.

➢ Toutefois, l'originalité des cellules eucaryotes est de pouvoir constituer un « *tissu* » de cellules ayant la même fonction. Les océans protérozoïques ont vu apparaître les « *algues* » ou « *thallophytes* », dont l'appareil végétatif ne débouche pas sur des organes spécialisés, mais sur un corps non différencié ou « ***thalle*** ». Cependant, ce thalle possède les fonctions vitales (nutrition, respiration, reproduction) et beaucoup d'entre eux ont une activité photosynthétique.

➢ Des « *thallophytes* » autres que les algues sont aussi apparus : les « *mycètes* » (champignons), les « *lichens* » (symbiose d'une algue et d'un champignon) et les « *bryophytes* » (mousses et hépatites). Ce sont des plantes vertes, mais le tissu ne s'organise pas en vaisseaux, il n'y a pas de sève, la nutrition dépend de l'humidité du milieu. Mais l'originalité des *mycètes*, des *lichens* et des *bryophytes* a été de ***constituer les premières formes de conquête végétale des continents***.

À la fin du Protérozoïque, la radiation évolutive des eucaryotes, étalée sur près de 1 000 millions d'années, a fortement diversifié le monde animé en *règnes*, *embranchements*, *classes*, *ordres*, *familles*, *genres* et *espèces*. Le *genre* et *l'espèce* d'un individu utilisent une dénomination latine : ainsi, pour l'homme moderne, *Homo Sapiens* signifie qu'il appartient à l'espèce *Sapiens* du genre *Homo*. En remontant la hiérarchie, nous appartenons à la *Famille* des *Hominidés*, à l'*Ordre* des *Primates*, à la *Classe* des *Mammifères*, à l'*Embranchement* des *Chordés* et au *Règne animal*. Longtemps, on ne distingua que deux règnes : les *végétaux* et les *animaux*. Aujourd'hui ; la classification divise le monde vivant en « *six règnes* » :

➢ Les ***Bactéries*** sont des procaryotes apparus à l'Archéen.

➢ Les ***Archées***, des procaryotes extrêmophiles (T °C > 100 °C ou < 0 °C, milieux salins ou anoxiques). Elles traduisent la faculté d'adaptation des êtres vivants.

➢ Les ***Protistes*** restent des eucaryotes unicellulaires (foraminifères). Mais on y trouve surtout les *protozoaires* qui jouent un rôle important dans la décomposition de la matière vivante et comme vecteurs de nombreuses maladies.

➢ Les ***Mycètes***, multicellulaires et hétérotrophes, décomposent les végétaux morts. Appelés aussi *champignons*, ils sont aussi des parasites des êtres vivants.

➢ Le ***Règne végétal*** ou « ***Plantéa*** » rassemble les *eucaryotes multicellulaires autotrophes* ***capables de réaliser la photosynthèse de la matière organique***.

➢ Le ***Règne animal*** ou « ***Animalia*** » regroupe, quant à lui, les *eucaryotes multicellulaires hétérotrophes* qui se nourrissent des composés carbonés d'origine végétale (herbivores ou consommateurs primaires) ou animale (carnivores ou consommateurs secondaires).

Les « ***eucaryotes*** » ont en commun la reproduction sexuée : production d'un gamète mâle qui féconde un gamète femelle, un mode qui présente l'avantage de laisser une « *certaine liberté à la variabilité génétique* » au sein des organismes de la même espèce, ce qui permet une éventuelle adaptation à une modification du milieu. C'est ce que Darwin appela la sélection naturelle.

Il faut aussi souligner le ***rôle écologique de la photosynthèse***, une révolution qui commença avec l'avènement des cyanobactéries. Auparavant, la vie anaérobie était dans l'impossibilité d'évoluer, les procaryotes autotrophes en étaient réduits à s'alimenter à partir des minéraux par une « *lithotrophie* » réduite à la proximité des « *sources hydrothermales* ». La photosynthèse fut une révolution à différents niveaux.

➢ Les *cyanobactéries*, les « *eucaryotes du phytoplancton* » et les « *thallophytes aquatiques* » ont consommé le dioxyde de carbone CO_2 atmosphérique et marin. L'atmosphère (et les océans) s'est enrichie en oxygène moléculaire O_2.

➢ Simultanément, dans la haute atmosphère, le bombardement des molécules de dioxygène par les ultraviolets cassa quelques molécules dont les atomes « O » se sont associés à des molécules « O_2 » pour donner une nouvelle molécule à trois atomes d'oxygène, l'ozone O_3. Or, l'ozone est un bouclier contre les ultraviolets : le dernier mètre des océans et les terres émergées se retrouvèrent accessibles à la vie, sous réserve qu'il y ait de l'eau liquide sur les continents.

La photosynthèse a aussi permis l'organisation des « *chaînes alimentaires* » (appelées aussi « *chaînes trophiques* ») dont les ressources se sont diversifiées. La vie cessa d'être tributaire du monde minéral pour s'autoalimenter.

➢ Les « *Plantéa* » se sont constituées en « *producteurs primaires* » de matière organique ; la présence de la chlorophylle leur permet de « *synthétiser une molécule organique hydrocarbonée* » et de « *libérer de l'oxygène* » à partir de l'eau et du CO_2. D'un point de vue « économique », les « *Plantéa* » sont des ***êtres autotrophes*** qui constituent le « ***producteur primaire*** » de matière organique.

➢ Cette matière première est ensuite consommée par les « *animaux herbivores* » ou ***consommateurs primaires***. Eux-mêmes constituent un stock alimentaire pour les « *carnivores* » ou ***consommateurs secondaires*** situés au sommet de la chaîne alimentaire. Mais qu'ils soient consommateurs primaires ou secondaires, les animaux sont des ***êtres hétérotrophes***, dépendants des producteurs primaires ; une crise au sein de ces derniers provoque une crise au sein des consommateurs.

➢ Mais tout être vivant est voué à disparaître ; la matière vivante (animale et végétale) entre en décomposition ; or, cette matière possède ses propres consommateurs, les ***détrivores***. C'est le rôle des *protistes* et des *mycètes*, et de quelques animaux : vers, mollusques, insectes. La matière est décomposée et elle restitue l'azote au sol et le dioxyde de carbone à l'atmosphère.

Le monde vivant fonctionne ainsi depuis la fin du Précambrien.

Le Phanérozoïque

Le terme a été construit à partir de « *phaneros* » = visible et « *zôon* » = animal, et il traduit parfaitement la réalité, car il dure depuis 540.10^6 ans.

➢ La vie animale était, jusque-là, à peine décelable, c'était le « ***Cryptozoïque*** » (de *kruptos* = caché et *zôon* = animal), terme désuet regroupant l'Archéen et le Protérozoïque, mais qui avait l'avantage de bien décrire la réalité : *la vie, très primitive, était bien « cachée » au sein des océans.* D'ailleurs « *Protérozoïque* », construit à partir de « *próteros* » = premier et « *zôon* » = animal », traduit l'apparition des premiers animaux, en Australie, dans les collines d'Ediacara.

➢ La faune d'Ediacara rassemble les plus anciens « *métazoaires* » (cellules regroupées en tissus) connus. Elle était constituée d'animaux à corps mou : « *cœlentérés* » (méduses), « *annélides* » et « *arthropodes* » sans squelette externe rigide. Cette faune a été datée de 550 à 640 millions d'années, juste après que la Terre fut sortie du Cryogénien. Elle annonce l'explosion des formes de vie animales et végétales qui ont conduit aux écosystèmes actuels.

L'histoire de la Terre est divisée en quatre « ***éons*** » (plus grandes divisions des temps géologiques) : *Hadéen*, *Archéen*, *Protérozoïque* et ***Phanérozoïque*** ; chaque éon est divisé en « ***ères*** », et le Phanérozoïque avait été initialement devisé en *ère primaire*, *ère secondaire* et *ère tertiaire.* Au milieu du XXe siècle, on leur substitua les termes plus explicites de :

	Limites	Durée
Paléozoïque	540 à 250.10^6 ans	290.10^6 ans
Mésozoïque	250 à 66.10^6 ans	184.10^6 ans
Cénozoïque	depuis 66.0^6 ans	66.10^6 ans

Le Paléozoïque (540 à 250.10^6 ans)

Sa limite inférieure correspond à l'apparition des « ***trilobites*** », il y a 540 millions d'années. Ces arthropodes en constituent le principal fossile directeur au cours des 290 millions d'années pendant lesquelles la biodiversité a littéralement explosé, constituant une rupture avec le Protérozoïque. Cette ère est divisée en six étapes constituant des « ***systèmes*** » aux écologies bien différenciées.

Parallèlement, les plaques continentales se sont regroupées pour constituer la Pangée, avec des conséquences écologiques considérables.

Le Cambrien (540 à 485.10^{6} ans)

Il y a 540 millions d'années, la biodiversité était encore réduite : les bactéries venaient juste de perdre leur monopole, la flore « moderne » n'était encore constituée que par des thallophytes, dont la plupart appartenaient au plancton. La vie restait confinée aux mers épicontinentales, et la surface des continents était un désert, au sens propre du terme : ***milieu dépourvu de toute forme de vie*** (c'est la surface de Mars !). Selon Jean Vannier (directeur de recherche au CNRS, Université de Lyon) : « *L'explosion cambrienne désigne l'apparition soudaine à l'échelle des temps géologiques d'anatomies entièrement nouvelles qui préfigurent déjà les grands groupes d'animaux actuels, par exemple, les phylums tels que les arthropodes et les vertébrés* ».

➢ La vie restait confinée sur les fonds marins, et la chaîne alimentaire commençait par un « *zooplancton* » et un « *phytoplancton* », accompagnés d'algues fixées aux rochers. Les ***Spongiaires*** à squelette siliceux vivaient fixés aux rochers et filtraient les eaux poussées par les courants ; les « ***Brachiopodes*** », des bivalves, étaient enfouis dans la vase ; et les ***Stromatolithes*** continuaient d'occuper les marges littorales.

➢ Mais les véritables maîtres des eaux cambriennes furent les ***Trilobites***. Leur corps était divisé en trois parties : un *céphalon* (tête) pourvu d'yeux, un *thorax* aux segments articulés et un *pygidium* caudal composé de segments soudés ensemble. La présence d'appendices sur la face inférieure leur permettait de ramper sur le fond, voire de nager.

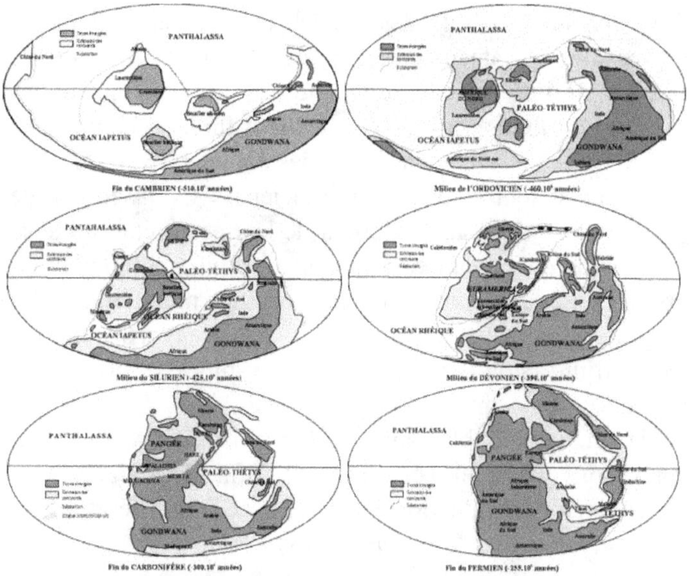

Document c.01 – Le regroupement des plaques et la constitution de la « Pangée »

L'Ordovicien (485 à 443.10⁶ années)

Dans les mers bordières, trilobites et brachiopodes furent confrontés aux « ***Graptolites*** » (composés de tubes, ils constituaient des colonies) et aux « ***Bryozoaires*** » (mode de vie proche de celui des coraux).

Cette période ***connut surtout la première colonisation des continents*** par des végétaux. Les ***Hépaticophytes*** (hépatiques) et les ***Bryophytes*** (mousses), sont des petites plantes vertes, sans tronc, ni racine, ni feuille, avec un large ruban chlorophyllien ramifié et appliqué au substrat. Elles ont dû coloniser les milieux pierreux humides et ombragés proches des sources.

Puis *Gondwana* glissa en position polaire antarctique, provoquant une intense glaciation et une régression qui fit émerger des milieux jusque-là sous-marins : la flore et la faune fixées au fond furent exterminées.

La « Renaissance » du Silurien (443 à 419.10⁶)

Le niveau général des mers connut une nouvelle transgression, le plateau continental fut à nouveau inondé et le Silurien a été une période de reconquête des environnements marins peu profonds. Les ***récifs coralliens*** furent accompagnés de leur cortège de *brachiopodes*, et des derniers *Trilobites*. Les ***Chordés*** existaient depuis l'Ordovicien, sous la forme de *poissons cuirassés*, mais l'intérieur de leur corps était traversé par une épine dorsale articulée appelée « *chorde* » (comme les lamproies). Les ***Euryptérides*** (scorpions des mers) étaient les plus grands animaux marins. Leur abdomen articulé était précédé d'un *céphalothorax* muni de pinces ; principaux prédateurs des mers ordoviciennes, les *Euryptérides* possédaient une double paire de branchies afin de pouvoir respirer sous l'eau et sur l'estran. Enfin, les ***Mollusques*** commencèrent leur radiation évolutive avec la prolifération des premières *Ammonites* (des *nautiloïdes*).

Le Silurien est également connu pour la conquête des continents par les premières « plantes vasculaires », les ***Ptéridophytes*** (ou ***Trachéophytes***) ***;*** les racines, le tronc et les nervures des feuilles possèdent des vaisseaux (d'où leur nom de plantes vasculaires) nommés aussi *trachéides,* permettant la circulation de l'eau et des nutriments.

Explosion faunistique du Dévonien (419 à 359.10^6)

Du fait d'un optimum thermique, la *transgression fut maximale*, ce qui favorisa les constructions coralliennes. La submersion des lagunes côtières sonna le glas des poissons cuirassés, au profit des ***Chondrichtyens*** (dont font partie les requins) et des ***Sarcoptérygiens***, ou poissons osseux, ancêtres de la plupart des poissons actuels.

Sur la terre ferme, le monde végétal gagna du terrain. Les *Hépaticophytes* furent accompagnés des ***Sphénopsides*** (prêles). Mais au Dévonien supérieur, ces plantes furent concurrencées par la radiation des ***Ptéridophytes***, *fougères* capables de constituer des forêts. Or, cet écosystème eut une influence considérable sur l'évolution du taux de gaz carbonique et d'oxygène de l'atmosphère terrestre.

La sortie des eaux des animaux est encore plus spectaculaire. Les ***Arthropodes*** qui ont subi une importante radiation : *collemboles*, *arachnides*, *scolopendres*, *acariens*, mais une place à part doit être faite aux ***Rhipidistia***, ancêtres des *Cœlacanthes* actuels et des *Amphibiens*.

➢ Les poissons inféodés aux deltas et lagunes commencèrent à acquérir des narines internes et un squelette à nageoires paires qui annoncent la vie terrestre et les ***Tétrapodes*** (animaux à quatre membres dont nous faisons partie).

➢ Leurs nageoires paires perdirent leurs rayons au profit du lobe musculeux dessinant une « *palette* » dont le squelette évoqua des phalanges et des doigts. Ces membres ne devaient être que des organes natatoires adaptés aux environnements boueux, mais ils leur permettaient de gagner les berges pour passer d'une lagune à une autre.

La fin du Dévonien a été marquée par une extinction massive en milieu marin. À l'inverse, le monde continental sembla épargné, et la conquête du monde terrestre par les végétaux se poursuivit au Carbonifère et au Permien, ce qui écarte la chute d'un astéroïde.

Les forêts du Carbonifère (359 à 299.10^6 années)

La collision entre le *continent euraméricain* et *Gondwana* engendra la chaîne hercynienne et la constitution d'une « *Pangée* ». Il est possible que l'orogenèse hercynienne ait provoqué le soulèvement de certains plateaux continentaux, et des secteurs jusque-là immergés se transformèrent en marais, dont l'Amazonie donne une image réduite. Les moyennes et basses latitudes couvraient près de 180 degrés de longitude, avec des conséquences climatiques considérables : sécheresse des basses latitudes, et étés tièdes et humides avec des hivers froids et secs des moyennes latitudes.

Les écosystèmes marins ne sont pas sans rappeler les récifs coralliens actuels.

➢ Des colonies de ***foraminifères à squelette carbonaté*** ont constitué d'épais niveaux calcaires (Russie, Chine et Japon) ; en Europe et en Amérique du Nord, des barrières de ***Polypiers*** sont à l'origine de calcaires coralliens.

➢ Les ***Gastéropodes*** (mollusques à coquille unique) rampant sur un pied ventral abondaient, des ***Céphalopodes*** nageaient en pleine eau, leurs deux yeux, leurs tentacules et leur coquille annonçaient les *nautiles* et les *ammonites*.

➢ Dans cet écosystème, s'épanouissaient des ***Sélaciens*** (poissons cartilagineux) ancêtres des requins et des raies et des ***Stégocéphales*** (amphibiens tétrapodes) qui ressemblaient aux crocodiles (plaques dermiques).

Mais le Carbonifère fut essentiellement forestier :

➢ Il nous est connu par la richesse des gisements houillers : Appalaches, Nouvelle-Écosse, Nouveau-Brunswick en Amérique du Nord, Écosse, Pays de Galles, bassin franco-belge, Ruhr, Silésie, en Europe de l'Ouest (pour ne citer que les plus importants), Pologne, Ukraine en Europe de l'Est.

➢ Il s'agissait de forêts de ***Ptéridophytes*** peuplées de *Lycopodes* de plus de 30 m et de *Calamites* arborescentes (prêles géantes) de plus de 20 m de hauteur. Ce sous-embranchement a pu constituer plus de 90 % du spectre forestier.

Du fait de l'abondance de ces plantes vertes, *l'atmosphère du Carbonifère a pu contenir jusqu'à 30 % d'oxygène*. Une partie du carbone fut également fossilisée dans le milieu anaérobie des marais, des lagunes et des deltas, qui se comportèrent comme des « *puits à carbone* » ; les troncs ne se décomposaient pas, ils sont devenus du charbon quand ils participèrent à l'orogenèse hercynienne en Amérique du Nord et en Europe.

➢ Les animaux capables de respirer l'oxygène de l'air furent favorisés ; les *Arthropodes terrestres* donnèrent dans le gigantisme, avec mille-pattes géants. Les ***Insectes*** se sont fortement diversifiés, avec des blattes géantes sur le sol et des libellules de 60 cm dans les airs.

➢ Ces arthropodes occupèrent à la fois le créneau des consommateurs primaires (herbivores) et celui des consommateurs secondaires (carnivores). Cette ubiquité pourrait s'expliquer par l'absence de prédateurs, notamment les oiseaux qui n'apparaîtront qu'au Crétacé.

➢ Les seuls *tétrapodes* à squelette interne étaient les ***Amphibiens***, issus de la sortie des eaux des poissons pulmonés au Dévonien. Tributaires de l'eau dans les premiers stades de leur métamorphose, ils ont prospéré dans les marais et les forêts ombrophiles, mais sans concurrencer les insectes.

D'autres écosystèmes se développèrent dans le domaine hypercontinental du centre de la Pangée, soumis à l'aridité ; ce milieu était défavorable aux *Amphibiens* (des poissons sortis de l'eau), et leur évolution consista à « *ne plus y retourner pour pondre* ».

➢ L'œuf des Amphibiens ne peut être incubé que dans l'eau ; à sa naissance, l'animal reste aquatique, c'est un *têtard pourvu de branchies*, encore proche des poissons. C'est par « *métamorphoses* » que l'animal parfait devient pulmoné.

➢ L'évolution a conduit aux ***Reptiles***, mieux adaptés à la vie continentale. L'œuf, protégé par une membrane ou une coquille, est indépendant de l'extérieur. L'embryon y subit toutes ses métamorphoses, et c'est un être adapté à la vie aérienne qui sort de l'œuf.

L'ambiguïté du Permien (299 à 250.10^6 années)

La *Pangée permienne* offrait un ensemble climatique compris entre les glaces polaires et l'étuve équatoriale, alors que la concentration des terres émergées en un ensemble unique favorisait « *un effet dit de continentalité* » qui se traduisait par un important contraste thermique saisonnier et l'extension des milieux secs.

➢ La glaciation provoqua un fort *effet de continentalité*, avec le recul des zones humides et de leurs écosystèmes forestiers. Le spectre biologique resta dominé par les ***Cryptogames***, mais des plantes mieux adaptées à des conditions froides et sèches, les ***Gymnospermes***, ont commencé à se développer.

➢ Quant à la faune terrestre, il lui fallut s'adapter. Les ***Reptiles***, indépendants de la contrainte des marais, ont connu des évolutions intéressantes comme la *bipédie*, ce qui pourrait s'expliquer par un milieu végétal plus ouvert, avec la nécessité de se lever pour voir de loin. On estime que le *Coelurosauravus* fut un des premiers reptiles volants.

➢ Les écosystèmes marins restèrent voisins de ceux du Carbonifère, mais les édifices coralliens ont souffert de la régression ; toutefois, on trouve encore des *Foraminifères*, des *mollusques*, des *Échinodermes*, des *Brachiopodes* et surtout les premières ***Ammonites***. Les *Trilobites* avaient disparu mais les poissons osseux et cartilagineux continuèrent de se développer. Parmi eux, les ***Conodontes***, lointains parents de la lamproie et caractéristiques du Permien.

Le Permien prit fin dans la plus importante extinction de masse connue : *96 % de la vie animale sous-marine et 75 % des espèces terrestres se sont alors éteintes à l'interface entre le Permien et le Trias ;* et l'hypothèse d'un réchauffement atmosphérique par effet de serre est retenue. Reste à l'expliquer.

➢ Le paléontologue Peter Ward (Université d'État de Seattle) a examiné les crânes de reptiles et d'amphibiens d'une carotte de sédiments de 300 m d'épaisseur prélevée dans le bassin de Karoo, en Afrique du Sud ; la paléontologue Kliti Grice (Université de Perth) a étudié des sédiments fini-Permiens des côtes australiennes et chinoises. Leurs résultats concordent : *le développement de bactéries qui se nourrissent de soufre implique un milieu riche en hydrogène sulfuré (H_2S),* ce qui présume une anoxie de l'océan.

➢ Le processus le plus vraisemblable serait une « *interminable suite d'éruptions volcaniques cataclysmales* » au début de la dislocation de la Pangée. En Sibérie, les volcans responsables des « *trapps* » (couches de laves très fluides et très minces superposées) auraient rejeté 2 000 à $3\,000.10^6\,km^3$ de matériaux siliceux dans l'atmosphère. Ces poussières ont d'abord provoqué un refroidissement brutal (en masquant l'énergie solaire) pouvant causer la mort de la végétation puis de la faune qui lui était inféodée. Puis la part du CO_2 dégagé dans l'atmosphère augmenta, ce qui provoqua un important effet de serre, accompagné du réchauffement de la surface des océans. En mer, le plancton serait mort, produisant massivement de l'hydrogène sulfuré H_2S.

Les faciès « *dysaérobiques* » (variation intense de la teneur de l'eau en oxygène) se sont multipliés dans les mers épicontinentales, alors que l'atmosphère se serait appauvrie en oxygène. Mais cette crise a aussi permis une « *transition écologique* » au sein des formes de vie dominantes, les Phanérogames ont succédé aux Cryptogames et les Dinosaures aux Reptiles.

Une extinction peut réduire la diversité des écosystèmes, mais la vie a résisté aux glaciations, aux volcanismes généralisés, à l'impact des astéroïdes, à des comètes, à deux guerres mondiales, et elle est toujours là !

Mésozoïque ou âge des Dinosaures

L'extinction massive du Permien vida une multitude de biotopes marins et continentaux qui se retrouvèrent en quête d'une nouvelle biocénose. Mais l'éclatement de la Pangée a conduit à la répartition géographique actuelle des continents, avec de nouvelles orogénies (Alpes, Andes), une diversification des climats et surtout une intense radiation évolutive des espèces.

- Le milieu marin a été marqué par la radiation des ***Céphalopodes***, dont les ***Bélemnites***, voisines de la seiche, et surtout les ***Ammonites*** (elles connaîtront le sort des *Dinosaures* à la fin du Crétacé) et celle des barrières de ***récifs coralliens***.
- Pour ce qui est de sa faune continentale, le Mésozoïque a été médiatisé comme ***l'âge des Dinosaures*** car ils ont conquis toutes les niches écologiques terrestres, marines et aériennes. On sait moins que le Mésozoïque fut aussi marqué par la radiation évolutive des ***reptiles*** et des ***insectes***.
- Surtout, les ***Mammifères***, issus de l'évolution probable des reptiles mammaliens du Permien, ont prospéré sous la forme primitive des ***Protothériens***, pourvus d'une poche marsupiale (comme les kangourous actuels). Ils survivront à la crise de la fin du Crétacé et prendront les niches écologiques abandonnées par les *Dinosaures*.

Le Mésozoïque est divisé en trois périodes qui s'achevèrent par une extinction massive il y a 66 millions d'années, très médiatisée un peu n'importe comment par n'importe qui.

La vie au Trias (250 à 201.10^6 ans)

L'environnement marin a été marqué par l'occurrence des *récifs coralliens modernes*, fruits de la symbiose de deux algues : la ***Zooxanthelle*** et le ***Lithothamnium***, et d'un animal : le ***Madrépore***. Ils construisent toujours des récifs (par exemple, la Grande Barrière de corail au nord-est de l'Australie) et constituent un biotope très riche pour les espèces marines.

➢ Les ***Ammonites*** sont redevenues abondantes, accompagnées de bivalves pélagiques.

➢ Les ***Poissons*** avaient été épargnés par l'extinction du Permien. Aux ***Sélaciens***, il convient d'ajouter les ***Téléostéens***, c'est-à-dire la plupart des poissons actuels. Ce sont des ***Ostéichtyens*** dont le squelette est osseux, et qui capturent leurs proies à l'aide de maxillaires mobiles.

➢ Enfin, les ***reptiles marins*** (*Ichtyosaures*, *Plésiosaures*) occupèrent une niche écologique qui sera un jour celle des *Cétacés* et des *Pinnipèdes*.

Les continents avaient été dévastés, et leur reconquête fut plus lente, ce que traduit l'importante phase de *rhexistasie* à l'origine de très épais dépôts sableux à l'embouchure de fleuves, aujourd'hui consolidés en grès rouges (plateau lorrain et Vosges, Jura souabe).

➢ Toutefois, des survivants du Permien, les ***Lycophytes***, des *Cryptogames*, dominaient encore au Trias inférieur. Mais les conditions climatiques encore arides, sur une *Pangée en voie de dislocation*, ont favorisé les ***Préspermatophytes***, des plantes à ovules qui ne sont pas encore des plantes à graines.

➢ C'est au Trias que les ***Amphibiens*** se sont éteints (il ne subsiste que les *Batraciens*). Les niches écologiques abandonnées furent occupées par la radiation évolutive des ***Reptiles*** : les *Squamata* ont conduit aux ***Lepidosauria*** (serpents et lézards actuels) ainsi qu'aux premiers ***Chéloniens*** (tortues). Les ***Cynodontes*** (reptiles mammaliens) auraient alors donné naissance aux premiers mammifères.

Le Trias se termina par l'extinction de 20 % des espèces marines et une forte part des grands vertébrés terrestres a disparu. On évoque un réchauffement climatique global, lié à l'activité volcanique de la dorsale atlantique. Elle aurait provoqué des émissions de substances à fortes concentrations de mercure, retrouvées dans les sédiments de la limite Trias-Jurassique du sud de la Scandinavie et du nord de l'Allemagne.

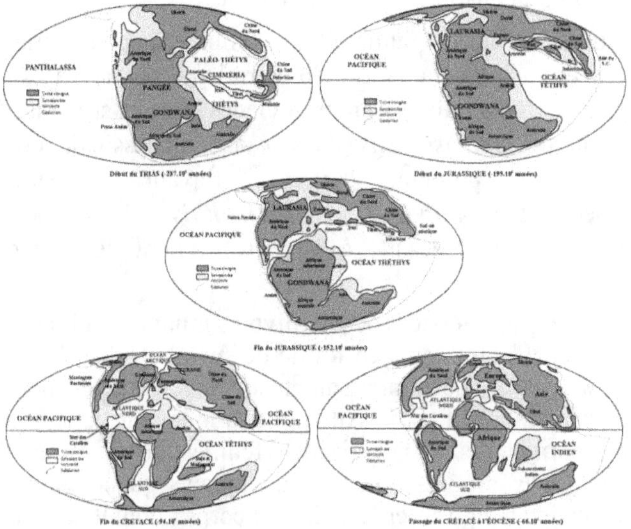

Document c.02 – La Mésozoïque et l'éclatement de la Pangée

La vie au Jurassique (201 à 145.10^6 ans)

Du fait de l'éclatement de la Pangée, le Jurassique a été marqué par l'extension des climats chauds et humides favorables aux environnements luxuriants. La flore continentale était dominée par les ***Conifères*** ou ***Gymnospermes***, marqueurs de la biodiversité du Jurassique (comme l'avaient été les *Ptéridophytes* des forêts du Carbonifère et du Permien).

➢ Des familles ont colonisé jusqu'à nos jours les moyennes et hautes latitudes de l'hémisphère Nord : ***Taxacées*** (c'est l'if), ***Taxodiacées*** de l'Ouest américain (séquoias, cyprès) et surtout ***Pinacées*** ou ***Abiétacées*** aux feuilles en aiguille ou en écailles, persistantes ou caduques (mélèzes, sapins, épicéas, pins).

➢ D'autres étaient déjà typiques de l'hémisphère Sud : ***Araucariacées*** aux feuilles écailleuses collées aux branches (l'araucaria est le « désespoir des singes ») et ***Podocarpacées*** aux feuilles en aiguille.

➢ Aux moyennes latitudes de l'hémisphère Nord, le Jurassique a vu prospérer les ***Ginkgoaceae*** qui ne produisent pas de fruits mais des ovules fécondés. Ce genre se diversifia avec une demi-douzaine d'espèces au Jurassique et une dizaine au Crétacé. ***Ginkgo biloba*** constitue un fossile vivant.

Simultanément, la faune était dominée par les grands ***Dinosaures***, apparus à la fin du Permien, et survivants de l'extinction. Ils sont divisés en deux clades selon la structure de leur bassin. Les ***Saurischiens*** (ils possèdent un bassin de reptile au pubis pointant vers l'avant) restaient quadrupèdes (*Sauropodes*) ; les ***Ornithischiens*** (bassin d'oiseaux au pubis orienté à l'arrière) étaient des bipèdes (*Théropodes*).

- Les ***Sauropodes*** étaient des herbivores munis d'un long cou et d'une bouche aux dents en forme de spatule (*Diplodocus* et *Brachiosaure).* Ils se nourrissaient de fougères et de petites *Gymnospermes* ; et il est possible que la longueur de leur cou leur ait permis de se nourrir des feuilles de la cime des *Gymnospermes* arborescentes. Leur longue queue était un organe destiné à équilibrer le poids du corps ; c'était aussi une arme contre les prédateurs.

- Les ***Théropodes*** rassemblaient plutôt les carnivores (prédateurs des précédents). Au Jurassique, il s'agit des *Ceratosaurus* (fréquents en Amérique du Nord), *Megalosaurus* et *Allosaurus*, pour ne citer que les principaux.

- On a souvent insisté sur le gigantisme des *Dinosaures*, et il est vrai que si le poids moyen des mammifères actuels est de 850 g, celui des *Dinosaures* était de 850 kg, soit 1 000 fois plus. Si les plus petits *Théropodes* (*Microraptor* et *Parvicursor*) mesuraient moins de 60 cm pour un poids de quelques kilogrammes, le plus grand squelette complet connu est celui du *Brachiosaurus brancai* : 12 m de haut, 22,5 m de long et 30 à 60 tonnes. À titre de comparaison, le plus gros mammifère terrestre fut *Baluchitherium grangeri* de l'Oligo-miocène ; il était haut de 5,5 m, long de 8 à 9 m et ne pesait que 20 tonnes. La majorité des dinosaures dépassa la taille de 98 % des mammifères.

Les Dinosaures ont occupé toutes les niches écologiques ; les *Ptérosaures* occupèrent celles des oiseaux : canopée des forêts, versants de montagnes, falaises littorales. Il ne faut pas négliger les écosystèmes marins, avec la poursuite de l'évolution des plateformes de récifs coralliens, où s'épanouissaient des mollusques gastéropodes et bivalves (dont les ***Rudistes***, souvent abondantes dans les calcaires). En pleine eau, la faune continua de comporter des ***Céphalopodes***, dont des ***Ammonites***. Mais les formes de vie les plus évoluées étaient les poissons : ***Sélaciens*** et ***Téléostéens*** et surtout des ***reptiles marins*** (qui n'étaient pas des *Dinosaures*).

➢ Les ***Plésiosaures*** possédaient un corps large, à quatre membres et une queue relativement courte. Ils ont pu occuper la niche des pinnipèdes actuels.

➢ Les ***Ichtyosaures*** et les ***Mosasaures*** avaient une silhouette identique à celle des requins et des cétacés actuels dont ils occupèrent la niche écologique.

La vie au Crétacé (145 à 66.10^6 ans)

Ce fut l'apogée des écosystèmes du Mésozoïque, mais il prit fin dans une « *apocalypse* » comme le Permien. La flore terrestre gagna en efficacité. Avec la domination des ***Angiospermes***, des plantes dont les fleurs regroupent l'organe femelle ou ***pistil***, et les organes mâles ou ***étamines***. Il serait possible que leur dispersion soit associée à l'apparition des abeilles, car la pollinisation des fleurs ne peut se faire sans le recours à un insecte butineur. C'est ce qu'on nomme le concept de « *coévolution* ».

On distingue toujours :

➢ Les ***Angiospermes dicotylédones*** qui dérivent d'une plantule issue de la germination d'une graine présentant deux feuilles appelées *cotylédons*. Une fois adultes, ces feuilles nervurées et réticulées peuvent facilement capturer le rayonnement solaire. Leurs fleurs portent des pétales colorés qui attirent les insectes, et la racine pivotante permet un solide enracinement. *Ce sont ces atouts qui en feront des plantes adaptées autant aux milieux frais et humides des régions tempérées qu'aux milieux chauds et humides ou secs des tropiques*. Les figuiers, les magnolias et les platanacées apparaissent durant le Crétacé. Ce seront les hôtes des forêts tempérées et tropicales.

➢ Les ***Angiospermes monocotylédones*** (la plantule issue de la germination d'une graine ne présente qu'un seul *cotylédon*) constituent une évolution plus récente, attribuée à une variabilité génétique d'une dicotylédone. Ces plantes sont marquées par l'absence de tronc ligneux, à l'exception de celles qui s'adapteront au milieu humide : les *palmiers*, les *roseaux*, les *bambous*. Certaines ont évolué en *lianes* qui grimpent le long d'un tronc ou en *épiphytes*, elles profitent de l'humus d'une fourche de branchages. En fait, cette évolution a surtout permis une moindre dépendance des apports en eau, et ces plantes sont souvent des herbacées : ***Graminées*** (ou Poacées), ***Cypéracées***, qui vont peupler les milieux aux saisons pluviométriques contrastées : savane, prairie et steppe.

➢ À la fin du Crétacé, les *Angiospermes* couvraient entre 80 % des espèces tropicales et tempérées, et 50 % des espèces tempérées froides et de montagnes. Toutefois, comme nous l'avons vu, la victoire n'a jamais été totale (et ne le sera pas) : les *Gymnospermes* du Trias continuèrent de se développer.

Cette progression des Angiospermes aurait ouvert la voie aux Dinosaures herbivores, car le climat, subtropical à tropical depuis le Jurassique, devint plus globalement tempéré. L'offre alimentaire s'orienta vers des formes plus ouvertes et sans doute plus coriaces, ce qu'évoque la « batterie dentaire » des herbivores.

➢ Les ***herbivores saurischiens*** ont connu un vaste foisonnement des espèces ; les ***Cératopsiens*** en Asie et en Amérique du Nord, l'espèce la plus connue est le ***Tricératops*** (quadrupède à cornes et collerettes, à l'allure d'un rhinocéros) ; les ***Titanosauridae*** (semblables aux Diplodocus) ont été les plus gros animaux terrestres : *Argentinosaurus* et *Paralititan*, retrouvés en Amérique du Sud, ont pu peser plus de 100 t.

➢ Parmi leurs nombreux prédateurs, la presse à sensation a retenu le ***Tyrannosaurus rex*** d'Amérique du Nord. Ce *Théropode* de 15 m de long, pesait 3 à 4 t. Toutefois, on estime qu'il fut autant nécrophage que prédateur.

➢ Les ***Ptérosaures*** continuèrent d'occuper la niche actuelle des oiseaux. Ils évoluèrent vers le gigantisme : *Ptéranodon* avait 7,5 m d'envergure et *Quetzalcoatlus* 12 m (5 à 6 fois celle d'un aigle royal). À l'inverse, vivait en Chine un *Ptérosaure* de la taille d'un moineau.

➢ C'est aussi au Crétacé qu'on observe une *diversification rapide des oiseaux.* Toutefois, on ne trouve que des formes primitives, les ***hesperornithiformes*** et, comme pour les mammifères, les formes actuelles ne se sont développées *qu'après l'extinction des Ptérosaures.*

La vie marine au Crétacé se poursuivit avec les *Ammonites*, et les *Rudistes*, mollusques bivalves qui ont construit des récifs dans les mers chaudes, sous la forme de véritables constructions à coquilles et squelettes calcaires.

➢ La faune aquatique a aussi été marquée par la poursuite de l'évolution des *poissons cartilagineux* (raies, requins) et les *poissons osseux* devinrent communs.

➢ Mais les niches des reptiles restaient fondamentales ; les ***Plésiosaures*** et les ***Mosasaures*** ont dominé jusqu'à la crise Crétacé-Tertiaire. À l'inverse, les ***Ichtyosaures*** ont connu une extinction progressive et énigmatique, car leur degré d'adaptation était bien supérieur à celui des Plésiosaures et des Mosasaures.

Parallèlement, la biodiversité benthique recula. Les ***Brachiopodes*** et les ***Crinoïdes*** (lys de mer) qui existaient depuis le Paléozoïque entrèrent en déclin. Les bivalves s'enfoncèrent de plus en plus profondément dans les sédiments pour éviter leurs prédateurs, ou simplement lutter contre les marées.

➢ Dans les *océans Panthalassiques*, les marées sont négligeables ; inversement, la dislocation de la *Pangée* fut accompagnée de celle des océans : Atlantique nord et sud et Téthys, où les mouvements de l'eau nés de l'attraction solaire et lunaire sont amplifiés.

➢ L'enfouissement est un moyen d'échapper à la sécheresse diurne. D'autres acquirent par évolution des coquilles massives ou des garnitures d'épines, protection contre les prédateurs et la « *sécheresse nycthémérale* ».

La cinquième extinction

La fin du Crétacé était marquée par le début d'une régression, quand se produisit la catastrophe. La planète subit la cinquième extinction massive depuis l'apparition de la vie ; 70 % des espèces marines et continentales ont péri. Le processus le plus généralement admis est la chute d'une météorite de 10 km de diamètre à Chicxulub au Yucatan. L'énergie libérée par l'impact équivaudrait à *5 000 millions de bombes d'Hiroshima*.

- L'onde de choc aurait fait le tour du globe, c'est suffisant pour incendier l'ensemble des steppes et des forêts, pour vaporiser des km^3 d'eaux, qui, après refroidissement, sont retombées en pluies acides meurtrières.
- Simultanément, le « passage » du subcontinent indien au-dessus du point chaud des Mascareignes activa le volcanisme (la présence des Trapps du Dekkan va en ce sens). Un nuage de poussières aurait provoqué un hiver volcanique.
- La flore fut anéantie, et avec elle les consommateurs primaires dont la disparition sonna le glas des prédateurs. Toute la chaîne trophique occupée par les Dinosaures fut détruite.
- Ne subsistèrent que les espèces les moins exigeantes : petits angiospermes et gymnospermes, mammifères, oiseaux, insectes, protégés par la modestie de leurs besoins.

Ce fut l'apocalypse, pourtant l'évènement avait fait moins de dégâts que l'extinction du Permien. Il est vrai que les Dinosaures sont plus médiatiques que les Trilobites, disparus au Permien ; qui aurait l'idée de mettre en scène *Trilobite's Park ?*

Le Cénozoïque (depuis 66.10^6 années)

Cénozoïque signifie « *Nouvelle faune* » (du grec ancien « *kainos* » = nouveau et « *zoiko* » = vie animale). Toutes les niches écologiques abandonnées par les *dinosaures* et les *reptiles marins* ou *volants*, ont été conquises par les *mammifères* et les oiseaux. La division du *Cénozoïque* a été établie selon la part relative des faunes actuelles dans celle des époques caractéristiques…

Paléocène	66 à 56.10^6 ans	Faune proche de celle du Crétacé
Éocène	56 à 34.10^6 ans	Apparition des faunes actuelles
Oligocène	24 à 23.10^6 ans	Quelques formes actuelles
Miocène	23 à 5.10^6 ans	Faune actuelle encore minoritaire
Pliocène	5 à $2,6.10^6$ ans	Faune actuelle majoritaire
Pléistocène	2,6 à $0,01.10^6$ ans	Faune actuelle très majoritaire
Holocène	Depuis 10 000 ans	C'est la faune actuelle

… Ces époques sont regroupées en deux systèmes. Le ***Paléogène*** rassemble *Paléocène*, *Éocène* et *Oligocène* pour souligner que les biocénoses sont encore archaïques. Le ***Néogène*** rassemble *Miocène, Pliocène, Pléistocène* et *Holocène*, car les biocénoses se rapprochent de plus en plus de celles que nous connaissons. À l'intérieur du *Néogène*, le *Pléistocène* et l'*Holocène* constituent le ***Quaternaire*** des Préhistoriens, car il correspond, en partie, à la radiation évolutive de l'espèce humaine. La cinquième extinction massive appelée « ***limite Crétacé-Tertiaire*** ou ***K/T*** » est devenue « ***limite Crétacé-Paléogène*** ou ***K/Pg*** ».

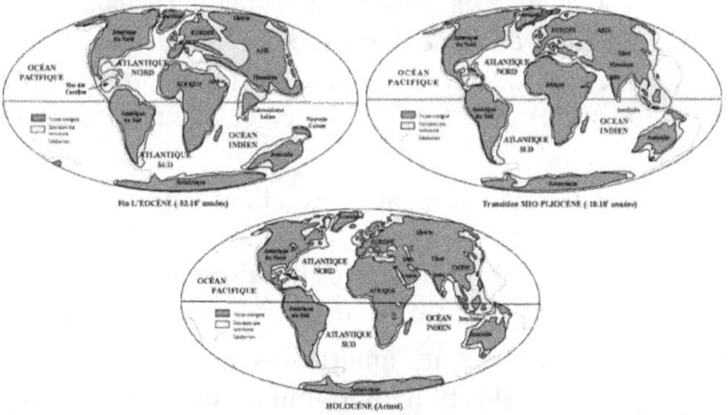

Document c.03 – La « dérive des continents » au cours du Cénozoïque

Au cours du Cénozoïque, la dispersion des continents de la Pangée s'est poursuivie pour atteindre la répartition actuelle. Mais la circulation océanique se modifia, entrainant la diversification du climat.

➢ Au *Paléogène*, les isthmes de Panama et de Suez étaient ouverts, tandis que l'Inde restait séparée de l'Asie ; aussi, les eaux équatoriales, poussées par les alizés, opéraient une véritable « *circumnavigation* » réchauffant les plateaux continentaux voisins. Le climat des Amériques, de l'Eurasie, de l'Afrique et de l'Inde restait de type « *tropical chaud et humide* » favorable aux écosystèmes forestiers.

➢ Le *passage de l'oligocène au miocène* fut accompagné d'un refroidissement du fait de la séparation de l'Australie et de l'Antarctique accompagnée de la localisation de ce continent en position polaire et d'une « circumnavigation des eaux froides » dans l'hémisphère Sud.

- Le *Néogène* correspond à l'occurrence de la répartition actuelle des climats, selon la latitude et la continentalité. Du fait de la *fermeture des isthmes de Panama et de Suez,* la « *circumnavigation* » des eaux chaudes équatoriales fut interrompue et déviée vers les hautes latitudes à l'ouest du Pacifique et à l'ouest de l'Atlantique.

C'est surtout l'hémisphère Nord, qui est désormais concerné :

- Les eaux chaudes de l'Atlantique et du Pacifique remontent vers l'Europe occidentale et vers le Nord-ouest américain, avec l'établissement des *climats océanisés, doux et pluvieux.* Mais cet apport d'eau chaude dans l'Arctique chasse les eaux froides le long du Labrador, du Groenland et de la Sibérie orientale, et, à latitude égale, les *façades orientales de l'Amérique du Nord et de l'Asie sont plus froides.* Toutefois, ces deux climats sont favorables à la forêt.

- Au sud-ouest des continents, les alizés attirent les eaux profondes, froides (par *upwellings*) riches en plancton. Les continents chauds voisins sont privés d'humidité et transformés en déserts côtiers : Californie, Mauritanie, Namibie, Pérou.

- Le centre des continents américains et eurasiatiques est marqué par les contrastes pluviothermiques de la continentalité opposant des étés courts, chauds et orageux, à des hivers froids, secs et très longs, plus favorables aux *écosystèmes steppiques riches en graminées.*

Les ***glaciations quaternaires*** sont venues perturber cette répartition.

- Le mathématicien serbe, Milutin Milankovic (1879-1958) expliqua les variations climatiques du Quaternaire par la modification de l'excentricité de l'orbite de la Terre autour du Soleil et de la variation de l'inclinaison de son axe de rotation. Si le *solstice d'été a lieu en phase d'aphélie* (Terre plus proche du Soleil), et si *l'inclinaison est minimale*, l'évaporation est intense sur les océans de l'hémisphère Nord et les précipitations continentales sont abondantes. Mais les hivers sont longs, la neige, accumulée sur les continents, ne fond pas entre deux hivers, et des inlandsis se constituent sur les Rocheuses, le Bouclier Canadien et sur le Bouclier Fennoscandien.

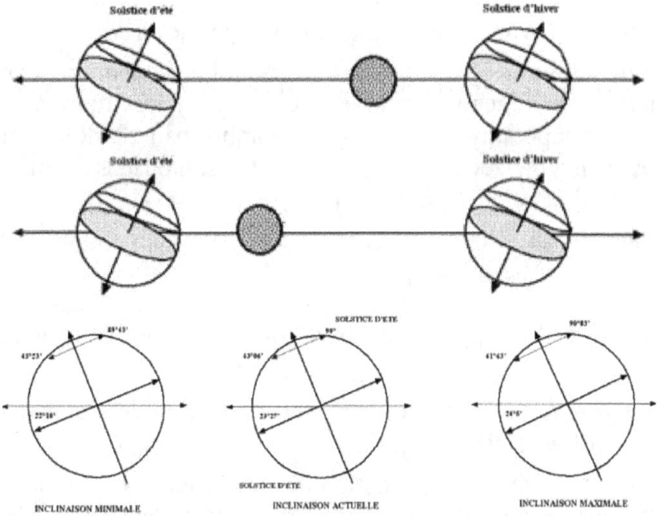

Document c.04 – Les causes astronomiques de la variation du climat : de gauche à droite, les variations de l'excentricité de l'orbite de la Terre et de l'inclinaison de son axe de rotation.

➢ Mais si c'est le *solstice d'hiver qui se réalise en phase d'aphélie*, et si *l'inclinaison est maximale*, les étés sont moins chauds, mais les hivers plus doux et plus courts. La glace ne peut se maintenir aux basses altitudes et aux moyennes latitudes et la planète vit une période interglaciaire, soit la situation actuelle.

Le Paléocène : occurrence d'une autre biodiversité

Les ***Angiospermes*** au cycle reproducteur plus rapide que celui des *Gymnospermes*, étaient mieux placées pour reconquérir les espaces ravagés par la crise K/Pg. C'est dans ces premières forêts au sous-bois de graminées que les premiers mammifères et les oiseaux ont prospéré.

Les mammifères étaient apparus au Permien ; à la fin du Crétacé, les « ***Monotrèmes*** » (ovipares et mammifères) et les « ***Marsupiaux*** » avaient survécu à la cinquième extinction. Mais, au cours des 10 millions d'années du Paléocène, 22 ordres nouveaux de mammifères sont apparus, pour la plupart des « ***Euthériens*** ou ***mammifères placentaires*** », chez lesquels le développement du fœtus se passe au sein de l'utérus maternel. La principale radiation évolutive fut celle des ***Ongulés***, herbivores aux doigts terminés par des « *sabots* ».

➢ Cette radiation s'explique par leur statut de consommateurs primaires, un créneau devenu libre qui s'ouvrit aux ruminants, suidés, hippopotamidés, camélidés (nombre pair de doigts ou ***Cétartiodactyles***), et équidés, rhinocérotidés, tapiridés (nombre impair de doigts ou ***Périssodactyles***).

➢ Mais, du fait d'une adaptation à des ambiances steppiques, ces animaux restèrent de petite taille. Leur pied possédait 4 ou 5 doigts, ils étaient tous quadrupèdes (tétrapodes) et digitigrades (ils n'appuyaient sur le sol que l'extrémité de leurs doigts).

Les ***fossiles d'oiseaux cénozoïques*** rassemblent presque tous les ordres d'oiseaux actuels.

➢ Surtout, du fait de l'extinction des Dinosaures Théropodes, le créneau des « *consommateurs secondaires* » a été pris par les « *grands oiseaux aptères* ».

➢ ***Gastornis*** et ***Diatryma*** (1,75 m, voire 2 m de haut et un poids de 50 à 100 kg) vécurent en Europe et en Amérique du Nord, de la fin du Paléocène au milieu de l'Éocène (ils furent alors supplantés par les mammifères).

➢ Mais là où les « *Euthériens* » n'ont pas pénétré, Australie et Nouvelle-Zélande, ils subsisteront jusqu'au Quaternaire. Par exemple, le ***Moa*** (3,3 m de haut et 250 kg) ne disparut de Nouvelle-Zélande qu'avec l'immigration des *Maoris* vers le XIe siècle de notre ère.

Il ne faut pas négliger les autres animaux qui ont eu à conquérir ou reconquérir les niches écologiques devenues vacantes.

➢ Dans les océans, les ***mollusques*** ont comblé les vides laissés par l'éradication des *Ammonites*, des *Bélemnites* et des *Rudistes*.

➢ Les *insectes* avaient été peu touchés par la crise du K/Pg ; ils ont poursuivi leur évolution, profitant largement du développement des plantes à fleurs. Comme de nos jours, ils constituaient l'équivalent terrestre des mollusques marins et aquatiques.

Il est évident qu'on assiste à la reconstitution d'un « *Mégagéosystème* », mais la caractéristique du Paléocène et du Cénozoïque en général restera la radiation des angiospermes, des oiseaux et des mammifères.

L'Éocène et l'apparition des faunes actuelles

Au début, les plantes fossiles témoignent de forêts d'Angiospermes tropicales qui se seraient étendues sur la quasi-totalité des terres émergées.

➢ La Terre d'Ellesmere, le Groenland, l'Alaska, le Grand Nord européen occupaient une latitude proche de celle d'aujourd'hui. Pourtant, ils abritaient des palmiers et surtout deux espèces de conifères aujourd'hui réfugiés en Asie du Sud-Est.

➢ Le ***Glyptostrobus***, un *cyprès* encore fréquent dans les forêts du Vietnam, du Sichuan et du Yunnan, et le ***Metasequoia***, un autre *cyprès*, qui n'est plus spontané qu'en Chine centrale.

À partir de l'Éocène moyen, le climat devint plus sec et les forêts firent place à des milieux steppiques.

➢ Les ***graminées monocotylédones***, à cycle plus rapide que les *dicotylédones,* pouvaient survivre à des hivers rudes, pourvu que l'été fût chaud et humide.

➢ Les fossiles prouvent également l'expansion d'*arbres décidus*, offrant une meilleure résistance aux variations thermiques et pluviométriques saisonnières. À l'Éocène final, ces forêts caducifoliées couvraient la plupart des continents.

Il faut aussi retenir le repli des mammifères primitifs ; une dizaine d'ordres disparurent face aux ***placentaires***, alors en pleine radiation évolutive.

➢ Les consommateurs primaires restaient représentés par des ***Ongulés périssodactyles*** (chevaux, rhinocéros) et ***artiodactyles*** (bovins, chameaux, antilopes), des ***Proboscidiens*** (éléphants), des ***Siréniens*** (lamantins et dugong), des ***Rongeurs*** (souris, rats) et des ***Lagomorphes*** (lapins).

➢ Les consommateurs secondaires comprenaient les ***Miacidés*** (ancêtres des félins et des canidés), les ***Cétacés*** (baleines), les ***Chiroptères*** (chauves-souris), et ***les premiers Primates***.

➢ L'Éocène moyen connut les premiers cas d'endémisme avec des espèces « *géographiquement prisonnières d'un espace du fait des fluctuations géodynamiques globales* » : la ***faune marsupiale***, en Australie, par exemple.

Il faut aussi évoquer les oiseaux. En Amérique du Nord, ***Presbyornis*** n'est pas sans rappeler le canard, en Europe, les phosphorites du Quercy ont livré des ***Podicipediformes*** (oiseaux plongeurs), des ***Pélécaniformes*** (palmipèdes et échassiers), des ***Galliformes*** (poulet), des ***Gruiformes***.

Parmi les poissons cartilagineux, c'est à l'Éocène qu'apparurent les premiers ***Carcharhiniformes*** ou requins proprement dits. Surtout, les ***mammifères marins occupèrent le créneau des reptiles marins***, victimes de l'extinction. La radiation tourna au gigantisme avec ***Basilosaurus***, un cétacé carnivore de 18 à 21 m de long, pesant peut-être 60 tonnes, probable ancêtre des baleines modernes.

La grande coupure de l'Oligocène

Le refroidissement fut accompagné de l'aridification des continents et d'une vaste modification faunistique et floristique ; cet évènement a été surnommé, en 1910, la « ***Grande Coupure*** » par le paléontologue helvétique Hans Georg Stehlin (1870-1941). La crise climatique relégua les forêts ombrophiles sempervirentes dans la zone intertropicale au profit des forêts d'angiospermes caducifoliées, des quelques forêts de gymnospermes toujours vertes et surtout des espaces ouverts, domaine des graminées : steppes, prairies, savanes. En parallèle, la poursuite du morcellement de la Pangée favorisa les endémismes.

➢ Relégué sur le Pôle Sud, *l'Antarctique* fut recouvert par un inlandsis. Dans l'*Arctique*, les archipels canadiens et sibériens, déneigés en été, ne possédaient plus de couverture végétale, ce que les Canadiens appellent « *barren grounds* ».

➢ L'*Australie*, coupée définitivement de l'Asie par la *ligne Wallace*, se couvrit d'une flore où dominent des Angiospermes originales devenues endémiques : les *Myrtaceae* (Eucalyptus) et les *Fabaceae* (mimosas).

L'Eurasie et l'Amérique du Nord constituaient un immense ensemble développé entre le tropique nord (Îles de la Sonde et isthme de Panama) et l'océan Arctique, constituant deux ensembles à la flore assez homogène, la *région Holarctique* des biogéographes.

➢ L'intérieur, aux hivers secs et rigoureux, du Danube à la Mandchourie et des Appalaches aux Rocheuses, se couvrit d'écosystèmes ouverts : la « *Steppe* » des auteurs russes, et la « *Prairie* » des auteurs américains, où dominaient des ***Poacées*** (ou *graminées*).

➢ Le long de l'Arctique, on rencontrait déjà une *toundra* (voire des *barren grounds)*, et une forêt sempervirente de *Gymnospermes* (*Pinacées*) à l'intérieur.

➢ L'Europe occidentale se couvrit d'une *forêt d'Angiospermes à feuilles caduques* (chênes, hêtres, érables, charmes, noyers, châtaigniers) adaptée à la rigueur de la saison froide.

➢ En Europe du Sud-Ouest et en Colombie britannique, s'étendait une *forêt souvent mixte : Angiospermes caducifoliées* (chênes, charmes) et *Gymnospermes* (Pinacées). Plus au sud, autour de la Méditerranée et en Californie, croissait une *forêt de chênes sempervirents* (yeuses) et de *Gymnospermes* (Pinacées) adaptée à la sécheresse estivale du climat méditerranéen.

➢ La Chine méridionale et le « *Vieux sud* » des États-Unis furent le point de rencontre de flores tropicales et tempérées, constituant une interface floristique, le plus souvent sempervirente.

➢ L'Amérique du Sud, l'Afrique et Madagascar associaient ces mêmes forêts ombrophiles vers l'équateur à des savanes vers les tropiques. Toutefois, isolée de l'Afrique depuis le Mésozoïque, Madagascar comportait déjà une flore endémique originale à l'image de l'Australie.

La faune connut la plus large diversification, mais la « *Grande Coupure* » correspond à l'extinction des lignées archaïques, et la radiation des mammifères placentaires, particulièrement dans l'hémisphère Nord.

➢ Sur les continents, cette faune acquit des caractéristiques de plus en plus proches de la faune actuelle, et l'on peut citer les premiers ***Félidae***, ***Canidae***, ***Ursidae*** (consommateurs secondaires) et ***Rhinocerotidae*** (consommateurs primaires).

➢ Les écosystèmes forestiers intertropicaux ont abrité les ***Lémuriens*** et des ***Primates** : Aegyptopithecus zeuxis* et *Propliopithecus* vivaient en Afrique et en Asie au début de l'Oligocène, et les *Afrotarsiidae* vivaient en Égypte il y a environ 30 millions d'années.

➢ Dans les savanes, se développa une faune d'herbivores brouteurs, tant des *périssodactyles* (*Mésohippus* à 3 doigts, ancêtre du cheval) que des *artiodactyles* d'où sortiront les ruminants ; leur prédateur majeur était un ***Félidé***, le *Machairodus* ou « *tigre à dents de sabre* », qui annonce tigres et lions modernes.

Puis l'endémisme se précisa (dispersion de la Pangée et de la différenciation zonale du climat).

➢ Par exemple, *l'extension des savanes fut maximale en Afrique*, c'est là que se concentra la faune des grands herbivores : *Proboscidiens, Rhinocerotidae.*

➢ À Madagascar, les *Lémuriens* ont ralenti leur évolution.

➢ Enfin, en Australie, les mammifères marsupiaux occupèrent toutes les niches écologiques (kangourou, tigre et lion de Tasmanie) jusqu'à la diffusion anthropique des placentaires du XVIIIe au XXe siècle.

Le Miocène couvre la quasi-totalité du Néogène

En effet, le Pliocène et le Quaternaire n'ont duré que 5 millions d'années, et c'est au cours du Miocène que le climat et la biodiversité actuels achevèrent de se mettre en place.

➢ La faune continentale prit des formes de « *plus en plus actuelles* ». Pour ne citer que les plus importants, les herbivores étaient déjà représentés par des *Artiodactyles*, des *Périssodactyles*, des *Proboscidiens*, des *Lagomorphes* et des *Rongeurs*. Les carnivores rassemblaient les *Ursidés*, les *Canidés*, les *Félidés* et les *Chiroptères*. En Amérique, il faut y ajouter le *Mégathérium* ou paresseux géant et le *Glyptodon*, ancêtre des tatous. Certes, cette faune donna aussi des formes étranges comme le *Deinotherium*, un Proboscidien aux incisives ultra-développées, mais cet « accident » confirme ce qui sera la base de la théorie de l'évolution soutenue par

Darwin, ***seuls les espèces et les individus les mieux adaptés ont une descendance***.

➢ De la même manière, les familles actuelles d'oiseaux existaient déjà. Les *oiseaux marins* ont atteint leur apogée avec : *Gavia* (plongeon), *Diomedea* (albatros), *Puffinus* (macareux), *Oceanodroma* (pétrel), *Phalacrocorax* (cormoran), *Sula* (fou), *Pelecanus* (pélican), *Phoenicopterus* (flamant) et *Larus* (mouette). Au Miocène, l'avifaune de l'Amérique du Nord et de l'Europe se dirigeait vers sa physionomie actuelle.

➢ Les « écosystèmes marins » ont connu une prolifération du « *kelp* », de « véritables forêts sous-marines » d'algues brunes géantes, elles sont encore à la base de nombreuses chaînes trophiques. La faune s'est enrichie en *poissons osseux et cartilagineux*, *mollusques*, *échinodermes*, *crustacés* qui sont les prédateurs du kelp. La *mer des faluns* a livré une faune extraordinairement riche, dont on retiendra les coraux et surtout le plus grand requin de tous les temps : le ***Megaselachus megalodon*** qui dépassait 25 m de long avec des dents de 20 cm. Surtout, les cétacés se diversifièrent, avec l'apparition des cachalots et l'évolution des dauphins, baleines et marsouins.

➢ La grande originalité du Miocène repose sur la découverte, au Tchad, en 2001, de ***Sahelanthropus tchadensis***, surnommé Toumaï, par le paléontologue Michel Brunet (né en 1940). La « *Lignée humaine* », celle des « *Hominidés* », se sépara de celle des grands singes ou « *Hylobatidés* » entre 7,3 et 5,2 millions d'années avant notre ère ; or, ***Toumaï a été daté de 7 millions d'années***. Sa capacité crânienne (360 cm^3-370 cm^3) est celle d'un chimpanzé, mais le trou occipital est en position très antérieure et la face occipitale est très inclinée vers l'arrière ; ce sont des caractéristiques de la bipédie.

Le Pliocène dura à peine 3 millions d'années

Les continents avaient atteint leur position actuelle, à 250 km près ; la fermeture définitive de l'isthme de Panama détourna des eaux chaudes vers le Pacifique nord (Kuro-Shivo) et vers l'Atlantique nord (Gulf Stream), provoquant une intense nébulosité sur les façades occidentales des continents.

C'est alors que la situation astronomique devint favorable aux cycles saisonniers contrastés, l'hémisphère Nord accumula de la neige et de la glace, le niveau marin régressa de 120 à 130 m, et engendra la succession de périodes glaciaires et interglaciaires, marque du Pléistocène.

➢ Les hautes latitudes de l'hémisphère Nord ont été recouvertes par des *inlandsis*. Selon la proximité de l'Arctique et la température, les secteurs non englacés devinrent des *barren grounds* (un paysage dénudé), des *toundra*, ou une *forêt boréale de gymnospermes*.

➢ La répartition entre *forêts tempérées d'arbres à feuilles caduques* (près des littoraux) et *steppes à graminées* (intérieur des continents) s'affirma aux moyennes latitudes, dans un contexte de « *climat hypercontinental à gel intense* ».

➢ Les *forêts tropicales* poursuivirent leur repli face aux *savanes à graminées*, pour trouver refuge dans une étroite bande équatoriale.

➢ L'interface entre les savanes tropicales et les moyennes latitudes était occupée par les *déserts arides*.

➢ ***C'est une répartition qui perdurera jusqu'à nos jours.***

La faune terrestre s'adapta au froid et à l'aridité. D'un point de vue biologique c'est une faune moderne avec des arthropodes, des mollusques, des batraciens, des reptiles, oiseaux et mammifères placentaires.

➢ En ***Eurasie***, les *Proboscidiens*, accompagnés des rhinocéros, des bovidés, des cervidés, des caprins, du renne, gagnèrent du terrain, pourchassés par les hyènes, des ursidés et les félins. Cette faune s'adapta au climat glaciaire : narines cloisonnées (rhinocéros), fourrures épaisses (mammouth, aurochs), hibernation (ours) et surtout migrations saisonnières (rennes, chevaux).

➢ L'***Amérique du Nord*** a vu prospérer de nombreux groupes de mammifères herbivores : rongeurs, proboscidiens et carnivores (canidés, mustélidés, félidés, ursidés) et opossums restent très communs. À l'inverse, on observe un recul des ongulés qui ira jusqu'à *l'éradication des chevaux, des camélidés, des rhinocéros, des tapirs et des paresseux géants*.

➢ Enfin, en ***Afrique***, la population des Proboscidiens, des Bovidés et des Porcins augmenta et se diversifia. Les premières girafes sont apparues, et l'on estime que les premiers camélidés sont arrivés depuis l'Amérique du Nord via l'Asie. Leurs prédateurs actuels étaient là : ursidés, canidés, félidés, souvent spécialisés, comme les hyènes qui devinrent des charognards.

➢ ***Mais la grande nouveauté a été la radiation et l'évolution des hominidés.***

Le Quaternaire et la lignée humaine

Le Quaternaire connut la succession de périodes glaciaires et interglaciaires au cours desquelles les inlandsis ont recouvert le Nord du continent américain, le Groenland, l'Europe du Nord-Ouest jusqu'aux plaines russes, le Système alpin des Pyrénées à l'Himalaya, les Rocheuses, les Andes, la Nouvelle-Zélande et les îles de l'océan Antarctique.

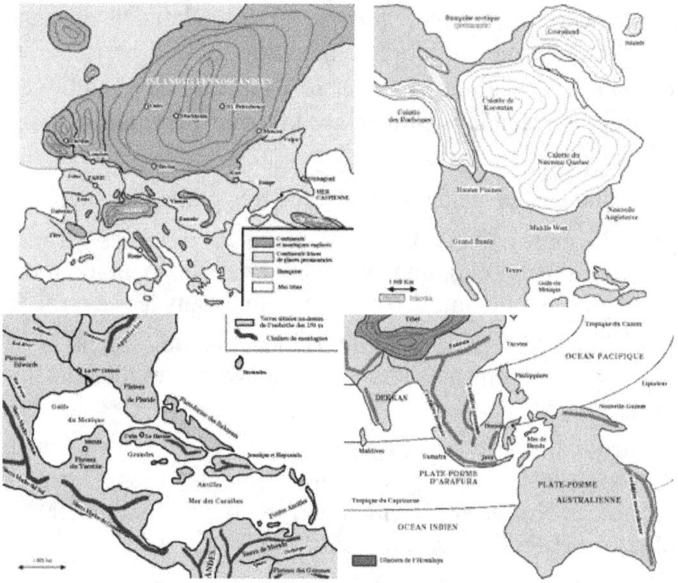

Document x.05 – Conséquences paléogéographiques d'une glaciation : de gauche à droite, l'Europe occidentale, l'Amérique du Nord, la mer des Caraïbes et l'Insulinde.

À chacune des glaciations, la mer se retira sur plus de cent mètres d'épaisseur, modifiant la géographie de l'Extrême-Orient et de l'Asie du Sud-Est, d'une part, et des Caraïbes, d'autre part. En Amérique du Nord, le détroit de Béring était fermé, ce qui permit à la faune asiatique d'investir une partie de l'Amérique du Nord. En Europe occidentale, les marges de l'Atlantique étaient repoussées à 200 km à l'ouest du littoral actuel.

Mais, au cours de cette période, les écosystèmes eurasiatique et nord-américain étaient très proches de ceux d'aujourd'hui, c'est le sens biologique à donner à « ***Pléistocène*** ». Toutefois, quelques espèces bien adaptées au milieu périglaciaire, le biotope proche des inlandsis, ne résistèrent pas au réchauffement qui a conduit aux écosystèmes « ***holocènes*** » (actuels).

Les extinctions de la fin du Pléistocène

L'écosystème type du Pléistocène de l'hémisphère Nord était une vaste *steppe à mammouths* qui s'étendait de l'Espagne jusqu'à l'Amérique du Nord, reliée alors à la Sibérie par la « *Béringie* » (un isthme séparant le Pacifique de l'Arctique). Cette steppe glaciale en hiver abritait une mégafaune assez homogène.

La faune européenne comportait de très grands herbivores :

- Des *Proboscidiens*, dont l'éléphant à défenses droites (contemporain de l'homme de Neandertal) et le mammouth laineux que l'homme moderne a représenté dans les cavernes.
- Des *Rhinocérotidés*, dont le rhinocéros de Merck et le rhinocéros à nez étroit (chassés par les Néandertaliens et les hommes modernes).
- On trouvait aussi des ***Cervidés*** dont l'antilope saïga et le mégacéros (un cerf aux bois anormalement larges). Le plus important fut ***Rangifer tarandus***, le renne, principal gibier des hommes du Paléolithique supérieur.

… Mais cette faune était aussi accompagnée de carnivores : des ***Ursidés*** (ours de Deninger et ours des cavernes) et des ***Félidés*** dont le « lion des cavernes » (largement représenté sur les parois de la grotte Chauvet).

- En Europe, ces animaux ont disparu au cours et à la fin de la dernière glaciation : l'*éléphant à défenses droites* (100 000 BP), le *rhinocéros laineux* (28 000 BP), les *lions des cavernes* (11 900 BP). Il existait encore des *Mégalocéros* en Sibérie il y a 8 000 ans, et le *Mammuthus primigenius* s'est éteint sur l'île Wrangel il y a 4 500 ans. *L'auroch* (*Bos taurus primigenius*) a disparu d'Europe en 1620, le *tarpan* (*Equus ferus ferus*), une sous-espèce d'équidés, disparut d'Europe centrale vers 1850. Parmi les canidés, le *loup* (*Canis lupus*) faillit être exterminé au XIXe siècle. Aujourd'hui n'ont survécu que le *renne* (mais son abondance relève de son « élevage » en Scandinavie et en Russie), *l'antilope saïga* (*Saiga tatarica*) dans les steppes sèches et les déserts semi-arides de l'Asie centrale (mais l'espèce est très menacée) et le *bœuf musqué* (*Ovibos moschatus*), un capriné de l'extrême nord du Canada et du Groenland.

➢ La faune herbivore pléistocène nord-américaine était plus variée, avec des *paresseux terrestres*, des *camélidés*, deux espèces de *bisons*. On y rencontrait aussi des *mammouths* et des *mastodontes* (*Proboscidiens*) et 14 espèces *d'antilopes* (dont 13 ont disparu). Ces consommateurs primaires servaient de pâture au lion américain « *Panthera atrox* » et aux tigres à dents de sabre, « *Smilodon* » et « *Homotherium* ».

➢ Une grande partie de cette faune s'éteignit il y a 13 000 ans. Une théorie veut que la chute de météorites ait engendré un refroidissement brutal pendant 1 000 ans, provoquant l'extinction de plusieurs espèces, dont les mammouths américains. *Mais une autre théorie accuse l'arrivée des chasseurs nomades ayant franchi la Béringie* ; eux et leurs chiens auraient été porteurs de « virus » contre lesquels la faune n'était pas préparée.

Les vicissitudes de la flore ont été très marquées en Europe ; par rapport à la forêt nord-américaine (intacte au début du XIXe siècle), il faut souligner le *recul de la biodiversité des forêts mixtes européennes*.

➢ Au Quaternaire, la barrière des Pyrénées et des Alpes joua un rôle néfaste ; les glaciers ayant atteint la vallée du Rhône et la mer du Nord, la forêt Pliocène ne put se replier sur la Méditerranée.

➢ Sans disparaître, elle s'appauvrit par rapport à celle d'Amérique du Nord. Si on compare la forêt atlantique holocène d'Europe occidentale à la forêt appalachienne, la perte floristique a été considérable…

Genre	**Amérique du Nord**	**Europe occidentale**

Quercus (chêne)	28 espèces	7 espèces
Fraxinus (frêne)	7 espèces	3 espèces
Ulmus (orme)	6 espèces	3 espèces
Betula (bouleaux)	5 espèces	2 espèces
Carya	11 espèces	éteint

… Par la suite, l'agriculture néolithique a bouleversé cette répartition.

L'occurrence de la lignée humaine

Son origine africaine est incontestable. Quoi qu'en pensent certaines idéologies politiques, « ***nous sommes tous des Africains*** » (Michel Brunet, 2016). Ce n'est qu'au Pléistocène qu'un autre *Hominidé*, *Homo erectus*, passa en Europe et en Asie. Puis il y a 300 000 ans, au Maroc et dans la vallée de l'Omo, apparut l'ancêtre probable des hommes actuels : en novembre 2022, sa population a dépassé les 8 milliards d'habitants.

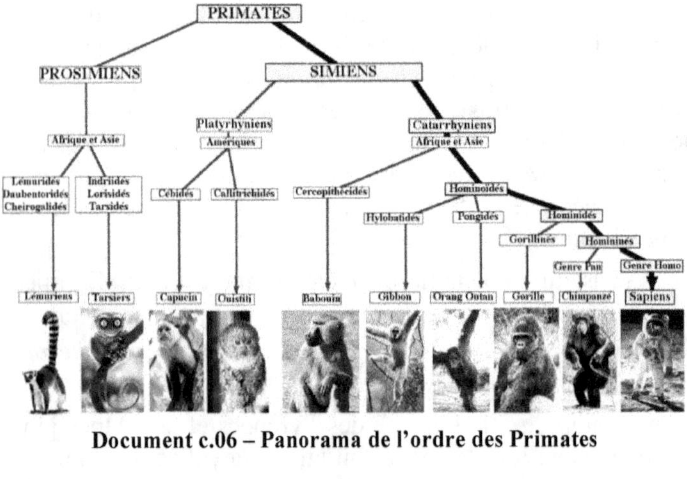

Document c.06 – Panorama de l'ordre des Primates

La place de l'Homme chez le « Primates »

L'ordre des Primates est apparu à la fin du Crétacé, il y a 85 millions d'années, et ces petits mammifères ont survécu au cataclysme de la météorite de Chicxulub. La filiation humaine a suivi le cheminement suivant :

➢ Les « ***Simiens*** » (du latin « *Sima* » = singe) sont apparus en Afrique il y a 70 millions d'années, et ils connurent une radiation évolutive importante à l'Éocène. Lors de la « *Grande Coupure de l'Oligocène* », ce sous-ordre, ancêtre de tous les singes de la planète, se scinda en deux « *superfamilles* » dont :

➢ Les « ***Catarrhiniens*** » (du grec « *cata* » = vers le bas, et « *rhinos* » = nez) rassemblent tous les singes de l'Ancien Monde : Afrique et Eurasie. Cette superfamille se scinda en deux « *familles* » à la fin de la « *Grande Coupure de l'Oligocène* » dont :

➢ La famille des « ***Hominoïdés*** » (du latin « *Hominis* », génitif de « *Homo* » = être humain) est apparue il y a environ 20 millions d'années, et elle se divisa elle-même en deux « *sous-familles* » dont :

➢ Celle des « ***Hominidés*** » qui se divisa en trois « *familles* » : les « *Pongidés* », au Miocène (les orangs-outans des Îles de la Sonde), les « *Gorillinés* », il y a 9 millions d'années, (les gorilles d'Afrique centrale) et les « ***Homininés*** », il y a au début du Pliocène (nos ancêtres).

➢ Elle se scinda elle-même en deux *genres* il y a un peu moins de 6 millions d'années : le genre « *Pan* », chimpanzés et bonobos d'une part, et le genre « ***Homo* »**, celui auquel nous appartenons, d'autre part.

Mais quel fut le *dernier ancêtre commun au genre « Pan » et au genre « Homo » ?* Les « modèles *mathématiques* » lui donnent une taille de 100 cm, un poids de 30 à 40 kg et une capacité crânienne avoisinant 360-380 cm^3. Cette dernière donnée est importante car les autres primates ont conservé un « petit cerveau » : 275 à 500 cm^3 chez les orangs-outans et les chimpanzés, 340 à 752 cm^3 chez les gorilles, mais il est de 1 100 à 1 700 cm^3 chez les hommes modernes.

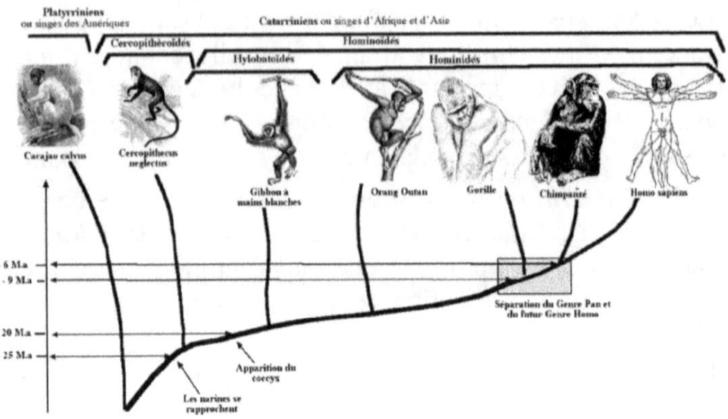

Document c.07 – Chronologie de la lignée humaine

La découverte des Homininés fossiles

Les plus anciens fossiles découverts en Afrique sont les représentants de genres disparus, dont la principale différence avec le genre « Pan » est une bipédie le plus souvent occasionnelle.

➢ ***Sahelanthropus Tchadensis*** ou Toumaï, vieux de 7 millions d'années, découvert au Tchad en 2001 par Michel Brunet et son équipe : bipède, sa capacité cérébrale n'était que de 350 cm^3 (celle du chimpanzé).

➢ ***Orrorin Tugenensis*** découvert au Kenya par Brigitte Senut (née en 1954) du MNHN de Paris et Martin Pickford (né en 1943) ; vieux de 2 millions d'années, ce bipède était « carnivore occasionnel ».

➢ ***Ardipithecus Ramidus*** découvert dans la vallée du Moyen-Awash, en Éthiopie, en 2009 par Timothy White (Université de Berkeley), Gen Suwa et Berhane Asfaw (Université d'Addis-Abeba). Un individu type a pu être reconstitué : c'était un bipède, mais sa capacité crânienne n'était que de 350 cm^3.

Seul *Ardipithecus Ramidus* semble annoncer les australopithèques qui faisaient leur apparition.

➢ Dès 1924, on présenta à Raymond Dart (1893-1988) le crâne de « *l'enfant de Taung* » ; le trou occipital en position antérieure suggérait la bipédie, mais son volume endocrânien moyen à l'âge adulte n'aurait été que de 490 cm^3 ; Dart en fit le représentant d'un nouveau genre : ***Australopithecus***.

➢ En 1976, dans la vallée de l'Omo en Éthiopie, le paléoanthropologue Yves Coppens (1934-2022) découvrit un « squelette presque complet » qu'il nomma « Lucy » ; cette petite femelle (1,05 m) était certes bipède, mais sa capacité endocrânienne n'était que de 450 cm^3.

➢ Ce genre livra de nombreuses espèces dont le point commun était une mandibule dépourvue de menton et une capacité endocrânienne de 400 à 500 cm^3.

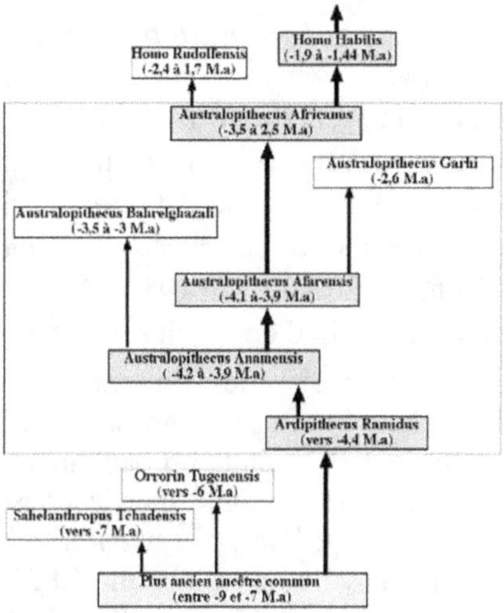

Document c.08 – Généalogie des Australopithèques

Toutefois, la communauté des paléoanthropologues admet une « filiation » entre *Ardipithecus Ramidus* et *Australoîthecus Africanus*. Si cette hypothèse est juste, les *Australopithèques* ont constitué le lien entre le genre *Ardipithecus* et le genre *Homo*. À la fin du Pliocène, la forêt recula devant les savanes et les steppes, ce qui favorisa les espèces bipèdes et une « *divergence évolutive* » des *Homininés* qui auraient modifié leur comportement alimentaire en y associant la viande, une alimentation plus riche qui favorise l'accroissement du volume cérébral ; « *c'est la consommation de viande qui fit l'Homme* ».

➢ On estime que quatre espèces d'*Homininés* furent concernées : ***Homo Habilis*** et ***Homo Rudolfensis*** (près du lac Turkana, au Kenya), ***Homo Gautengensis*** (Sterkfontein, près de Johannesburg) et ***Homo Naledi*** (Rising Star à Maropeng, en Afrique du Sud). Tous étaient des bipèdes fabriquant des outils, mais le volume endocrânien des trois derniers restait compris entre 465 et 560 cm^3.

➢ ***Homo Habilis*** fut le seul à avoir une descendance. En 1959, dans la vallée de l'Olduvai (Afrique orientale), Louis Leakey

(1903-1972) de l'Université du Kenya avait découvert le fossile d'un *Homininé* de 1,20 m et 1,50 m pour un poids de 40 à 50 kg.

➢ Surtout une capacité endocrânienne de 500 à 800 cm^3 et la présence incontestable d'outils le rangeaient dans le genre *Homo*. Pour cette raison, il fut nommé *Homo Habilis* (Homme habile*)*.

Si l'on en croit les découvertes récentes en matière de « *phylogénie* », *Homo Habilis* serait de la descendance d'*Ardipithecus Ramidus* vers *Australopithecus Africanus* qui se « transforma » en *Homo Habilis* (-2,4 à -1,7 Ma). Lui-même aurait évolué vers un autre membre du genre *Homo* : ***Homo Ergaster*** apparu il y a 1,9 million d'années, son « fossile directeur » est « *l'adolescent de Turkana* » découvert au Kenya par Richard Leakey en 1984. À l'âge adulte, son volume endocrânien de 880 cm^3 était supérieur à celui d'*Homo Habilis*.

➢ Il est associé à des bifaces et éclats (l'Acheuléen des terrasses de la Somme). Contrairement à Homo Habilis et à ses outils sur galets, c'était probablement un vrai chasseur ; or, nous avons déjà souligné que la consommation régulière de viande favorise « *l'accroissement du volume du cerveau* » et il est vrai que le volume endocrânien d'*Homo Ergaster* augmenta de 850 à 1 050 cm^3 entre 1,9 Ma et 1 Ma. Il a pu occuper toute l'Afrique et surtout en sortir vers -1,5 Ma pour coloniser l'Asie et l'Europe par le Moyen-Orient et le Caucase.

➢ Il constitua une « *colonie* » dans le Caucase : celle de l'homme de Dmanissi ou ***Homo Georgicus*** (1,77 million d'années). En Chine, à Yunxian, Tianyuan Li découvrit deux crânes en 1989 et 1990, ils sont datés de 936 000 ans et leur volume endocrânien est estimé à 1 050 cm^3. En 2008, à Atapuerca, près de Burgos, on mettait au jour les restes d'une « *espèce non identifiée d'hominidé* » vieille de 1,2 million d'années. Elle fut rattachée au genre *Homo* et baptisée ***Homo Antecessor*** car elle s'apparente à *Homo Ergaster*.

Cette première sortie d'Afrique aurait été interrompue par la péjoration climatique de l'antépénultième interglaciaire ; sans connaître le feu, *Homo Ergaster* dut s'effacer devant l'expansion des inlandsis.

L'extraordinaire destin du genre « Homo »

Homo Erectus relève de l'évolution des *Homo Ergaster*, et il naquit en Afrique où il lui succéda.

➢ Mais, dès 1891, le médecin militaire hollandais Eugène Dubois (1858-1940) découvrit une calotte crânienne, une dent et un fémur, près du village nommé Trinil, sur la rivière Solo, à Java.

➢ Le volume de la boîte crânienne – 1 000 cm^3 – lui parut trop élevé pour un singe, aussi le nomma-t-il *Pithecanthropus* (singe-homme) ; comme le fémur traduisait une position verticale, il ajouta *Erectus* en faisant un nouveau genre et une nouvelle espèce : *Pithecanthropus Erectus.*

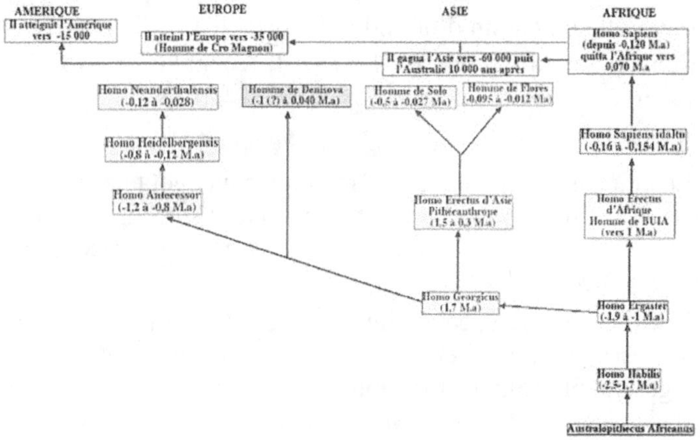

Document c.08 – Hypothèse évolutive du genre *Homo*

Depuis, on en a fait un représentant du genre *Homo* sous l'appellation d'*Homo Erectus*. Né en Afrique, il migra lui aussi en Europe et en Asie. Voici l'hypothèse évolutive des *Homo Erectus* la « plus couramment admise » : la rigueur du Weschelien (dernier glaciaire) isola des *Homo Erectus* en Asie du Sud-Est, en Europe occidentale et en Afrique :

➢ En Asie, *Homo Erectus d'Asie* est connu en Chine (*Sinanthrope*) et à Java (*Pithécanthrope*) où il semble avoir fait souche et évolué vers l'*Homme de Solo* (éteint il y a 40 000 ans) et l'*Homme de Florès* (éteint il y a 18 000 ans). En Asie centrale, une « parenté » évolua vers une autre forme : l'*Homme de Denisova* (?).

➢ En Europe, il est connu à Atapuerca en Espagne, à Petrálona en Grèce, à Tautavel, à Montmorin, à Biache (Picardie) en France.

➢ En Afrique, *Homo Erectus d'Afrique* est connu en Éthiopie (Bodo) et en Afrique de l'Est (à Broken Hill, à Koobi Fora, à Skull, Laetoli, Hadar et Olduvaï).

Il eut alors une double destinée :

Homo Erectus *a été l'ancêtre de l'Homme de Neandertal*

En août 1856, dans la grotte Feldhofer, sur un versant de la vallée de la Neander (« Neandertal » en allemand), près de Düsseldorf, le naturaliste Johann Karl Fuhlrott (1803-1877) découvrit une calotte crânienne, deux fémurs, quelques os longs et une partie du bassin d'un individu, dans lequel l'anatomiste Hermann Schaaffhausen (1816-1893) reconnut « *le fossile d'une espèce humaine disparue* ».

En 1864, il reçut le nom d'***Homo Neanderthalensis.***

➢ Le crâne est étiré vers l'arrière et avec une voûte basse. Le front est fuyant avec des bourrelets sus-orbitaires très prononcés. À l'arrière du crâne, on note la présence d'un « *chignon occipital* ».

➢ Mais le volume encéphalique est de 1 625 cm^3, ce qui est bien plus élevé que chez *Homo Erectus*. Toutefois dans son « chignon », il avait des fonctions que nous ne possédons plus, mais derrière notre front bombé, notre cerveau possède des fonctions que le sien ne possédait pas. Sans lui vouloir de mal, il faut admettre *qu'il ne devait probablement pas « avoir la même perception du monde que nous »*.

***En Afrique*, Homo Erectus *fut l'ancêtre d'*Homo Sapiens**

L'Homo Sapiens européen fut identifié en 1868 dans l'abri de Cro-Magnon, aux Eyzies-de-Tayac, par Louis Lartet (1840-1899). C'était l'Homme de Cro-Magnon vieux d'une quarantaine de milliers d'années, dont le « *crâne était particulièrement moderne, et voisin de celui des habitants des Eyzies en 1868* ». Par opposition à Neandertal qui était vu comme un « *rustre* », il fut nommé ***Homo Sapiens***. D'autres découvertes ont suivi, elles soulignaient le caractère récent de l'individu :

- Le crâne est bombé, la face est aplatie (absence de prognathisme), la mandibule possède un menton, et surtout le volume endocrânien est supérieur à 1 300 cm^3 sans chignon occipital (siège de l'instinct), mais avec un fort développement frontal (siège de la pensée rationnelle).
- La taille est élevée (plus d'1,8 m pour Cro-Magnon),

Mais l'archéologie montra que cette espèce pouvait être plus ancienne, et surtout extra-européenne.

- En 1967, Richard Leakey avait découvert deux crânes fossiles, près de Kibish, dans la basse vallée de l'Omo, au sud de l'Éthiopie. Il reconnut tout de suite une morphologie d'*Homo Sapiens* : front proéminent, visage aplati, mandibule gracile à menton. La datation potassium-argon donna 195 000 BP.
- En 1997, près de Herto, en Éthiopie, Timothy White (Université de Berkeley) et l'Éthiopien Berhane Asfaw ont mis au jour un squelette au crâne large, au front proéminent et au visage aplati, avec une capacité endocrânienne de 1 450 cm^3. Il fut nommé *Homo Sapiens Idaltu* (Idaltu signifie « aîné » en afar). La datation situait l'individu entre 154 000 et 160 000 BP.
- En 2017, au Djebel Irhoud (Maroc), Jean-Jacques Hublin et Abdelouahed Ben-Ncer découvrirent les restes de deux adultes, d'un adolescent et de deux enfants, incontestablement *Homo Sapiens*. La datation d'un foyer donna un âge compris entre 315 000 et 302 000 ans.

Il y a 300 000 ans, des hommes modernes vivaient au nord du Sahara, du Maroc à l'Éthiopie. Avec l'aridification consécutive à l'occurrence de l'optimum climatique du Weschelien, l'Afrique était devenue « invivable » alors que l'Europe et l'Asie étaient « facilement accessibles ». C'est dans ces conditions que l'homme moderne quitta l'Afrique.

- Il y a 100 000 ans, il était au Moyen-Orient (où il se métissa avec des Néandertaliens), puis vers -60 000 ans, il occupait l'Asie du Sud-Est (il y croisa les derniers *Homo Erectus*) pour franchir la ligne Wallace et gagner l'Australie.
- Il y a 40 000 ans, *Homo Sapiens* colonisait l'Europe (il y croisa les derniers néandertaliens).

➢ Il y a 30 000 ans, il franchissait la Béringie et en -12 000, il avait atteint la Terre-de-Feu.

➢ Au Moyen Âge, il colonisa l'océan Pacifique, le Groenland et l'Arctique.

➢ En 1912, il atteignait le pôle Sud et en 1969, il avait mis le pied sur la Lune.

Entre-temps, en 10 000 ans, Homo Sapiens *était passé de la taille du silex à l'intelligence artificielle* ; il avait aussi « éliminé » les autres représentants du genre *Homo*. On arrivait à une situation inédite, « *un genre ne comprenait plus qu'une espèce* », mais celle-ci comptait « *plus de 8 milliards d'individus* ».

Des « *devins* » estiment qu'un jour, il pourrait émigrer dans le Système Solaire puis dans la Voie lactée ; va-t-il y croiser d'autres humanités sur d'autres planètes ? Nous allons envisager la vie extraterrestre. Toutefois, nous tenons à souligner que, sur la Terre, la vie est apparue il y a 3 800 millions d'années, les plantes vasculaires n'existent que depuis le Cambrien, les animaux à sang chaud ne sont connus qu'au cours du Crétacé. *Homo Sapiens* n'existe que depuis 300 000 ans, la Révolution industrielle commença vers 1800 et la conquête de l'espace proche en 1957.

➢ Peut-on affirmer qu'un tel cheminement ait pu se réaliser ailleurs ?

➢ Si c'est vrai, les chances de rencontrer des êtres ayant atteint notre niveau technologique sont infimes, car dans ce chapitre, nous avons tenu à souligner la ***complexité et la lenteur de l'occurrence de la vie sur notre planète***.

➢ Enfin, nous n'avons ***aucune preuve que ce processus ait eu lieu dans un autre monde***.

Si, un jour, *Homo Sapiens* débarque sur une exoplanète (hors Système Solaire) la probabilité est d'y rencontrer des procaryotes et, au mieux, des eucaryotes encore primitifs, n'ayant pas atteint le stade du Phanérozoïque !

Conditions pour une vie extraterrestre

Nous avons arbitrairement réduit notre recherche à la Voie lactée. Notre galaxie compterait entre 200 à 400 milliards d'étoiles, ce qui fait une moyenne de 300 milliards. Toutes fonctionnent, ou ont fonctionné, de la même manière ; au sein des nuages interstellaires, la force gravitationnelle a concentré l'hydrogène, près de 75 % de la masse globale de matière dans l'Univers.

Quand la température dépasse 10 000 000 K, d'une part, deux noyaux d'hydrogène fusionnent pour constituer un noyau d'hélium, d'autre part, cette fusion nucléaire produit un excédent de matière de 0,7 %. Cela paraît peu, mais si on tient compte des masses considérables d'hydrogène participant à la réaction thermonucléaire (1 830 000.10^{21} t dans notre Soleil), la masse de ce déchet est considérable, chaque jour, le Soleil projette 4,3.10^{6} t ou 4 300 000 t de déchets dans toutes les directions ; il est impossible d'imaginer ce que cela représente pour 300 milliards d'étoiles.

Or, ces résidus de la fusion nucléaire sont émis, d'une part, sous la forme d'ondes électromagnétiques : des *rayons γ,* des *rayons X*, des *rayons UV*, de la *lumière visible*, des *rayons infrarouges*, des *micro-ondes* et des *ondes radio*, et, d'autre part, sous la forme d'un flux de particules constituées essentiellement d'ions et d'électrons qui sont éjectés de la haute atmosphère du Soleil, le « *vent solaire* ». Si les *rayons infrarouges* contribuent à l'échauffement des cortèges planétaires, les *rayons γ,* les *rayons X*, les *rayons UV* et le « *vent solaire* » sont particulièrement nocifs, et seuls un champ magnétique et une couche d'ozone O_3 peuvent les arrêter.

Toutes les étoiles n'émettent pas la même quantité de rayonnement. Certaines n'en émettent aucun, ou, s'il existe, il est trop faible pour réchauffer d'éventuelles planètes ; c'est le cas des *naines brunes* et des *naines noires* qui n'émettent aucun rayonnement et des *naines blanches* qui sont trop petites. À l'inverse, d'autres étoiles émettent un rayonnement si intense qu'il tuerait toute expression de la vie ; ce sont les *naines rouges*, siège d'une fusion nucléaire lente et très active, des *géantes bleues*, siège d'une fusion nucléaire brève mais considérable, des *étoiles à neutrons* qui projettent un « faisceau de radiations » le long de leur axe magnétique. Quant aux *géantes rouges*, leur dimension est telle qu'elles ont absorbé leur cortège de planètes.

Il ne reste que les *naines jaunes*, un ensemble auquel notre Soleil appartient, et dont le rayonnement est « modéré » ; les *rayons infrarouges* peuvent réchauffer les planètes les plus proches (nous verrons qu'on définit ainsi la notion de « zone habitable »), sous réserve qu'un champ magnétique et une couche d'ozone écartent les *rayons γ*, les *rayons X* et les *rayons UV*. Ces astres ne constituent que 10 % de notre galaxie, la Voie lactée, mais elles rassemblent 30 milliards d'étoiles (+ ou – 10 milliards). En admettant que chacune possède un système planétaire et en retenant le nombre de planètes du Système Solaire (quatre géantes gazeuses et quatre planètes telluriques), il y aurait 240 milliards de planètes, dont 120 milliards de planètes telluriques dans la Voie lactée. Dans le Système Solaire, une sur quatre (au moins) abrite la vie ; en extrapolant, ***il y aurait quelque 30 milliards de planètes où la vie est susceptible d'exister***.

Ce n'est qu'une estimation statistique qui suppose que le Système Solaire est la norme des systèmes planétaires ; or, non seulement cela reste à prouver, mais les observations récentes démontreraient plutôt le contraire (voir ci-dessous). Enfin, il est illusoire de croire que la vie est apparue simultanément sur Terre et sur d'autres planètes de la Voie lactée.

Or, et c'est l'objet de ce chapitre, il existe autant de conditions favorables que de conditions néfastes à l'occurrence et à l'entretien de la vie.

Mise en garde

La vie est-elle possible ailleurs que sur notre planète ? Les « philosophes » se posent la question depuis la Grèce antique. Au VIe siècle av. J.-C., Anaximandre de Millet (610-546 av. J.-C.) était convaincu de l'existence de planètes abritant la vie. Il en fit le « *postulat de la pluralité cosmique* », une hypothèse toujours en vogue chez certains philosophes des sciences et chez les statisticiens (contre lesquels je n'ai d'ailleurs aucun grief). Puis, au Ier siècle av. J.-C., le poète Lucrèce (98-55 av. J.-C.), dans *De natura rerum*, estimait comme possible l'existence d'extraterrestres.

Bien plus tard, en 1584, Giordano Bruno (1548-1600), dans *Le Banquet des cendres*, osa écrire : « *... ces mondes sont autant d'animaux dotés d'intelligence, qu'ils abritent une foule innombrable d'individus simples et composés, dotés d'une vie végétative ou d'entendement, tout comme ceux que nous voyons vivre et se développer sur le dos de notre propre monde...* », ce qui lui valut le bûcher. Enfin, Emmanuel Kant (1724-1804), dans la *Critique de la raison pure* (1781), a écrit : « *... je parierais bien toute ma fortune que quelqu'une au moins des planètes que nous voyons est habitée...* ».

Ce jeu de questions/réponses relève du postulat que ce qui existe sur Terre peut exister ailleurs dans l'Univers, car jusqu'à ce jour, ***aucune preuve de l'existence d'une vie extraterrestre n'a été décelée***. Kant n'écrivait-il pas : « *... Aussi, n'est-ce pas simplement une opinion, mais une ferme foi...* », il y croyait mais il savait aussi que toute démonstration était impossible.

Ce dont on est certain, c'est que, sur Terre, la vie est née du fait de la *présence d'une hydrosphère*, *d'une atmosphère* et de *composés carbonés et azotés*. Certes, l'étude du Système Solaire a montré que ces ingrédients sont abondants dans les géantes gazeuses, sur leurs satellites, ainsi que dans les comètes. Il est également vrai que le Soleil n'est pas unique et que la catégorie des « *naines jaunes* », à laquelle il appartient, rassemble des milliards d'astres, et chaque étoile peut posséder son cortège de planètes gazeuses et/ou telluriques. Une analyse statistique débouche sur la probabilité qu'il doit exister un nombre très élevé de « *Systèmes Solaires* » plus ou moins semblables au nôtre.

Toutefois, sur la Terre, la vie ne s'est pas développée arbitrairement. Il y avait de l'eau, une molécule très ubiquiste mais le plus souvent rencontrée sous forme de glace. Dans notre Système Solaire, la molécule n'est liquide en surface que sur la Terre ; partout ailleurs, elle est solide du fait d'une température inférieure à 273,15 K (0 °C). Or, la température de l'Univers et de la Voie lactée n'est que de 2,7 K, et dans le Système Solaire lui-même, la température moyenne des géantes gazeuses est de 167 K (l'eau ne devient liquide qu'à 273,15 K). Sur les planètes telluriques, la température varie de 737 K (460 °C) sur Vénus à 217 K (-60 °C) sur Mars. Seule la Terre vit dans une ambiance thermique où l'eau peut être liquide à 292 K, soit 15 °C. Or, sans eau liquide, les réactions chimiques qui assurent les fonctions vitales ne peuvent pas se réaliser. ***Jusqu'à ce jour, l'occurrence d'une vie sur Mars n'a jamais été prouvée. Y croire relève encore de la foi !***

Revenons sur Terre : il y a 3 800 millions d'années, les molécules de la « *soupe primitive* » de Haldane étaient présentes dans les mers bordières. Mais en outre, la vie n'a été possible que par l'existence d'une atmosphère assez dense pour assurer un effet de serre maintenant H_2O à l'état liquide, mais pas trop lourde pour éviter sa vaporisation ; notre planète disposait d'une taille et d'une gravité optimales. Elle possédait aussi un « *champ magnétique* » qui écarte le « vent solaire », et, plus tard, une « *couche d'ozone* » qui filtre les rayons ultraviolets.

Certes, dans la Voie lactée, il existerait jusqu'à 30 milliards de « *naines jaunes* », aussi, assurer, d'une part, que des planètes identiques à la nôtre y existent, et que, d'autre part, les conditions environnementales y soient les mêmes, est statistiquement possible. Mais « *croire qu'un principe existe* » n'est pas plus scientifique que « *d'affirmer qu'il n'existe pas* » (comme pour Dieu, par exemple). ***Pour nous, le calcul de***

probabilité reposant sur le seul nombre d'étoiles n'est pas une preuve.

Enfin, l'évolution des premiers procaryotes jusqu'aux 8 milliards d'êtres humains « *n'a pas été un long fleuve tranquille* » ! La vie procaryote fut exclusive jusqu'à la fin de l'Archéen, et, en 1 500 millions d'années, l'évolution n'a conduit qu'à la naissance d'un noyau au sein de la « *cellule procaryote* » pour en faire une « *cellule eucaryote* ». Certes, la vie devint pluricellulaire avec des « *continuums de cellules* » ou « *tissus* » avec des plantes et des animaux, confinés sous la surface des océans. Une révolution se réalisa quand, par photosynthèse, des cellules eucaryotes furent capables de modifier la composition de l'atmosphère en consommant le CO_2 pour se nourrir et rejeter de l'oxygène. En quelques millions d'années, la vie, qui était anaérobie, hétérotrophe et très primitive, devint aérobie et autotrophe avec des « *producteurs* », les plantes vertes. À leurs dépens, se constitua un ensemble d'herbivores et carnivores constituant des « *chaînes trophiques* ».

À l'échelle géologique, et encore plus à celle de l'Univers, tout alla alors très vite : en 500 à 600 millions d'années, la vie végétale et animale partit à la conquête de continents ; plantes vertes et animaux se diversifièrent jusqu'à l'occurrence de l'homme (apte à modifier son environnement). Or, cette évolution fut confrontée à des cataclysmes : glaciations à la fin du Protérozoïque, du Permien et pendant le Quaternaire, régressions marines, chute d'une météorite géante à la fin du Crétacé. Aujourd'hui, l'équilibre est à nouveau menacé par l'Homme lui-même dont la prolifération, génératrice d'une surconsommation des ressources, risque de dépasser les possibilités de la planète.

Revenons sur les chances de l'apparition, de l'entretien et de l'évolution de la vie sur la Terre depuis au moins 3 800 millions d'années. Cette analyse jettera les bases à la possibilité d'occurrence d'un processus identique sur d'autres planètes telluriques.

Il n'y a pas de vie sans eau, et la présence d'une « *hydrosphère liquide* » est incontournable pour abriter les réactions chimiques complexes à l'élaboration des cellules, à leur entretien et à leur reproduction. Pour que cette hydrosphère soit liquide, il faut des « *conditions thermiques* favorables » assurant des températures moyennes à la surface comprises entre 0 °C et 100 °C.

Ces conditions thermiques imposent une « *atmosphère* » assez dense pour *assurer un effet de serre convenable, régulateur des variations thermiques diurnes*, mais pas trop pour éviter la surchauffe. Une source d'énergie stable est donc indispensable ; pour la Terre, c'est toujours celle du Soleil, qui assure un apport d'énergie électromagnétique constant.

Dans ces conditions, la vie peut naître, mais il en existe d'autres. L'exoplanète candidate à la vie doit être à l'abri des « *bombardements* » néfastes à la vie.

Il s'agit d'abord des « *rayons ultraviolets* » incompatibles avec la naissance et la survie des cellules. Ils sont filtrés par l'eau et certains gaz dont l'ozone O_3, ***l'ozone implique une atmosphère oxygénée, mais celle-ci implique la photosynthèse,*** et la vie (c'est un cercle vicieux).

Il y a aussi le « vent solaire » mortel pour les êtres vivants, il est dévié par un champ magnétique. Or, il existe des planètes sans champ magnétique, par exemple, Mars.

Un autre bombardement, plus aléatoire, est celui des météorites géantes et des comètes (celle de Chicxulub extermina les dinosaures). Une fréquence trop élevée aurait été néfaste à l'épanouissement de la vie. La protection est assurée par des géantes gazeuses situées à l'extérieur des orbites des planètes telluriques.

Dans le Système Solaire, les géantes gazeuses maintiennent les planètes telluriques dans la zone habitable du Soleil, et les protègent d'un bombardement massif de noyaux de comètes ; doit-on croire que de tels enchaînements de processus ont pu se réaliser partout dans la Voie lactée ?

Les conditions à l'occurrence de la vie

On ne connaît pas d'écosystèmes extraterrestres ; tout développement ne peut s'appuyer que sur l'exemple terrestre où sont apparues des formes très primitives de vie il y a un peu moins de 4 000 millions d'années. Or, la Terre possédait déjà une hydrosphère, une atmosphère, un champ magnétique et une orbite permettant à l'énergie du Soleil d'assurer une température comprise entre 0 °C (fusion de la glace) et 100 °C (ébullition de l'eau sous la pression atmosphérique actuelle). Sans cela, la vie n'aurait jamais existé, ou, au mieux, elle serait restée confinée au fond des océans. La présence d'eau liquide nous apparaît donc comme le paramètre majeur pour que la vie existe sur une planète (il est vrai que la molécule H_20 est très ubiquiste dans la Voie lactée).

La présence d'une hydrosphère

Dans les années 1970, les travaux simultanés des Américains avec Leopold (1974), et des Soviétiques avec Lvovitch et Sokolov (1975) apportèrent des estimations fiables concernant le volume des eaux externes. Ces volumes furent confirmés en France par Y. Tardy en 1986 avec un total voisin de 1 400.10^6 km^3.

L'eau et le cycle de l'eau

Que cette eau soit issue du « *dégazage* », de la rencontre de la Terre avec « *Théia* » (une planète errante), ou du « *grand bombardement tardif* » par des noyaux de comètes, ce stock était constitué au début de l'Archéen et il n'a pas bougé…

	Capacité en 10^6 km^3	**Part en P.P.M.**
La planète Terre	**1 386,1**	**1 000 000**
Dont		
Océans	1 338,0	965 287
Continents	47,961	34 601
Atmosphère	0,0017	12

Plus de 96,5 % du stock global sont conservés dans les océans. Il s'agit donc d'une eau à l'état liquide, un contexte indispensable à la réalisation des réactions chimiques qui ont conduit à l'apparition des premiers êtres unicellulaires (procaryotes) soit dans les « lagunes littorales » de l'océan primordial, siège de la « *soupe de Haldane* », soit près des « *cheminées hydrothermales* », siège d'une éventuelle chimiosynthèse.

	Capacité en 10^6 km^3	**Part en P.P.M.**
Continents	**47,961**	**1 000 000**
Dont		
Inlandsis	27,713	577 824
Nappes souterraines	22,593	471 070
Sols	1,120	23 352
Lacs	0,200	4 170
Réseau hydrographique	0,047	980
Phyto-zoosphère	0,001	21

À l'inverse, l'eau est rare sur les continents, *3,5 % du stock global* ; surtout *57,8 % sont contenus dans les inlandsis* (Antarctique et Groenland) et *49,9 % dans des eaux mortes :* nappes souterraines (bassins sédimentaires), sols et lacs (dont la mer Caspienne). Plus de la moitié de l'eau continentale est à l'état solide. Le solde circule dans les réseaux hydrographiques (0,0098 %) et dans les êtres vivants (phytosphère et zoosphère). La vie se contenterait de très peu d'eau, mais c'est une vision erronée, et la démonstration est faite par le cycle de l'eau :

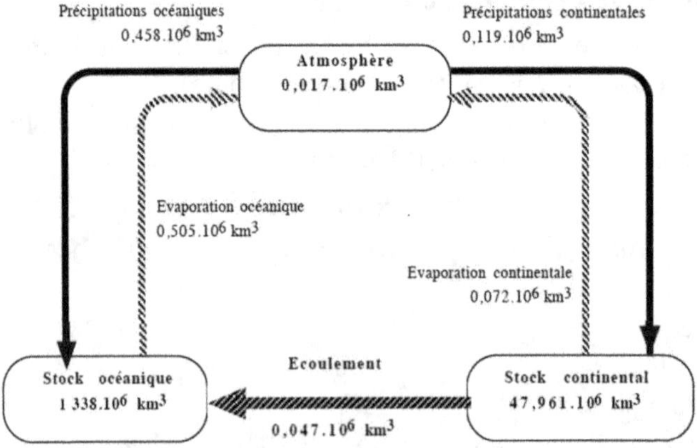

Document e.01 – Le cycle de l'eau sur la Terre

L'atmosphère terrestre apparaît sèche (0,0012 % de l'eau globale). Mais cette sécheresse masque la réalité. D'une part, l'eau des continents et des océans s'évapore constamment et on estime que *0,577.10^6 km^3 d'eau gagnent l'atmosphère par évaporation,* mais ils n'y séjournent pas et la vapeur se condense sous forme de précipitations pluviales et neigeuses. D'autre part, l'évaporation est excédentaire sur les océans et déficitaire sur les continents, alors que les continents connaissent la situation inverse ; il existe donc un excédent de *47 000 km^3* d'eau (*0,098 % des eaux continentales*) qui retourne vers l'océan par l'intermédiaire de *réseaux hydrographiques*.

Le même mécanisme concerne la phytosphère et la zoosphère.

L'eau indispensable à la vie

Qu'ils soient aquatiques ou continentaux, les plantes et les animaux sont essentiellement constitués par de l'eau :

➢ Globalement, *la teneur en eau des plantes se situe entre 80 et 95 % de leur poids total.* Ainsi, une feuille de laitue et une tomate contiennent 95 % d'eau, une pomme de terre et une carotte en contiennent 88 %, mais une graine de maïs sèche en contient encore 11 % et un grain de blé 3 %.

➢ Une *méduse peut contenir jusqu'à 98 % d'eau*, un escargot 95 %, une grenouille 78 %, un poulet 70 %, un chien 67 %, une vache 60 %. D'une manière globale, les animaux contiennent 60 à 80 % d'eau, dont 65 % pour les mammifères et les oiseaux (mais 75 % pour un œuf).

➢ Un *être humain contient 62 % d'eau, dont 76 % dans le cerveau* et 22 % dans les os ; une cellule quelconque contient 99 % d'eau.

Or, ce stock se renouvelle continuellement ; chez les êtres aquatiques, l'échange se fait par échange direct avec le milieu marin, lacustre ou fluvial, pour les plantes et les animaux terrestres, ce renouvellement participe au cycle de l'eau. Une plante ou un animal « *transpirent* » afin d'éjecter les déchets issus de la respiration chez les plantes et les animaux, et de la digestion chez les consommateurs primaires et secondaires. Il leur faut donc compenser cette perte par l'absorption de l'eau du sol, par les racines, chez les plantes, et par la « *boisson* » chez les animaux.

C'est dans l'eau que naquit la vie il y a près de 4 milliards d'années car c'est en présence d'eau que les réactions chimiques ont conduit depuis les « briques de la vie » : *formaldéhyde* CH_2O, *urée* CH_4N_2O, *acide cyanhydrique HCN* et *acides aminés* $H_2NCH\text{-}OOH$ aux premières cellules procaryotes, il y a 3 800 millions d'années. Mieux, ***pendant les neuf dixièmes de son histoire, la vie terrestre n'a pas quitté les océans***, et aujourd'hui encore, elle domine les systèmes vivants. Notamment, les plantes vertes en consomment beaucoup par photosynthèse (***ce que les agronomes nomment l'évapotranspiration : entretien de la vie, et fabrication du glucose***). Sans le considérable stock d'eau présent sur la Terre, d'une part, et la masse en circulation, d'autre part, non seulement la vie aurait eu bien du mal à apparaître, mais elle aurait eu beaucoup de peine à parvenir au niveau que nous lui connaissons. Il est même fort probable qu'elle n'aurait jamais dépassé le stade des êtres unicellulaires.

C'est une donnée fondamentale : une exoplanète qui abriterait la vie, à quelque niveau de développement que ce soit, doit accueillir une grande quantité d'eau marine, d'une part, un cycle de l'eau, d'autre part. Dans le Système Solaire, l'eau aurait existé sur Mars il y a 3 à 4 milliards d'années. Selon Frédéric Schmidt (laboratoire Géosciences Paris-Saclay), un immense océan recouvrait près de 20 % de la planète rouge, et il était localisé dans l'hémisphère Nord. Si, comme on le pense, les conditions thermiques étaient comparables à celles de la Terre, vers la même époque, la vie unicellulaire aurait pu naître. Mais la force de la gravité sur Mars est de 3,71 m/s^2 (elle est de 9,806 m/s^2 sur Terre), ce fut insuffisant pour conserver une atmosphère et l'eau s'est en grande partie évaporée ; de l'Océan primordial, il ne subsiste qu'une couche de glace, profondément enfouie sous la calotte polaire australe.

Les recherches de trace de vie fossile n'ont toujours pas abouti. Quant à Vénus, la température y est supérieure au point d'ébullition de l'eau. La découverte d'eau liquide sur une lune de Saturne et de Jupiter ou sur une exoplanète ne serait pas une preuve que la vie y existe, ***mais qu'elle y est possible***.

La présence d'une atmosphère

Il y a 4 500 millions d'années, la Terre, dont la partie externe se refroidissait, libéra de grandes quantités de gaz, essentiellement de la vapeur d'eau (H_2O), du dioxyde de carbone (CO_2) et des traces d'azote (N_2). D'une part, grâce à la comparaison avec des astres du Système Solaire, dont l'atmosphère est restée inchangée, et, d'autre part, du fait de l'importance de l'eau sur notre planète, on estime que cette atmosphère primitive était constituée de 80 % de vapeur d'eau, 15 % de dioxyde de carbone et 5 % d'azote.

L'atmosphère primitive (4 500 à 3 800.10^6 années)

Deux hypothèses sont possibles (sinon probables) pour expliquer l'origine de l'eau et du dioxyde de carbone.

➢ Les croûtes océaniques et continentales commençaient à se former. Mais au cours de l'*Hadéen*, le volcanisme était intense, le manteau se dégaza. Or, les éruptions volcaniques actuelles sont toujours accompagnées des mêmes gaz (on pense que cette composition était déjà celle de l'*Hadéen*).

Gaz volcaniques	H_2O	CO_2	N_2	O_2
	83 %	12 %	5 %	0 %

➢ Mais le bombardement météoritique subsistait, il s'accéléra même entre 4 000 et 3 800 millions d'années avant notre ère, avec le « *grand bombardement tardif* ». Or, l'analyse des météorites les plus abondantes, les « *chondrites* », environ 92 % des chutes actuellement observées, montre une combinaison assez proche en molécules volatiles.

Gaz des chondrites	H_2O	CO_2	N_2	O_2
	80 %	15 %	5 %	0 %

➢ Une double origine volcanique et extraterrestre est donc plausible. Ce qu'il faut retenir est que la ***vapeur d'eau et le dioxyde de carbone sont de puissants gaz à effet de serre.*** La modélisation mathématique conclut à un mécanisme si intense que la température moyenne aurait atteint 227 °C, sous une pression atmosphérique de près de 26 500 hPa (26 fois la pression actuelle). À titre de comparaison, dans la chaudière d'une locomotive à vapeur des années 1930, la pression était de 11 800 hPa pour une température de 200 °C. Or, dans la chaudière, une grande partie de l'eau était encore liquide. Sous une température de 227 °C, on se trouvait encore loin du *point critique de la pression de vapeur saturante de l'eau, estimé à 650 °C*. La planète pouvait alors être recouverte par des océans très chauds, ce qui n'est pas incompatible avec une vie primitive dans les grands fonds, plus frais.

L'atmosphère au cours de l'Archéen

La croûte terrestre continuait de se refroidir progressivement. Certes, tant que leur part resta élevée, ***la vapeur d'H_2O et le dioxyde de carbone CO_2 contribuaient à ce fort effet de serre***. Mais peu après le « *grand bombardement tardif* », l'activité du Soleil entra dans sa phase de « *séquence principale* ». Face à cet apport d'énergie, les molécules d'eau et de dioxyde de carbone se sont combinées…

$$H_2O + CO_2 \implies H_2CO_3$$

… Le produit est l'acide carbonique H_2CO_3, une molécule très agressive à l'échelle géologique (elle est responsable de l'érosion karstique). À l'Archéen, cet acide s'associa au calcium et au magnésium des feldspaths de la croûte continentale, donnant les carbonates de calcium $CaCO_3$ et $MgCO_3$ (ce sont les calcaires et les dolomies, d'origine chimique). Or, ces molécules sont peu solubles dans l'eau, et principalement dans l'eau salée ; en effet, les précipitations liées au cycle de l'eau lessivaient les continents et en extrayaient le sodium et le chlore, sous la forme d'une molécule très soluble, le chlorure de sodium NaCl, que le ruissellement accumula dans les océans.

En conséquence, la part de la vapeur d'eau atmosphérique décrut au profit de celle du dioxyde de carbone dont le taux aurait été de 60 à 70 %…

Atmosphère archéenne	H_2O	CO_2	N_2	O_2
	30 %	65 %	5 %	0 %

… Or, l'effet de serre de la vapeur d'eau est plus élevé que celui du dioxyde de carbone : la température atmosphérique recula ainsi que sa pression.

Une telle atmosphère était impropre à la vie continentale (laquelle aurait dû subir le bombardement des ultraviolets) mais une vie anaérobie procaryote pouvait parfaitement se réaliser en dessous d'une dizaine de mètres de profondeur (ce qui se réalisa). ***Une exoplanète, dotée d'une hydrosphère et d'une telle atmosphère, pourrait abriter une forme archaïque de vie.***

Naissance de l'atmosphère moderne

Elle correspond à l'arrivée de l'oxygène atmosphérique O_2. Dans un premier temps, cette production a été liée au flux d'énergie venu du Soleil. L'absence de couche d'ozone O_3 favorisait l'action des ultraviolets qui, par « *photolyse* », cassèrent les molécules d'eau. L'océan commença à se « *charger* » en oxygène. L'apparition d'O_2 dans l'atmosphère est tout d'abord due à la photolyse de l'eau.

$$2.H_2O + (U.V.) =====> 2.O_2 + 4.H_2$$

L'occurrence de la photosynthèse modifia largement la donne. La photolyse décrite ci-dessus est une réaction de chimie minérale : la molécule est cassée ; dans le cas de la photosynthèse, l'énergie du Soleil est un catalyseur qui permet à une molécule d'eau et à une molécule de dioxyde de carbone de se combiner pour fournir une molécule hydrocarbonée et de l'oxygène moléculaire…

$$H_2O + CO_2 + (photons) + (chlorophylle) ===> CH_2O + O_2$$

… CH_2O qui peut s'écrire CH-OH est une « molécule organique », principal constituant de la « *matière vivante végétale* ». Les premiers êtres vivants (*car seuls les êtres vivants peuvent abriter cette réaction*) ont été les « *cyanobactéries* » (en réalité, des algues vertes). Leur structure cellulaire comporte une nouvelle molécule, la « *chlorophylle* », dont nous réduirons les composants à $C_{55}H_{72}O_5N_4Mg$. Cette molécule est essentiellement composée de carbone et d'hydrogène, elle contient aussi de l'oxygène, de l'azote et du magnésium. C'est un catalyseur dont la présence permet aux « *photons* » (rayonnement visible) de donner naissance à une « *molécule organique* » et à une molécule d'oxygène.

➢ ***Ce fut une révolution*** ; d'une part, des êtres vivants étaient capables de synthétiser de la matière organique, à la base de toutes les chaînes alimentaires, d'autre part, un nouveau gaz était libéré dans l'atmosphère. ***La présence d'oxygène atmosphérique en forte quantité autour d'une exoplanète serait une bonne présomption de la présence de la vie.*** Mais dans le Système Solaire, seule la Terre est dans cette situation !

➢ Géologiquement, l'occurrence d'une atmosphère et d'une hydrosphère « riches » en oxygène se traduit par l'occurrence de « *milieux oxydants* ». Jusque-là, l'air et l'eau étaient des « *milieux réducteurs* ». À partir de l'occurrence de la photosynthèse, l'air et l'eau se sont enrichis en oxygène, autorisant de nouvelles réactions chimiques, un élément simple s'associant à un atome d'oxygène.

➢ Ainsi, il y a 2 400 millions d'années, au Protérozoïque, le fer fut oxydé, c'est la « *Grande Oxydation du Précambrien* », avec l'apparition de l'hématite (Fe_2O_3) dans les gisements de fer rubanés : alternance d'une couche d'hématite (Fe_2O_3) et d'une couche de silice (SiO_2), abondants en Australie, au Brésil, en Afrique du Sud et en Afrique occidentale (Mauritanie).

Le graphique suivant résume l'histoire de cette atmosphère primitive…

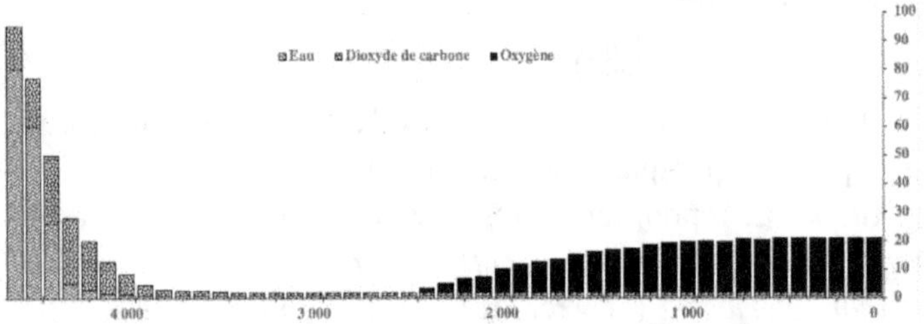

Document e.02 – Variations de la composition de l'atmosphère depuis son origine

➢ La part de la vapeur d'eau recula de façon drastique entre -4 600 et -3 800 millions d'années, pour se stabiliser à son taux actuel : < 1 %.

➢ Celle du dioxyde de carbone avait d'abord augmenté, puis elle diminua avec l'occurrence de la photosynthèse il y a 3 500 millions d'années, et à l'époque de la « *Grande Oxydation* », il y a 2 400 millions d'années, le CO_2 ne resta qu'à l'état de traces (environ 280 ppm ou parties par million).

➢ À l'inverse, l'atmosphère s'est enrichie d'un nouvel élément, l'oxygène O_2 : 21 % depuis le Cambrien en moyenne. On ne dira jamais assez que ***si la vie actuelle ne peut exister sans oxygène, la présence de ce gaz en forte quantité implique la présence d'êtres vivant***s, dont les plantes vertes, seules capables d'effectuer la photosynthèse des molécules hydrocarbonées.

L'accroissement de la part de l'oxygène dans ce qui devenait « ***l'air*** » eut une autre conséquence. Nous verrons que la vie était impossible à la surface de la croûte terrestre, même refroidie et solidifiée, du fait du bombardement par le « vent solaire » : particules (électron), rayonnement électromagnétique, dont les très dangereux rayons ultraviolets.

➢ Or, le bombardement de la haute atmosphère par le rayonnement solaire est parvenu à briser une partie des molécules d'oxygène issues de la photosynthèse ; des atomes « O » furent ainsi libérés et ils se combinèrent avec l'oxygène O_2, pour donner une nouvelle molécule O_3, l'ozone.

➢ Or, cette molécule est imperméable aux UV qui ont peu à peu été piégés. La vie sur les continents devenait possible : dans les océans, les algues vertes devenaient le premier maillon des chaînes alimentaires d'un monde animal, ce mode de vie put alors partir à la conquête des continents.

La Terre « boule de neige »

Un autre gaz, moins abondant que le dioxyde de carbone, mais cause d'un puissant effet de serre, était également présent dans l'atmosphère ; c'est le ***méthane*** CH^4. Sa présence permettait le maintien d'une atmosphère chaude dans le contexte d'un Soleil qui n'avait pas encore atteint sa phase de « *séquence principale* ».

➢ Aujourd'hui, ce gaz est un sous-produit de la décomposition de la matière organique, mais à l'Archéen, ce gaz était encore d'origine abiotique : soit il était issu du dégazage du manteau, soit, peut-être, ce composé accompagnait la chute du noyau d'une comète.

➢ Le méthane participa à la « *Grande Oxydation* » par combustion…

$$CH_4 + 2\ O_2 \Longrightarrow CO_2 + 2\ H_2O$$

… Mais l'élimination du méthane primitif eut un effet néfaste sur le climat.

➢ Entre 2 400 et 2 100 millions d'années, pendant la « *Grande Oxydation* », l'oxygénation du méthane (sa combustion lente) produisit du dioxyde de carbone CO_2 dont l'effet de serre est trente fois inférieur à celui du méthane.

Du fait du regroupement des radeaux continentaux dans « *Rodinia* », le volcanisme, notamment celui des dorsales, connut une longue accalmie avec une réduction de la production de dioxyde de carbone. Après avoir longtemps été une fournaise (mais rien à voir avec Vénus), la surface de la Terre fut soumise à une régression des températures.

➢ Plusieurs glaciations antécambriennes se sont succédé : *glaciation huronienne* (2 400-2 100 millions d'années) et *glaciation sturtienne* (730-650 millions d'années) et *marinoenne* (650-635 millions d'années) au point qu'on évoque un « *âge du Cryogénien* ».

➢ Au Huronien, la température chuta à -25 °C pendant près de 300 millions d'années ; les deux pôles furent recouverts par une banquise qui s'étendit jusqu'aux basses latitudes et on évoque une « *Terre boule de neige* » au cours de laquelle la vie se réfugia dans les fonds océaniques.

➢ Mais tout a une fin, et avec la dislocation de « *Rodinia* », le volcanisme des dorsales reprit ses émissions de « *gaz à effet de serre* », mais leur effet fut imité par l'occurrence de « *deux puits à carbone* » : *l'explosion de la vie au Phanérozoïque* et *l'absorption du* CO_2 *par la genèse du calcaire et de la dolomie* sur le plateau continental des mers bordières.

L'atmosphère terrestre prit sa composition définitive, *80 % d'azote, de vapeur d'eau et de dioxyde de carbone*, d'une part, et *20 % d'oxygène d'origine biotique.*

Le dioxyde de carbone depuis 600.10^6 années

La masse de carbone stockée sur les continents et dans les océans resta constante ; on la trouve dans les ***carbonates*** (calcaire, dolomie, craie, marne), les ***matières organiques fossiles*** (charbon, pétrole, gaz naturel), dans la biomasse (ensemble des êtres vivants) et dans le ***dioxyde de carbone*** dissous dans les océans et libre dans l'atmosphère. La teneur atmosphérique en CO_2 dépendit alors du stock minéral : roches sédimentaires, et du pH des océans qui assure l'équilibre entre le CO_2 dissous et le CO_2 gaz.

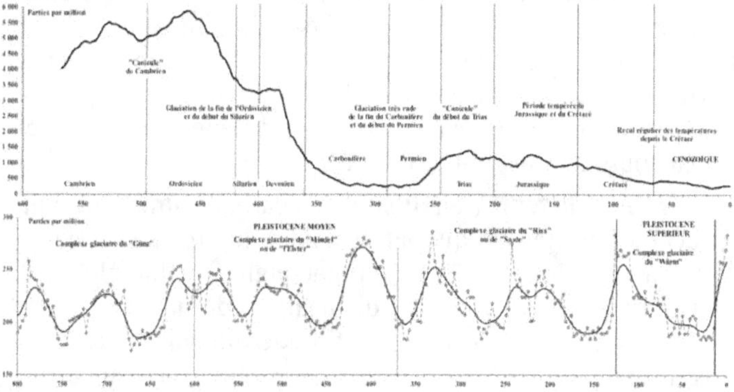

Document e.03 – Variations de la teneur de l'atmosphère en dioxyde de carbone. (En haut depuis le début du Cambrien, en bas depuis le milieu du Quaternaire)

La quantité de roches carbonatées et carbonées, le pH marin (acidité) et leur taux de variation au cours du Phanérozoïque sont assez bien connus. Or, si la masse du dioxyde de carbone atmosphérique n'a jamais atteint les taux estimés à l'Archéen, sa part dans l'atmosphère a varié entre 50 % et 20 fois sa concentration préindustrielle : 280 ppm, soit 140 ppm et 5 600 ppm (5,6 ‰).

➢ La colonisation des continents a fortement réduit la teneur de l'atmosphère en dioxyde de carbone, l'invasion des plateaux continentaux par des transgressions favorisa les animaux à squelette externe (brachiopodes, mollusques et surtout coraux) dont la sédimentation favorisa la construction de massifs calcaires et dolomitiques. À l'inverse, les orogenèses (cycles calédonien, hercynien et alpin) et les « *riftings* », suivis d'expansion, des océans libérèrent du dioxyde de carbone dissous dans les roches magmatiques.

- La concentration fut très élevée au *Cambrien* et au *Silurien* du fait du dégazage magmatique lié au cycle orogénique calédonien. La concentration a atteint 6 000 ppm responsables d'une température élevée parfois nommée « *canicule du Cambrien* ».
- Malgré l'occurrence du cycle hercynien, la concentration recula au *Silurien* et au *Carbonifère* de 3 000 à 450 ppm, du fait de la colonisation des continents par les forêts de *Bryophytes* (mousses) et des *Cyatheales* (fougères). La fonction chlorophyllienne « explosa », mais la profondeur des systèmes racinaires aurait favorisé l'hydrolyse des silicates et des carbonates, et l'altération des massifs hercyniens consomma du dioxyde de carbone. Enfin, la fossilisation carbonifère de matières organiques contribua à ce recul de la teneur de l'air en CO_2, au cours du *Permo-Carbonifère*.
- À l'inverse, la teneur en dioxyde de carbone atmosphérique s'est accrue au Mésozoïque, atteignant 1 480 ppm au Trias et 1 450 ppm au Jurassique. Le climat était devenu plus sec. Surtout, l'accélération de la dislocation de la « *Pangée* » favorisa le « rifting » et la production de dioxyde de carbone venu du manteau. Après la glaciation permienne, la température s'accrut par effet de serre.
- Enfin, la teneur en CO_2 recula régulièrement du Crétacé (1 000 ppm) au début du Quaternaire (300 ppm). Les terres émergées se sont couvertes de forêts et de prairies de plantes à fleurs, grosses consommatrices de dioxyde de carbone. Il ne faut pas non plus écarter le rôle du phytoplancton dans les océans.

La teneur moyenne se stabilisa à 280 ppm ; toutefois, au cours des 800 000 dernières années, cette teneur varia entre 170 et 280 ppm. Apparemment, l'occurrence d'une glaciation aurait réduit la teneur en CO_2 atmosphérique ; nous n'avons pas trouvé d'explication dans la littérature scientifique, en dehors du rôle accru du phytoplancton dans les eaux froides plus favorables à la dissolution du dioxyde de carbone.

Depuis bientôt deux siècles, cette teneur est passée de 180 ppm vers 1750 à 424 ppm en 2023. L'hypothèse d'une origine anthropique (déforestation, consommation des énergies fossiles, urbanisation inconsidérée) n'est plus contestable. ***La***

découverte d'une exoplanète riche dont l'atmosphère est riche en oxygène moléculaire traduit la présence d'écosystèmes riches en plantes vertes, la présence d'un ***taux de dioxyde de carbone anormalement élevé serait de bon augure pour qu'une « humanité » y ait, au moins, atteint le stade industriel…***

Une température modérée

Nous avons insisté sur l'importance du régime thermique. L'apparition et l'entretien de la vie, même sous ses formes les plus modestes, exigent que la molécule H_2O soit liquide dans l'hydrosphère et l'atmosphère ; les températures doivent donc se situer entre la fusion de la glace (273,15 K ou 0 °C°) et l'ébullition de l'eau (373,15 K ou 100 °C sous une pression de 1 015 hPa). Ces températures sont alors assurées par un apport énergétique exprimé en watt/m^2.

Sur une planète tellurique, l'énergie permettant l'entretien de températures supérieures à la moyenne intersidérale (2,7 K ou -270,45 °C) se partage, en théorie, entre l'énergie interne, issue du noyau, et l'apport externe, venu de l'étoile la plus proche. Mais l'apport interne est négligeable ; sur la Terre, elle n'est environ que de 0,1 watt/m^2 ; à l'inverse, le Soleil assure un apport de 1 361 watts/m^2 au niveau de la haute atmosphère, réduit à 342 watts/m^2 seulement à la surface des océans et des continents. Mais cette dernière valeur assure 99,97 % de l'apport énergétique.

La constante solaire

Le Soleil (et une autre naine jaune aussi) émet une quantité invariable d'énergie, fruit de la fusion thermonucléaire. Cette émission, qui peut durer une dizaine de milliards d'années, se réalise dans toutes les directions, mais elle se réduit au fur et à mesure qu'on s'éloigne du Soleil ; pour une base 100 sur Terre, l'apport est de 904 sur Mercure, de 43 sur Mars et de 0,11 sur Neptune.

La haute atmosphère terrestre reçoit 1 361 watts/m^2, mais cette énergie, nommée aussi « *irradiance* », se dissipe dans sa traversée de l'atmosphère…

➢ Celle-ci n'en absorbe que 80 watts/m^2, ce qui ne la réchauffe que modérément.

➢ Inversement, 939 watts/m^2 sont réexpédiés vers l'espace par « *réflexion* » sur les nuages, les glaces et la surface des océans.

... Aussi, la surface des océans et des continents ne reçoit-elle que 342 watts/m^2. Cet apport modeste n'assurerait qu'une température moyenne de -19 °C (254,15 K), les océans seraient couverts d'une banquise et la vie serait confinée auprès des sources hydrothermales.

L'énergie venue du Soleil est apportée par le *rayonnement visible* et surtout par le *rayonnement infrarouge*. Du fait d'une atmosphère, nous venons de voir que seulement 18 % de la constante solaire parviennent au « sol », lequel en réfléchit une grande partie. Mais ce rayonnement réfléchi par les continents ne se réalise pas dans l'infrarouge. Or, parmi les gaz qui constituent notre atmosphère, il en est qui sont imperméables à ces infrarouges ; ce sont principalement ***la vapeur d'eau*** et ***le dioxyde de carbone***. Comme dans une serre dont les vitres piègent les infrarouges, ces deux gaz renvoient l'énergie vers le sol suivant un processus vulgarisé sous le nom d'*effet de serre*. Or, ce processus répartit l'énergie ainsi capturée, et il assure une ***température moyenne de 15 °C*** (une valeur en croissance du fait de la production de dioxyde de carbone suite à la consommation des énergies fossiles...).

Toutefois, il n'en a pas toujours été ainsi.

➢ Il y a 4 000 millions d'années, le Soleil n'avait pas atteint sa « *phase d'activité principale* », il n'émettait que 70 % de l'énergie produite actuellement (il lui faudra 2 000 millions d'années pour atteindre cette « phase principale »).

➢ La constante solaire reçue par la Terre n'était que de *952 watts/m^2*. Sous ces conditions de luminosité solaire avec des concentrations de gaz à effet de serre similaires à celles observées actuellement sur Terre, toute l'eau liquide exposée à la surface aurait gelé.

➢ Mais à la fin de l'Hadéen, le déficit thermique fut compensé par une teneur de *65 % ou 650 000 ppm d'H_2O* et *30 % ou*

300 000 ppm de CO_2., c'est l'effet de serre induit qui explique les fortes températures estimées à 227 °C à cette époque.

➢ Puis la genèse des océans et l'occurrence de la photosynthèse expliquent qu'à la fin de l'Archéen, le Soleil ne produisait pas suffisamment d'énergie pour compenser un effet de serre qui chutait comme peau de chagrin, par la consommation du dioxyde de carbone par les plantes vertes. La température fut très basse au cours de la glaciation huronienne.

Par la suite, le Soleil a atteint son « *âge de raison* » ou « *phase principale des réactions thermonucléaires* », et aujourd'hui, des traces de vapeur d'eau et 350 à 450 ppm de dioxyde de carbone suffisent à maintenir une ambiance tiède.

➢ Mars, trop éloignée du Soleil, et qui avait perdu son atmosphère et son hydrosphère par insuffisance de gravité, s'assécha et se congela.

➢ Vénus, plus près du Soleil et aussi grosse que la Terre, évapora toute son eau. Son hydrosphère gagna l'atmosphère qui devint de plus en plus dense. L'eau se combina à divers gaz, dont le dioxyde de soufre SO_2, gaz au fort effet de serre, et sa surface devint une fournaise de plus en plus impropre à la vie.

C'est dans ce contexte énergétique qu'il faut évoquer la notion de zone habitable.

La zone habitable du Système Solaire

Le concept a été développé dans la première moitié du XXe siècle quand on s'intéressa à l'existence de formes de vies sur les autres planètes telluriques du Système Solaire. C'est l'astrophysicien Su-Shu Huang (1915-1977), qui inventa le terme *zone habitable* pour définir l'espace situé autour du Soleil où l'eau, élément incontournable, existe à l'état liquide. Plus généralement, l'expression est utilisée en « *exobiologie* » pour définir une région de l'espace « *favorable à l'apparition de la vie telle que nous la connaissons sur Terre* ».

Pour ce qui concerne le Système Solaire, l'étendue de la zone habitable dépend du *flux radiatif du Soleil*, de la *teneur de l'atmosphère en dioxyde de carbone* (effet de serre et températures > 277 K) et de la *masse de la planète choisie* (elle détermine l'aptitude à conserver des océans et une atmosphère). Les astrophysiciens distinguent deux cas de figure :

- Une « *zone habitable conservatrice* » (c'est-à-dire « *prudente* ») définie par l'effet de serre du dioxyde de carbone. Si la planète est trop près du Soleil, l'effet de serre devient tel que l'eau n'y existe pas à l'état liquide en surface (cas de Vénus). Mais si elle est trop éloignée, cet effet de serre est insuffisant pour éviter la congélation de l'eau (cas de Mars). Elle s'étend entre 0,95 et 1,5 unité astronomique, soit entre une irradiance de 1 426 et 1 043 W/m^2.

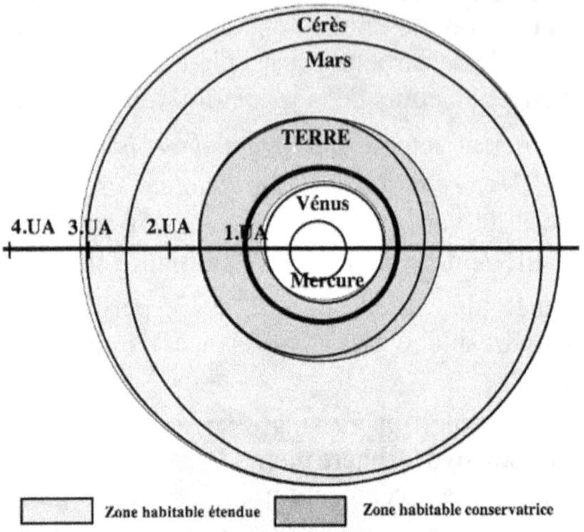

Document d.04.a - Limites des zones habitables

- Une « *zone habitable étendue* » a été modélisée. D'une part, il y a plus de 3 000 millions d'années, alors que l'irradiance du Soleil était plus faible (30 % inférieure à l'irradiance actuelle), de l'eau liquide a pu exister sur Vénus, avec la possibilité d'une brève apparition de la vie ! D'autre part, la probabilité est élevée pour qu'un océan ait existé sur Mars entre 4 000 et 3 000 millions d'années, avec les mêmes conséquences. On étend même cette zone habitable jusqu'à l'orbite de Cérès. Cette zone s'étend entre 0,95 et 3 unités astronomiques, soit entre une irradiance de 1 426 et 15 W/m^2.

Quoi qu'il en soit, autour du Soleil, pour une planète rocheuse de la taille de la Terre (12 000 km de diamètre), la zone habitable s'étendrait entre 142.10^6 km (*l'irradiance serait de près de 3 000 W/m^2*) et 235.10^6 km (*irradiance < 600 W/m^2*) ; ce sont les limites des orbites de Vénus et de Mars. La Terre est en moyenne à 149,6.10^6 km du Soleil et l'irradiance y est de 1 361 W/m^2. Comme l'énergie produite à la surface du Soleil s'accroît de 7 % par 1 000 millions d'années, la Terre aura quitté sa zone habitable par le bas dans (retenez votre respiration) dans 1 700 millions d'années (soufflez…).

	Diamètre	Eloignement du Soleil	Irradiance	Température	Gravité
Mercure	4 879 km	57,9.10^6 km	9 127 W/m^2	169°C	1,62 m/s^2
Vénus	12 103 km	108,2.10^6 km	2 601 W/m^2	462°C	8,87 m/s^2
Terre	12 740 km	149,6.10^6 km	1 361 W/m^2	15°C	9,81 m/s^2
Mars	6 779 km	227,9.10^6 km	589 W/m^2	-63°C	3,71 m/s^2
Cérès	967 km	414,6.10^6 km	26 W/m^2	-167°C	0,27 m/s^2

Document e.05 – « Habitabilité » des planètes telluriques

Habitabilité des planètes telluriques

Nous avons déjà souligné le rôle joué par leur taille, leur éloignement du Soleil, la quantité d'énergie reçue et la température mesurée.

Mercure n'est pas dans la zone habitable pour de nombreuses raisons. Elle n'est qu'à 58 millions de kilomètres du Soleil, aussi reçoit-elle 12 300 W/m^2 d'énergie, ce qui assure une température de 169 °C. Son diamètre n'est que de 4 879 km, et si Mercure recevait moins d'énergie il y a 4 000 millions d'années, il est peu probable qu'elle ait pu abriter une atmosphère dense comme sur la Terre (H_2O et CO_2), ni de l'eau sous sa forme liquide, sa gravité de 1,62 m/s^2 était trop faible pour conserver des produits volatils. Or, même avec une puissance 70 % plus faible, le Soleil envoyait 8 610 W/m^2, soit 2,7 fois plus que sur Vénus aujourd'hui. Mercure était une planète brûlante, sans air et sans eau, depuis quasiment son origine. ***Cette description témoigne du rôle des facteurs d'habitabilité.***

Cérès, à l'autre extrémité de la « *zone habitable étendue* », est une planète naine (< 1 000 km de diamètre) éloignée de plus de 400 millions de kilomètres de son étoile. Sa gravité implique l'absence de gaz, et elle reçoit 10 fois moins d'énergie que la Terre. Cérès possède un noyau rocheux et un manteau de glace. Mais comme on l'évoque sur Europe (lune de Jupiter), une couche d'eau liquide peut exister entre le noyau et le manteau de glace ; si cette eau est riche en ammoniac et en autres sels dissous, *il est possible que des formes très primitives de vie puissent exister dans ce milieu qui abrite les molécules susceptibles de générer des « vésicules vivantes »* (nutrition et reproduction). ***C'est cette approche qui fait placer Cérès à la limite extérieure de la « zone habitable étendue ».***

La ***Terre est le type de la planète habitable et elle est habitée*** depuis la fin de l'Hadéen. Aujourd'hui, l'irradiance est de 1 361 W/m^2, la température de surface de 15 °C et la gravité de 9,81 m/^{2} y sont aptes à sauvegarder une atmosphère où la pression partielle de l'oxygène est de 200 hPa, l'idéal pour la respiration d'êtres pulmonés. Nous connaissons la suite, *mais cette évolution est impensable sur les deux autres planètes telluriques de la « zone habitable conservatrice ».*

Vénus est aujourd'hui inhabitable malgré des conditions géophysiques proches de celles de la Terre : 12 103 km de diamètre, gravité de 8,87 m/s^2. Mais son atmosphère est composée de 96,5 % de dioxyde de carbone et de 3,4 % d'azote moléculaire N_2. Ce n'est pas l'atmosphère de la Terre à la fin de l'Hadéen : elle est 2,7 fois plus riche en dioxyde de carbone et très pauvre en eau. La teneur en CO_2 favorisa l'emballement de l'effet de serre. Si, il y a 4 000 millions d'années, Vénus a pu posséder un océan, et si la vie a pu apparaître brièvement (les astrophysiciens sont à la recherche de témoignages), l'élévation des températures vaporisa cette eau qui se combina au dioxyde de soufre SO_2 pour produire de l'acide sulfurique H_2SO_4 aujourd'hui concentré entre 52 et 58 km d'altitude dans la couche supérieure des nuages contenant 25 % d'eau et 75 % d'acide sulfurique. ***La vie est impossible sur Vénus***.

Nous avons déjà longuement évoqué le cas de ***Mars*** située sur la bordure externe de la « *zone habitable conservatrice* ». Sa gravité est 2,6 fois inférieure à celle de la Terre, et, si on fait abstraction de sa pression, son atmosphère actuelle, 95 % de dioxyde de carbone et 0,03 % d'eau, est plus proche de celle de Vénus que de l'atmosphère primordiale de la Terre. Il y manque l'eau, *mais celle-ci aurait occupé un vaste océan il y a 4 000 à 3 000 millions d'années*, et les missions spatiales cherchent les traces de cette eau liquide (les formes d'érosion hydrauliques sont nombreuses, mais anciennes) et celle d'une vie bactérienne analogue à celle de l'Hadéen sur la Terre (***jusqu'à ce jour, rien n'a été trouvé***).

Des trois planètes telluriques de la « *zone habitable conservatrice* » du Système Solaire, seule la Terre est encore habitée, ce qui nous fait dire que ***la vie pourrait être une exception dans le Système Solaire***. Or, nous n'avons pas fait le tour de tous les obstacles…

Que serait une zone habitable extraterrestre

Elle pourrait être associée à une naine jaune d'une taille voisine de celle du Soleil. Pour ne pas compliquer les choses, nous supposerons une zone habitable comparable à la *zone habitable conservatrice* du Soleil (0,95 et 1,5 UA), soit une irradiance comprise entre : *1 043 et 1 426 W/m²*.

C'est la situation actuelle, alors que l'irradiance de la Terre est de *1 361 W/m²*. Sous réserve que l'exoplanète possède une hydrosphère abondante et une atmosphère riche en azote et en oxygène, mais pauvre en eau et en dioxyde de carbone, sa température serait comprise entre 11 °C et 16 °C, ce qui est parfaitement compatible avec des écosystèmes proches de ceux que nous connaissons sur la Terre.

Mais il faut aussi tenir compte de « *l'âge du système planétaire* ».

➢ Une étoile est jeune ou vieille ; une naine jaune âgée, sur le point d'imploser pour devenir une géante rouge, possèderait les écosystèmes de la Terre dans plus de 4 000 millions d'années, ***et nous n'avons aucune idée précise de ce qu'ils seront !*** Il est même probable que l'espèce humaine aura disparu pour laisser la place à un genre et une espèce dominants ***dont nous n'avons aucune idée***.

➢ À l'inverse, une exoplanète plus jeune de 3 000 à 4 000 millions d'années « pourrait » (il faut être prudent) ressembler à la ***Terre de l'Archéen***, une fournaise sous une atmosphère de vapeur d'eau et de dioxyde de carbone, mais ***avec des formes de vie primitives dans les océans***.

➢ L'histoire biologique de la Terre, même si elle n'est pas un modèle généralisable, suggère ***qu'une exoplanète abritant la vie a statistiquement plus de chance d'en être au stade précambrien (3 800 à 540.10^6 ans) qu'à celui des voyages interplanétaires, commencés en 1969 avec l'arrivée des astronautes américains sur la Lune !***

Mais la présence d'une zone habitable viable n'explique pas tout. Nous raisonnons avec l'exemple terrestre. Vénus, à la limite interne de la zone habitable du Soleil, et d'une taille voisine de celle de la Terre, est une fournaise invivable. Mars est ambiguë, elle a possédé de l'eau et une atmosphère, et malgré une irradiance de moins de 600 W/m^2, elle a pu connaître l'apparition d'une vie primitive (ce qui reste à retrouver) ; le drame de cette planète est sa faible taille associée à une force gravitationnelle de 3,71 m/s^2 (9,81 m/s^2 sur la Terre). Quand on découvrira des exoplanètes telluriques d'une taille très inférieure à celle de la Terre, la probabilité d'y trouver la vie s'effondrera (sauf si un océan souterrain protégé par une épaisse banquise abrite une vie puisant son énergie dans des sources hydrothermales !).

À l'inverse, une très grosse taille, 2 à 5 fois celle de la Terre, serait un lourd handicap. En effet, l'atmosphère serait pesante du fait d'une force gravitationnelle intense (les géantes gazeuses en donnent une image dans les profondeurs de leur enveloppe d'hydrogène). Sur une très massive exoplanète tellurique, la pression atmosphérique entretiendrait une fournaise au niveau du sol ; si la température dépasse 100 °C, une grande partie de l'hydrosphère se comportera comme la vapeur dans une chaudière de machine à vapeur, ce qui resterait d'eau dans les océans aurait une température de plus de 100 °C. ***Toutefois, les abysses pourraient abriter une vie unicellulaire*** (au moins) ***près des cheminées hydrothermales***.

Il faudrait évoquer aussi la présence d'une tectonique des plaques, un processus qui joua un grand rôle dans l'évolution de la vie sur la Terre, mais ce mécanisme (absent de Mars) est très difficile à déceler. Enfin, une planète n'est pas à l'abri de dangers venus de l'extérieur : le rayonnement électromagnétique, les particules émises par sa propre étoile (le

« *vent solaire* ») et les météorites venues de l'extérieur du système planétaire. Il y a 4 000 millions d'années, la Terre subit le « *second grand bombardement* » ; il y a 66 millions d'années, la météorite de Chicxulub, au Yucatan, éradiqua une grande partie de la flore et de la faune du Crétacé.

Les obstacles à la vie extraterrestre

Le Système Solaire est en effet le siège de processus qui peuvent présenter un réel danger pour la vie. Ils proviennent du Soleil lui-même, avec la production de rayonnements particulièrement nocifs, et des ceintures d'astéroïdes d'où surviennent des météorites géantes et des noyaux de comètes dont les orbites peuvent croiser celui de la Terre.

Les moyens naturels de s'en protéger fonctionnent comme des boucliers.

Les revers de la fusion nucléaire

Le principal obstacle à la vie provient des revers de la fusion nucléaire. Le Soleil n'est pas seulement source de vie, il émet aussi des rayonnements particulièrement néfastes : les « *rayons ultraviolets* » et le « *vent solaire* ». Par la théorie de la relativité, Albert Einstein (1879-1955) démontra que masse et énergie sont deux grandeurs équivalentes ; aussi, une perte de masse dégage-t-elle de l'énergie. L'unité de la masse atomique d'un atome est d'environ $1{,}66.10^{-27}$ kg et elle est appelée *masse atomique unifiée* « **u** » : celle du noyau d'un atome d'hydrogène est de 1,00784 u et celle d'un noyau d'atome d'hélium est de 4,002602 u.

Ainsi, à l'intérieur du Soleil, la fusion thermonucléaire est celle de quatre atomes d'hydrogène avec un atome d'hélium…

$$4 \text{ x } 1{,}00784 \text{ (hydrogène)}$$
$$= 4{,}031360 \text{ (hélium)} + \mathbf{0{,}028758\ u} \text{ (énergie)}$$

… La différence est infime :

$$0{,}0029 \text{ x } 1{,}66.10^{-27} = \mathbf{0{,}048.\ 10^{-27}\ kg}$$

… Mais chaque seconde, le Soleil fusionne 600 millions de tonnes d'hydrogène en hélium ; le solde énergétique est considérable et il se présente sous la forme « *d'ondes électromagnétiques* » et des « *particules : ions et électrons* ».

Le bombardement de particules

Les particules sont chargées en électricité statique négative (les électrons et les « anions ») ou positive (cations). Ces particules qui constituent le « *vent solaire* » sont très dangereuses pour la survie des êtres vivants. Mais ces corpuscules, qui peuvent aussi provenir d'autres étoiles, *sont déviés par les champs magnétiques.*

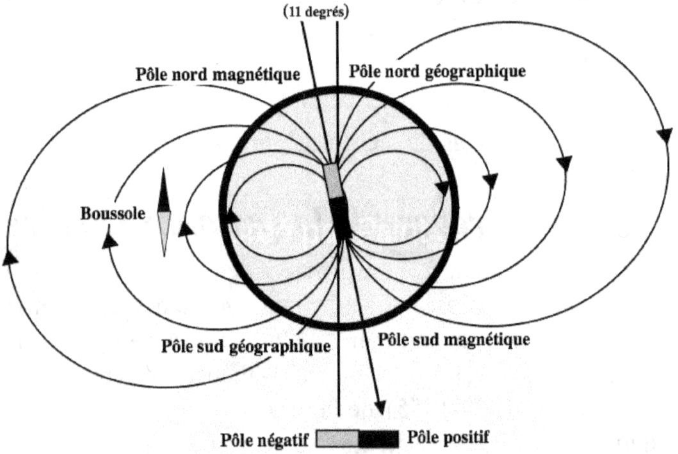

Document d.06 – Principe du champ magnétique terrestre

Le champ magnétique terrestre, appelé aussi « *bouclier magnétique* », est présent autour de la Terre, dans la croûte et dans le manteau. Le processus prend naissance dans le noyau externe vers 2 900 km de profondeur : le fer et le nickel en fusion sont le siège de mouvements de convection qui génèrent un champ magnétique. Celui-ci se comporte comme un aimant droit dont le point central se trouve à quelques centaines de kilomètres du centre géométrique, ce qui explique que les pôles magnétiques Nord et Sud ne correspondent pas aux pôles géographiques (extrémité de l'axe de rotation).

Ce champ magnétique existait il y a 4 300 millions d'années ; il peut être matérialisé par des lignes courbes partant du pôle positif vers le pôle négatif, ce champ constitue une

« *vent solaire* ») et les météorites venues de l'extérieur du système planétaire. Il y a 4 000 millions d'années, la Terre subit le « *second grand bombardement* » ; il y a 66 millions d'années, la météorite de Chicxulub, au Yucatan, éradiqua une grande partie de la flore et de la faune du Crétacé.

Les obstacles à la vie extraterrestre

Le Système Solaire est en effet le siège de processus qui peuvent présenter un réel danger pour la vie. Ils proviennent du Soleil lui-même, avec la production de rayonnements particulièrement nocifs, et des ceintures d'astéroïdes d'où surviennent des météorites géantes et des noyaux de comètes dont les orbites peuvent croiser celui de la Terre.

Les moyens naturels de s'en protéger fonctionnent comme des boucliers.

Les revers de la fusion nucléaire

Le principal obstacle à la vie provient des revers de la fusion nucléaire. Le Soleil n'est pas seulement source de vie, il émet aussi des rayonnements particulièrement néfastes : les « *rayons ultraviolets* » et le « *vent solaire* ». Par la théorie de la relativité, Albert Einstein (1879-1955) démontra que masse et énergie sont deux grandeurs équivalentes ; aussi, une perte de masse dégage-t-elle de l'énergie. L'unité de la masse atomique d'un atome est d'environ $1,66.10^{-27}$ kg et elle est appelée *masse atomique unifiée* « **u** » : celle du noyau d'un atome d'hydrogène est de 1,00784 u et celle d'un noyau d'atome d'hélium est de 4,002602 u.

Ainsi, à l'intérieur du Soleil, la fusion thermonucléaire est celle de quatre atomes d'hydrogène avec un atome d'hélium…

4 x 1,00784 (hydrogène)
= 4,031360 (hélium) + **0,028758 u** (énergie)

… La différence est infime :

$$0,0029 \times 1,66.10^{-27} = \mathbf{0,048.\ 10^{-27}\ kg}$$

… Mais chaque seconde, le Soleil fusionne 600 millions de tonnes d'hydrogène en hélium ; le solde énergétique est considérable et il se présente sous la forme « *d'ondes électromagnétiques* » et des « *particules : ions et électrons* ».

Le bombardement de particules

Les particules sont chargées en électricité statique négative (les électrons et les « anions ») ou positive (cations). Ces particules qui constituent le « *vent solaire* » sont très dangereuses pour la survie des êtres vivants. Mais ces corpuscules, qui peuvent aussi provenir d'autres étoiles, *sont déviés par les champs magnétiques.*

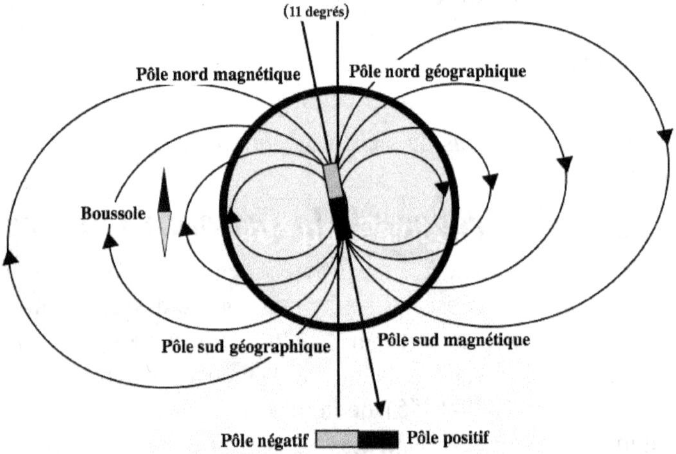

Document d.06 – Principe du champ magnétique terrestre

Le champ magnétique terrestre, appelé aussi « *bouclier magnétique* », est présent autour de la Terre, dans la croûte et dans le manteau. Le processus prend naissance dans le noyau externe vers 2 900 km de profondeur : le fer et le nickel en fusion sont le siège de mouvements de convection qui génèrent un champ magnétique. Celui-ci se comporte comme un aimant droit dont le point central se trouve à quelques centaines de kilomètres du centre géométrique, ce qui explique que les pôles magnétiques Nord et Sud ne correspondent pas aux pôles géographiques (extrémité de l'axe de rotation).

Ce champ magnétique existait il y a 4 300 millions d'années ; il peut être matérialisé par des lignes courbes partant du pôle positif vers le pôle négatif, ce champ constitue une enveloppe ellipsoïde autour de notre planète. Rappelons que l'aiguille de la boussole s'oriente vers le nord magnétique, or, cette aiguille est elle-même un aimant plat et c'est son pôle positif qui s'oriente vers le nord géographique, cela signifie que *le pôle magnétique de l'hémisphère Nord est un pôle négatif* (et inversement).

La région de l'espace couverte par ce champ magnétique est parfois appelée « *magnétosphère* », bien qu'elle soit déformée dans le sens de déplacement du « vent solaire ». La magnétosphère n'a d'effet que sur 70 000 km, en direction du Soleil ; à l'inverse, elle s'allonge en « *queue de comète* » dans la direction opposée sur plusieurs millions de kilomètres. En effet, l'interaction entre le « vent solaire » et le champ magnétique terrestre chasse les particules chargées électriquement vers l'extérieur de cette « *magnétosphère* », mais son interaction avec la haute atmosphère, fortement ionisée, remplit cet espace d'un « *plasma* » (phase de la matière constituée de particules chargées, d'ions et d'électrons) lui aussi protecteur, et qui se matérialise au niveau des pôles par l'occurrence « d'*aurores polaires* ».

Les autres planètes telluriques possèdent-elles ce même processus de protection ?

- Le champ magnétique de ***Mercure*** est faible : les mesures effectuées en 1974 l'estiment à 1,1 % de celui de la Terre. La planète serait totalement refroidie.
- Malgré une taille et une structure proches de celles de la Terre, ***Vénus*** ne possède aucun champ magnétique. L'échange de chaleur entre le noyau de Vénus et son manteau est donc terminé.
- ***Mars*** ne possède plus de champ magnétique, en dehors d'un magnétisme résiduel dans la croûte. Les analyses et les modélisations suggèrent l'existence d'un magnétisme global sur le modèle de la magnétosphère terrestre, il y a 4 000 millions d'années, et il aurait duré entre 500 et 800 millions d'années.

Pour les astrobiologistes, ce serait un argument supplémentaire pour que la vie ait existé sur Mars peu après sa formation. Mais aujourd'hui, à l'intérieur de la zone habitable, ***seule la Terre possède une protection contre le « vent solaire »***.

Le bombardement électromagnétique

Les ondes électromagnétiques ont longtemps été décrites comme un mouvement ondulatoire se manifestant sous la forme d'un champ électrique couplé à un champ magnétique. Mais il y aurait aussi transfert de matière sous forme de *photons*, à la masse nulle pour satisfaire à l'équation de Einstein $E = M.C^2$. En réalité, pour qu'il y ait transport d'énergie, la masse M_{phot} du photon est de $0 < M_{phot} < 10^{-54}$ kg. C'est ainsi que la Terre reçoit 1 361 W/m^2 d'énergie lumineuse chaque seconde, ce qui réchauffe l'atmosphère et permet la photosynthèse. Mais le rayonnement utilise toutes les longueurs d'ondes possibles : *rayons gamma, rayons X, rayons ultraviolets, domaine visible, rayons infrarouges et ondes radio.* Le domaine visible et l'infrarouge sont utiles à la vie, mais les *rayons gamma*, les *rayons X* et les *rayons ultraviolets* sont très dangereux pour les êtres vivants.

Au cours des 1 600 premiers millions d'années de l'existence d'une vie terrestre, la protection venait de l'eau des océans qui arrête les ultraviolets au bout d'une dizaine de mètres : puis, il y a 2 200 millions d'années environ, l'occurrence de la photosynthèse fut accompagnée de celle d'une *couche d'ozone* qui permit l'épanouissement de la vie et de ses écosystèmes.

Nous savons que cette couche protectrice est apparue sur la Terre quand les plantes vertes, par photosynthèse, ont consommé le dioxyde de carbone atmosphérique (réduit à quelques ppm) et libéré du dioxygène qui occupe 20 % de l'atmosphère depuis cette époque. Nous avons déjà expliqué qu'entre 20 et 40 km d'altitude, le rayonnement solaire casse une partie des molécules de dioxygène et libère les atomes libres (O). Mais ces atomes se combinent à des molécules de dioxygène (O_2) pour constituer une nouvelle molécule à trois atomes (O_3) : l'ozone. Ce gaz forme une « couche » située dans cette haute atmosphère. En réalité, il s'agit d'un mélange O_2-O_3

où la teneur en ozone est très faible : entre 2 et 8 ppm. Mais c'est suffisant pour filtrer le rayonnement solaire de ses composants les plus dangereux. ***Ainsi, la plus grande partie des rayons ultraviolets est absorbée et ne peut atteindre la surface de la Terre.***

Cette couche protectrice existe-t-elle sur les deux autres planètes telluriques de la zone habitable ?

➢ En 2011, le spectromètre travaillant dans l'infrarouge et l'ultraviolet de la « *sonde Venus Express* » détecta la présence d'ozone dans les hautes couches de l'atmosphère de ***Vénus***. Mais elle est située à 100 km d'altitude (30 km sur Terre) et avec une concentration 100 fois moins élevée que sur la Terre : soit 0,02 à 0,08 ppm.

➢ Sur ***Mars***, la pression atmosphérique au sol est de 6 hPa, et le dioxygène ne contribue qu'à 0,13 % de l'atmosphère ; même si le processus de combinaison de trois atomes d'oxygène était identique à ce qui se passe sur la Terre, la quantité d'ozone serait infime, et on reconnaît ***qu'il n'y a pas de couche d'ozone sur Mars***. Il se pourrait aussi qu'il n'y en ait jamais eu ; la vie martienne, si vie il y a eu, était anaérobie, il y a 4 000 à 3 000 millions d'années.

Revenons sur le cas de Vénus. Nous avons ci-dessus évoqué la possibilité d'une vie vénusienne contemporaine de la fin de l'Hadéen terrestre. Aujourd'hui, Vénus n'est pas protégée du rayonnement solaire : pas de magnétosphère, couche d'ozone ténue. Toutefois, la présence de ce gaz suggère la production de celle de l'oxygène (mais à quelle époque ?). Or, des « anomalies chimiques » ont été détectées dans les nuages : présence de dioxygène, présence d'ammoniac et petites concentrations en vapeur d'eau. Comme vers 50 km d'altitude, la pression est de 1 000 hPa avec des températures comprises entre 0 °C et 50 °C, des chercheurs ont ***modélisé la possibilité d'une forme de vie bactérienne, malgré l'absence de bouclier magnétique et une couche d'ozone très ténue***. On est en droit de rêver.

À l'inverse, car ce n'est pas un rêve mais une réalité, une exoplanète, candidate à abriter une forme de vie, doit posséder naturellement une magnétosphère et une couche d'ozone. Il est même probable (et cette hypothèse est valable pour la Terre il y a 4 300 millions d'années) que sans magnétosphère, même dans la zone habitable, la vie ne pourrait même pas apparaître. Mais comme l'oxygène est relativement rare dans l'univers, la ***présence d'une couche d'ozone traduit non seulement une aptitude à abriter la vie, mais l'existence de celle-ci sous une forme déjà évoluée.***

Risque d'impact avec une météorite

Ce risque concerne toutes les planètes telluriques, dans tous les systèmes planétaires de la Voie lactée. Tous sont issus de l'effondrement gravitationnel des gaz (surtout de l'hydrogène) et des poussières minérales (issues du démantèlement de la deuxième génération d'étoiles), et il est plus que probable que ces systèmes soient composés de planètes géantes gazeuses, de planètes telluriques et de « déchets » composant des comètes et des ceintures de météorites. Mais rien ne prouve que l'agencement de ces corps célestes soit identique à celui de la Terre.

Aussi, faut-il s'interroger sur l'absence de bombardements massifs depuis près de 4 000 millions d'années, sur les planètes telluriques du Système Solaire ? La répartition des géantes gazeuses (Jupiter, Saturne, Uranus et Neptune) au-delà de la ceinture des astéroïdes et de celles des quatre planètes telluriques (Mercure, Vénus, Terre et Mars) en deçà nous protègerait d'une rencontre avec des objets célestes errants (météorites et surtout comètes) venus de la ceinture de Kuiper, voire du nuage de Oort.

On s'appuie sur le « modèle de Nice »

Nous avons déjà évoqué cette modélisation mathématique présentée en 2005 dans la revue scientifique « *Nature* ».

Il y a plus de 4 000 millions d'années, les « *quatre planètes géantes* » étaient plus proches dans l'espace, et l'essentiel des planétésimaux composés de protoplanètes (les futures planètes telluriques) et d'objets rocheux errants de différentes tailles (la ceinture d'astéroïdes en rend compte) se tenait entre le Soleil et ces géantes gazeuses.

L'interaction gravitationnelle entre ces quatre géantes et le « disque » des planétésimaux conduisit à ce que Jupiter se rapproche du Soleil, alors que Saturne, Uranus et Neptune s'en éloignaient. Cette migration se réalisa entre 4 200 et 3 900 millions d'années avant notre ère, et elle disloqua le disque des planétésimaux.

Une partie très importante de ses composants fut chassée dans l'espace interstellaire (*ceinture de Kuiper* et *nuage de Oort*), une autre part participa au « *grand bombardement tardif* » qui affecta Mercure, Vénus, Terre et Mars, alors en formation. La rencontre avec « *Théia* » relève de ce processus. Mais depuis ce « grand nettoyage », ***la présence de Jupiter est un bouclier*** : les orbites des planètes telluriques ont été stabilisées, celles des éléments de la ceinture d'astéroïde aussi (même si la forte gravité de la géante empêche leur accrétion en une seule planète).

La stabilité des planètes telluriques

D'une part, la proximité de Jupiter aurait stabilisé leurs orbites, des ellipses peu aplaties. Milutin Milanković a démontré le rôle de l'excentricité des orbites dans l'occurrence d'une glaciation. Que dire du climat d'une planète dont l'orbite serait très aplatie ? Une fournaise en périhélie et un monde glacé en aphélie. D'autre part, il est admis que les planètes telluriques n'ont que très rarement rencontré des « géocroiseurs » depuis 3 000 millions d'années ; *la météorite du Yucatan à la fin du Crétacé serait une exception*, même si elle fut précédée par d'autres.

Jupiter, par sa puissante force gravitationnelle, dévie les comètes venues de la ceinture de Kuiper et nous en protège. Sans cette assistance, avec des impacts beaucoup plus fréquents, la vie terrestre (la seule dont nous soyons certains) n'aurait certainement pas évolué de la même manière.

➢ Si Jupiter était resté plus éloigné du Soleil, la ceinture de planétésimaux serait restée dense avec une fréquence élevée d'impacts.

➢ Si Jupiter était plus proche du Soleil, toutes les planètes telluriques seraient dans la ceinture de Kuiper (au mieux), subissant le sort probable de Pluton (celle qui, vraiment, n'a pas eu de chance : on lui a même retiré son statut de planète, mais Jupiter n'y est pour rien).

Nous avons soulevé ce problème pour souligner que la Terre aurait pu ne jamais exister telle qu'elle est, entre une fournaise, percutée par des objets errants, et le sort peu enviable d'une température de surface de quelques K.

Or, l'examen des systèmes exoplanétaires montre que le destin du Système Solaire est plutôt exceptionnel, et que l'anarchie des orbites est plutôt la règle au sein de la Voie lactée (voir ci-dessous).

Bilan sur la vie dans le Système Solaire

Nous nous en tiendrons à la « *zone habitable conservatrice* » comprise entre les orbites de Vénus et celle de Mars. La vie existe sur la Terre depuis 3 800 millions d'années, au moins, et elle a atteint un très haut degré de connaissances (en réalité, bien mal partagées). Il est possible, voire « probable » que la vie soit simultanément apparue sur Vénus, la Terre et Mars.

Mais Vénus et Mars se tiennent aux limites géographiques de cette zone habitable, et les modèles (faute de témoignages géologiques et paléontologiques) estiment que les formes de vie très primitives, apparues au cours ou peu après le « *grand bombardement tardif* » (4 200 à 3 900 millions d'années avant notre ère) se sont éteintes sans descendances sur Vénus et sur Mars. Seule la vie sur Terre poursuivit une évolution dont Homo Sapiens est conscient (voire convaincu) d'occuper la position optimale.

Résumé des conditions d'habitabilité

La première condition tombe tellement sous le sens qu'on oublie souvent de la rappeler : il doit s'agir d'une planète tellurique. Quant à la vie, elle a besoin d'eau à l'état liquide et d'une enveloppe gazeuse ; or, ces conditions sont liées à son éloignement du Soleil, et surtout à sa taille, car *si c'est l'effet de serre qui conditionne les températures, c'est la gravité qui retient une enveloppe gazeuse.*

Mais sans l'intervention de Jupiter, la notion même de vie planétaire ne serait même pas à évoquer. Voici par ordre décroissant les conditions d'habitabilité.

(1) Des planètes proches du Soleil avec une orbite stable

En effet, il y a environ 4 000 milliards d'années, Jupiter s'est rapproché du Soleil, chassant les autres planètes gazeuses vers l'espace et regroupant les planétésimaux entre eux et le Soleil. L'accrétion des planétésimaux a conduit aux quatre planètes telluriques dans leur position orbitale actuelle, tandis que l'excédent de matière fut chassé vers l'espace. Pourtant, Jupiter aurait pu garder sa position et l'accrétion ne serait pas achevée ; Jupiter aurait aussi pu s'approcher plus près du Soleil, et chasser vers l'espace la totalité des planétésimaux et des protoplanètes telluriques.

Nous verrons que les ***systèmes où les géantes gazeuses sont proches de leur étoile sont fréquents dans la Voie lactée.***

(2) Des planètes de taille optimale

Les quatre planètes sont là et la Terre illustre probablement la « *planète optimale* » avec un diamètre de 12 742 km, un volume de 1 083.10^9 km^3 et une masse de 5,974.10^{21} tonnes. Grâce à ces caractéristiques, sa force gravitationnelle est de 9,807 m/s^2. Depuis la fin du dégazage massif de l'Hadéen (4 540 à 4 000 millions d'années), cette gravité a permis de retenir une enveloppe gazeuse autour de sa croûte rocheuse.

Vénus (12 104 km, 928.10^9 km^3 et 4,868.10^{21} tonnes) conserva son enveloppe atmosphérique ; à l'inverse, Mars (3 779 km, 163.10^9 km^3 et 0,641.10^{21} tonnes) laissa échapper son atmosphère et la majeure partie de ses océans.

(3) Une atmosphère assurant un effet de serre et une température optimale

Certes, la Terre est à 149,6.10^6 km du Soleil, une position proche du centre de la zone habitable. Mais l'irradiance solaire serait insuffisante à y maintenir une température compatible avec la vie ; en l'absence du mécanisme de l'effet de serre, cette température moyenne serait de -18,7 °C (41,3 °C sur Vénus et – 63 °C sur Mars).

La vie ne se maintient sur Terre que parce que, depuis l'Archéen, l'atmosphère fait obstacle au rayonnement terrestre (retour de l'énergie reçue vers l'espace) pour deux raisons :

➢ Ce rayonnement se réalise dans l'infrarouge et l'atmosphère contient des gaz opaques à celui-ci, les gaz à effet de serre dont les principaux sont la vapeur d'eau et le dioxyde de carbone.

➢ Au début de l'Archéen, l'atmosphère contenait 30 % de vapeur d'eau et 65 % de dioxyde de carbone, l'effet de serre était intense, mais l'occurrence des plantes vertes et de la photosynthèse consomma le CO_2, réduit à 200 à 300 ppm, la température chuta et la vapeur d'eau se condensa dans les océans.

➢ Depuis 2 500 millions d'années, l'effet de serre moyen assure une température de 33,7 °C, ce qui, confronté au rôle de l'apport énergétique solaire, une température de -18,7 °C, maintient la température à 15 °C.

Mars était insuffisamment dense pour retenir une atmosphère, les températures calculées et mesurées sont de - 63 °C, l'effet de serre est presque nul. Inversement, sur Vénus, l'atmosphère restée riche en dioxyde de carbone impose encore un effet de serre de 421 °C et une température mesurée au sol de 462 °C.

(4) La présence d'eau liquide en grande quantité

Nous avons déjà analysé cette condition. Rappelons qu'il n'y a pas de vie sans eau ; dès la fin de l'Hadéen, les réactions chimiques qui ont conduit de la matière inanimée à la matière vivante se sont réalisées en présence d'eau et en consommant de l'eau. Depuis, toutes les phases de la vie, même continentales, se déroulent en présence d'eau : dans les cellules, dans les tissus, dans les organes, dans le liquide amniotique (reproduction). Une partie de la flore et de la faune vit encore dans le milieu aquatique, la vie continentale profite du cycle de l'eau qui alimente les nappes phréatiques, l'eau du sol et l'écoulement.

À l'origine, l'abondance de cette eau dépendit du dégazage du manteau et de l'écorce et/ou de l'apport extérieur lors du « *grand bombardement tardif* ». La Terre possédait les conditions (2) et (3) pour sa conservation, mais sur Mars, l'eau s'évapora et quitta la planète, ou elle fut congelée dans le sous-sol. Sur Vénus, elle fut vaporisée par un effet de serre excessif.

(5) La présence d'un « bouclier magnétique »

Toutes les étoiles chassent de l'énergie vers l'espace, car la fusion des atomes d'hydrogène en atomes d'hélium avec perte de matière produit de l'énergie et des particules chargées électriquement. Énergie et particules se dispersent autour de l'astre et le Soleil ne fait pas exception, le « vent solaire » colporte des ions et des électrons très dangereux pour les êtres vivants.

La seule parade est un champ magnétique qui détourne la trajectoire de ces corpuscules. Or, des quatre planètes telluriques de la zone habitable du Système Solaire, seule la Terre possède encore un champ magnétique. Le cœur des planètes, se refroidissant trop vite, se solidifie et l'effet dynamo du noyau ferreux liquide cesse de fonctionner.

(6) La présence d'une couche d'ozone

Elle protège la vie du rayonnement le plus néfaste, celui des ultraviolets. Mais cette couche est ambiguë car l'ozone (O_3) de la haute atmosphère provient de la combinaison d'une molécule de dioxygène (O_2) et d'un atome d'oxygène (O). Or, l'oxygène atmosphérique était rare lors du dégazage, il était combiné au carbone (CO_2) et à l'hydrogène (H_2O).

C'est au cours de l'Archéen que l'apparition des plantes photosynthétiques accumula du dioxygène dans l'atmosphère aux dépens du dioxyde de carbone. C'est pour cette raison que l'ozone, en quantité suffisante sur la Terre, est rarissime sur Vénus (ce qui suscite un questionnement) et absent sur Mars.

Globalement, la vie dans le Système Solaire, telle qu'elle est sur Terre, impose une grande stabilité des planètes telluriques candidates, la présence d'une planète gazeuse géante protectrice (Jupiter), une masse capable de retenir une atmosphère composée des gaz à effet de serre en quantité modérée, une eau liquide en abondance (indispensable à l'enchaînement des réactions chimiques organiques) et surtout un champ magnétique (il dévie le « vent solaire ») et une couche d'ozone (elle absorbe les ultraviolets).

➢ ***Or, l'ozone est issu de la décomposition de l'oxygène, lequel provient de la décomposition du dioxyde primordial par une vie végétale déjà très évoluée.*** À l'origine, la vie se passa d'oxygène, vie anaérobie, et elle puisa son énergie dans les dorsales océaniques, afin de produire de la matière vivante, de se nourrir et de se reproduire.

➢ ***Mais il s'agissait d'une vie très primitive et unicellulaire*** confinée dans les océans, à une profondeur telle que le « vent solaire » et les ultraviolets sont absorbés. Des fossiles de cette forme de vie sont recherchés sur Mars, et on en a modélisé la « possibilité » de cette occurrence de la vie (à ne pas confondre avec la « probabilité ») sur quelques satellites « telluriques » des géantes gazeuses.

La vie dans des océans mantéliques

La « *zone habitable étendue* » s'étend dans la ceinture des astéroïdes jusqu'à l'orbite de Cérès, située à 414,1 millions de kilomètres du Soleil ; son diamètre de 974 km et sa masse estimée à $9,46.10^{17}$ tonnes en font une planète naine à la surface de laquelle règne une température moyenne de -106 °C. La gravité n'est que de 0,27 m/s^2, soit 36 fois inférieure à celle de la Terre, et 14 fois moins que celle de Mars. Toutefois, le 22 janvier 2014, se fondant sur des observations effectuées à l'aide du télescope spatial Herschel, l'Agence spatiale européenne pense avoir détecté un voile atmosphérique mince constitué de vapeur d'eau en surfusion du fait de la faible pression atmosphérique.

L'océan mantélique de Cérès

Quoi qu'il en soit, la vie est impossible en surface du fait d'un gel constant et très prononcé (la plus forte température mesurée est de -38 °C). Au-delà de Cérès, les températures reculent à -163 °C au voisinage de Jupiter, à -192 °C près de Saturne et à -220 °C près d'Uranus et de Neptune.

Mais revenons à Cérès : suite aux analyses qu'il effectua avec l'aide du télescope spatial Herschel, en 2014, Peter Thomas de l'Université Cornell (État de New York) estime que cet astre est constitué d'un noyau rocheux entouré d'un manteau épais de près de 100 km, contenant 200 000 000 km^3 d'eau à l'état solide. Puis des « *geysers* » ont été observés à la surface, ce qui soulève la question d'une présence d'eau à l'état liquide en profondeur (température > 0 °C). Pour son origine, on évoque deux hypothèses : soit un effet de marée quand la planète est proche de Jupiter, soit une activité volcanique profonde (ce qui semble peu probable du fait de la faible taille de cet astre qui a eu tout le temps de se refroidir).

Mais il n'en fallait pas plus pour envisager que sous cette masse de glace existe un « océan » d'eau liquide du fait d'une concentration en sels dissous (jouant le rôle d'antigel) dont de l'ammoniaque. ***D'un point de vue chimique, le passage des molécules minérales à des molécules organiques (comme sur la Terre à la fin de l'Hadéen) pouvait avoir été possible***. Mais il faut alors trouver d'où provient l'énergie nécessaire à cette apparition de la vie, puis à son entretien (nutrition et reproduction).

L'origine de l'énergie

Sur la Terre elle-même, la « *soupe d'Oparine* » n'a pas créé la vie par une interaction entre l'océan et l'énergie solaire, car l'interface atmosphérique, dont l'absence de couche d'ozone, était impropre à la vie. La réponse retenue est une chimiosynthèse à proximité des sources hydrothermales au sein des dorsales océaniques, par ailleurs en formation.

On évoque alors une « *chimiotrophie* » ou « *chimiosynthèse* » : des molécules contenant du carbone (on en trouve partout dans la Voie lactée), par exemple, du dioxyde de carbone CO_2 et du méthane CH_4, sont converties en matières organiques en utilisant une autre source d'énergie que le rayonnement solaire. En effet, dissoutes dans l'eau, les molécules carbonées sont en contact avec des molécules minérales riches en hydrogène (dont l'eau, l'hydrogène sulfuré H_2S et l'ammoniac CH_3, dégazés par le volcanisme sous-marin).

Dans les grands fonds océaniques, on connaît des bactéries qui vivent sans oxygène : les « *Pseudomonadota* » qui consomment le soufre, les « *Archaea* » qui consomment de l'hydrogène et rejettent du méthane, et les bactéries neutrophiles qui oxydent le fer. Mais elles appartiennent à des chaînes trophiques et la question posée est de trouver la source d'énergie qui provoqua les premières réactions. La « *chimiosynthèse* » existe près des sources chaudes, et, dans les milieux aphotiques des abysses, elle remplace la photosynthèse dans la production de matière vivante. Les « *cheminées hydrothermales* » sont situées sur l'axe des dorsales océaniques et des zones de subduction des arcs insulaires ; elles sont donc liées à la tectonique des plaques. En 1977, les géologues américains Jack Corliss (né en 1936) et Tjeerd van Andel (1923-2010) en ont observé sur la dorsale des Galápagos.

Depuis, on a démontré que l'eau de mer, infiltrée dans des fissures et portée à 1 200 °C par le magma, remonte chargée en sels minéraux, dont le méthane et le sulfure d'hydrogène. Elle construit des cheminées, sièges d'une « production organique primaire » assurée par des bactéries dites « *chimiosynthétiques* ». Aujourd'hui, elles servent de fourrage à une vie sous-marine luxuriante constituée de vers de crustacés, voire de poissons (mais les êtres complexes sont des espèces pélagiques, venues s'adapter aux grands fonds). Le processus de base, la conversion de molécules inertes en vésicules vivantes, aurait engendré les premiers « *procaryotes* » dès l'Hadéen.

Mais nous savons que la vie ne dépassa pas ce niveau jusqu'à l'apparition des « cyanobactéries » et de la photosynthèse.

Les satellites des géantes gazeuses

L'univers regorge de méthane, et la chimiosynthèse pourrait être apparue sous la glace de quelques lunes des planètes géantes, du fait de la persistance d'un noyau et d'un manteau chaud, et des forces de marées engendrées par la proximité d'une planète géante, même si elle est gazeuse…

	Jupiter	Saturne	Uranus	Neptune	
Gravité	24,8	10,4	8,9	11,15	m /s^2

… notamment près de Jupiter.

➢ ***Europe*** (lune de Jupiter, 6 244 km de diamètre avec une masse de 48.10^{18} t). Elle se compose d'un noyau de fer et de nickel, d'un manteau de silicates et d'une croûte de glace à -183 °C. La croûte glaciaire ne serait qu'une banquise épaisse de 10 à 30 km au-dessus d'un « océan sous-glaciaire » de « 100 km de profondeur », contenant 3 000 millions de km^3 d'eau : l'hydrosphère d'Europe serait une couronne aqueuse, liquide à sa base et solide en surface (ces estimations relèvent de modèles mathématiques, d'ailleurs fiables). La surface de la banquise est fracturée par effet de marée et laisse échapper des « geysers ». Enfin, le noyau pourrait être encore actif avec constitution des cheminées hydrothermales, source d'une possible chimiosynthèse. Un des objectifs des prochaines missions vers les planètes externes serait ***l'analyse des « geysers » afin d'y rechercher des formes de vie procaryote*** (au mieux).

➢ ***Encelade*** (lune de Saturne, 108.10^{12} t et 594 km de diamètre) possède un noyau rocheux recouvert d'un manteau aqueux, et les marées de Saturne échaufferaient ce noyau provoquant la fonte de la base du manteau aqueux. Selon les estimations mathématiques, Encelade possèderait un « océan sous-glaciaire » dont la température serait > 0 °C du fait des marées. En effet, la sonde Cassini a observé une banquise fracturée et de nombreux geysers. Les analyses spectrales ont détecté des ***molécules organiques, ingrédients d'une vie procaryote potentiellement possible à la sortie de sources hydrothermales***.

➢ ***Titan*** (lune de Saturne, $134{,}5.10^{15}$ t et diamètre de 5 151 km) possède un noyau riche en silice, en sulfure de fer FeS et en oxyde de fer Fe_3O_3 enveloppé par un manteau de glace dont 50 % seraient à l'état liquide. Les analyses spectrales ont trouvé de l'ammoniac (NH_3) et des clathrates de méthane (CH_4) et d'éthane (C_2H_6), en solution dans la banquise. D'autre part, l'atmosphère de Titan est composée de 98,4 % d'azote N^2 et d'1,6 % d'hydrocarbures, de cyanoacétylène C_3HN, du cyanure d'hydrogène HCN et de dioxyde de carbone CO_2. La température de surface est en moyenne de -179 °C, ce qui exclut toute vie aérienne, ***mais les ingrédients cités peuvent***

être dissous dans l'océan souterrain, et source d'une vie procaryote en présence de cheminées hydrothermales.

Cela fait beaucoup de « si », mais l'hypothèse est séduisante (en tout cas, plus que sur Cérès) ; on pourrait l'étendre à *Titania* et à *Obéron*, deux lunes d'Uranus sur lesquelles la présence d'un manteau aqueux est probable ; il serait gelé en surface mais peut-être liquide en profondeur et riche en ammoniaque et autres sels organiques… !

Ces constatations ont un double objectif. D'abord, ailleurs dans la Voie lactée, la probabilité de découvrir une planète tellurique glacée, munie d'un océan liquide sous une banquise, est beaucoup plus élevée que de trouver une planète couverte d'eau, avec une atmosphère entretenant un effet de serre convenable. Ensuite, si la vie existe ailleurs, ***il est plus probable que, suite à ce que nous venons d'écrire, elle soit plus proche du stade des procaryotes que d'un astre peuplé des 8 milliards d'*****Homo Sapiens**.

La vie extraterrestre

Il ne s'agit plus d'échafauder des théories philosophiques concernant l'existence d'une vie extraterrestre, mais de détecter des formes de vie en dehors du Système Solaire pour lequel nous retiendrons qu'une vie primitive, probablement procaryote, a eu la possibilité d'apparaître sur Mars, sur Vénus et sur la Terre il y a un peu moins de 4 000 millions d'années.

Mais les conditions à l'épanouissement de la vie telle que nous la connaissons aujourd'hui ne sont, à ce jour, observables que sur notre planète : « *un astre assez dense, situé à une distance optimale du Soleil, capable de retenir une hydrosphère et une atmosphère dans un contexte thermique compatible avec une vie aérobie protégée par un champ magnétique, une couche d'ozone et une planète géante* ». La vie dans les océans sous-glaciaires de Cérès, d'Encelade, d'Europe et de Titan relève de la spéculation scientifique, il est vrai, appuyée sur une modélisation mathématique fiable.

La question reste : « *Quelle est la probabilité que la vie extraterrestre existe ?* ». Nous préférons la libeller différemment : « *Quelle est la probabilité pour que les conditions d'habitabilité définies sur la Terre se retrouvent ailleurs ? Et la vie y existe-t-elle ?* ».

Rappelons que nous avons déjà admis que notre galaxie compterait une moyenne de 300 milliards d'étoiles ; même si on ne retient que les « *naines jaunes* », il reste 30 milliards de systèmes planétaires où une vie « semblable à celle de la Terre » serait potentiellement réalisable. Si ces « systèmes planétaires » ressemblent au Système Solaire (nous verrons que c'est très improbable) et en retenant la même répartition des planètes, il resterait 240 milliards de planètes, dont ***120 milliards de planètes telluriques habitables dans la Voie lactée***.

Mais un calcul discriminatoire permet d'isoler les planètes similaires à la Terre. À partir des étoiles et des exoplanètes que le télescope en orbite Kepler était en mesure d'observer, un échantillon de 4 100 exoplanètes répondant aux caractéristiques terrestres (contraintes d'une magnétosphère, d'une hydrosphère H_2O liquide, d'une atmosphère riche en dioxygène O_2 avec « juste ce qu'il faut » de dioxyde de carbone CO_2 pour assurer un effet de serre raisonnable et enfin une couche d'ozone O_3) a été sélectionné.

Des algorithmes ont projeté l'échantillonnage à l'ensemble de la Galaxie, et, selon l'astrophysicienne Michelle Kunimoto (Columbia University), la probabilité de l'existence de planètes semblables à la Terre est comprise entre 0,02 et 1, avec une probabilité moyenne de 0,18 planète potentiellement habitable par une « *naine jaune* ». ***Cela réduit à environ 220 millions le nombre de planètes potentiellement habitables***.

Parmi elles, combien sont réellement habitées ? C'est là que les choses se compliquent, car il faut aussi définir de quelle forme de vie il est question. L'estimation de 1961 n'a retenu que la « *probabilité de découvrir d'autres civilisations intelligentes dans la Voie lactée* » (on estima qu'il en aurait 36, dont la Terre). Le calcul avait écarté les formes de vie primitives, bien antérieures aux civilisations et dont l'existence fut considérablement plus durable que celle de ces dernières. Humbles procaryotes et eucaryotes, on les avait oubliés.

En effet, au XXe siècle, la recherche de la vie extraterrestre se concentra sur celle de « *civilisations extraterrestres* » semblables à la nôtre.

Les hypothèses scientifiques

Il s'agit de réflexions émises au XXe siècle par des savants de renom et au-dessus de tout soupçon.

Enrico Fermi (1901-1954) n'était pas un astrophysicien, mais un scientifique italo-américain connu pour avoir participé au « *projet Manhattan* » en compagnie de Robert Oppenheimer (1904-1967), et élaboré le premier réacteur nucléaire (appelé pile atomique) fonctionnant par fission nucléaire en décembre 1942. Mais il est également connu pour avoir soulevé le « *paradoxe* » qui porte son nom en 1950 : « *S'il y avait des civilisations extraterrestres, leurs représentants devraient être déjà chez nous. Où sont-ils donc ?* ».

L'astronome américain *Frank Drake* (1930-2022) donna une sorte de réponse au paradoxe de Fermi, par une « *équation restée célèbre* », destinée à estimer le nombre potentiel de civilisations extraterrestres dans notre galaxie, à partir de sept paramètres. Le nombre N probable de ces civilisations serait fourni par le produit de ces paramètres ; c'est le calcul effectué depuis qui donne « *36 civilisations intelligentes* ».

Le paradoxe de Fermi

En 1950, au cours d'un repas au Centre de Los Alamos, *Enrico Fermi* et trois de ses collègues, tous physiciens nucléaires, *Edward Teller* (1908-2003, père de la « *bombe à hydrogène* »), *Emil Konopinski* (1911-1990 et collaborateur de Fermi dans la réalisation du « *premier réacteur nucléaire* ») et *Herbert York* (1921-2009, il participe alors au « *projet Manhattan* ») en vinrent à discuter de la probabilité d'une vie extraterrestre. C'est au cours de cette discussion que Fermi émit son hypothèse qui fit le tour du monde.

Il est vrai que des « *soucoupes volantes* » et des « *petits hommes verts* » avaient attiré, en ces lieux, l'attention d'une presse pas toujours bien intentionnée.

Origine et exposé du paradoxe

« *Paradoxe* » vient du grec « *para* » = à côté, et de « *doksa* » = opinion ; un paradoxe est donc « *une proposition qui défie le sens commun* ». C'est ainsi qu'au cours de ses échanges avec ces collègues, durant l'été 1950, Enrico Fermi leur demanda : « *S'il y avait des civilisations extraterrestres, leurs représentants devraient être déjà chez nous. Où sont-ils donc ?* ». Cette formulation était paradoxale car elle allait à l'encontre d'une humanité unique, créée par Dieu pour les uns, ou issue d'une évolution terrestre, pour les autres.

En effet, le Soleil n'est âgé que de 4 600 millions d'années alors que la Voie lactée est âgée de 13 600 millions d'années. Logiquement, des civilisations plus avancées que la nôtre (en 1951) auraient dû apparaître dans les systèmes planétaires plus anciens que le nôtre, ils auraient dû laisser des traces repérables de leur activité, principalement des ondes radio : fréquences comprises entre 300 et 300 000 MHz.

Fermi mourut prématurément en 1954 ; depuis, des astrophysiciens se sont penchés sur les termes de ce paradoxe. En 1966, le vulgarisateur scientifique *Carl Sagan* (1934-1996) retrouva ce même questionnement chez le Soviétique *Constantin Tsiolkovski* (1857-1935) ; et ces mêmes questions avaient occupé l'esprit de beaucoup d'autres, dont l'astrophysicien contemporain, *Michael H. Hart* (né en 1932). Mais Sagan donna le nom de Fermi à ce paradoxe qui peut se développer ainsi :

➢ La vie existe ailleurs dans la Voie lactée, mais elle n'a pas atteint un degré d'évolution comparable à celui de la Terre ; nous serions la forme de vie la plus évoluée. Elle peut aussi exister en des lieux qui la rendent difficilement détectable : par exemple, une vie primitive existerait autour des sources hydrothermales dans des océans protégés par une couche de glace (quelques lunes de Jupiter et Saturne).

➢ La vie existe sur des planètes extraterrestres semblables à la Terre, mais la probabilité d'y rencontrer une civilisation technologiquement avancée serait infinitésimale et la probabilité pour qu'un « *univers* » de la taille de la Voie lactée possède une civilisation intelligente est de 1. Mathématiquement pour une probabilité de 2, les chances sont infiniment faibles.

➢ Toutefois, si des civilisations extraterrestres existent, du fait des distances énormes mesurées en années-lumière, la durée des voyages interstellaires, voire des communications radio, dépasserait la durée de vie des civilisations (environ 10 000 ans).

➢ Enfin, les extraterrestres existent et nous rendent visite, mais leur présence serait indétectable, soit parce que nos moyens techniques ne le permettent pas, soit parce que ces civilisations ne souhaitent pas nous rencontrer.

À y regarder de près, il s'agit plutôt d'un « *raisonnement anthropocentrique* » où se mêlent la philosophie, la pensée religieuse (incontournable aux États-Unis) et un « soupçon » de science-fiction. En effet, le paradoxe suggère que les civilisations extraterrestres seraient le fait d'êtres identiques au modèle terrestre : une société d'*Homo Sapiens*. C'est une affirmation indémontrable dans le cadre des connaissances actuelles, et nous en resterons là en n'évoquant qu'une vie intelligente.

Extension et critique du paradoxe

L'hypothèse est celle d'une « ***civilisation décidée à conquérir la Galaxie*** » ; pour cela, elle devrait :

- posséder les moyens techniques nécessaires à ce projet ;
- maîtriser les voyages interstellaires, même à une vitesse inférieure à celle de la lumière ;
- avoir la capacité de « *coloniser une nouvelle planète pour en faire une nouvelle base de départ* ».

En effet, de tels projets s'étendraient sur une durée extrêmement longue, seulement réalisable par bonds successifs effectués par des générations successives, car le rayon de la Voie lactée est estimé à 52 850 années-lumière, une distance énorme, car même les photons mettent près de 60 000 ans à la parcourir.

Carl Sagan et le concept émis par Fermi

Selon Sagan, Fermi aurait eu le temps de construire un « *modèle de coin de table* » (approximatif).

- Il estimait la vitesse moyenne des véhicules spatiaux de cette civilisation à 1 % de la célérité de la lumière, soit 3 000 km/s (10 800 000 km/h), ce qui reste une vitesse considérable. La sonde solaire Parker lancée par la NASA, le 12 août 2018, se déplace à 692 000 km/h, soit à une vitesse 16 fois plus faible. La technologie actuelle serait loin d'assurer le déplacement d'une « colonie » vers un autre système planétaire.
- À la vitesse proposée par Sagan (et Fermi ?), la Galaxie serait colonisée en quelques millions d'années. Du fait de l'âge de la Voie lactée (13 600 millions d'années) et du temps écoulé pour que la vie terrestre évolue jusqu'à la civilisation actuelle (3 800 millions d'années), ***c'est une durée relativement brève***,

et, comme le suggérait Fermi, la Terre aurait dû être visitée au moins une fois.

L'hypothèse de l'astrophysicien Michael H. Hart

En 1975, l'astrophysicien Michael H. Hart (né en 1932) a repris cette hypothèse dans « An explanation for the absence of extraterrestrials on Earth » *(Quarterly Journal of the Royal Astronomical Society*, vol. 16, 1975, p. 128-135).

Il y admet qu'une civilisation technologiquement avancée a pu effectuer ce voyage interstellaire et migrer progressivement dans toute la Galaxie.

➢ Mais nous n'avons aucune preuve tangible de son arrivée sur la Terre. Les « *géoglyphes* » de Nazca, dans les Andes, ne sont pas un message vers les extraterrestres mais plus simplement des figures associées au chamanisme.

➢ *Homo Sapiens* dérive de la lignée humaine du genre « *Homo* », et sa civilisation est autochtone. Hart en conclut que si la Terre n'a pas été colonisée, c'est ***« qu'aucune civilisation extraterrestre n'existe et n'a existé »***.

Le « Grand filtre » de Robin Hanson, Adi Chopra et Charles Lineweaver

En 1996, l'économiste américain Robin Hanson (né en 1959) imagina un hypothétique processus qu'il nomma « *Grand filtre* », lequel bloquerait l'évolution des êtres vivants d'une planète quelconque à un moment ou à un autre.

À sa suite, en 2016, dans un article paru dans *Astrobiology* (une revue scientifique publiée par la NASA), deux astrobiologistes de l'Université nationale australienne, Adi Chopra et Charles Lineweaver, ont estimé que toute vie est vouée à disparaître en raison d'un réchauffement ou d'un refroidissement incontrôlable de sa planète, 1 000 ou 1 500 millions d'années après son apparition.

Adi Chopra a lui-même déclaré que « *l'univers doit être rempli de planètes habitables, que la Galaxie devrait regorger d'extraterrestres* »… « *mais la petite enfance est fragile, et elle évolue rarement assez vite pour survivre* »… « *Les premiers environnements planétaires sont instables… Pour produire une planète habitable, les formes de vie doivent réguler les gaz à effet de serre (eau et dioxyde de carbone) afin de maintenir les températures de surface stables* ». Cette remarque est fondamentale.

Dans le Système Solaire, ils évoquent la Terre, Vénus et Mars qui étaient peut-être toutes habitables il y a 4 000 millions d'années, mais « *Vénus s'est transformée en serre chaude et Mars s'est figée en glacière* ». *La vie terrestre dépassa l'ère du « Grand Filtre », mais semble être la seule planète dans le Système Solaire*, et, même si le processus s'est produit « ailleurs », il doit être exceptionnel.

Quant à la « *vie intelligente* », une étude de 2018 de l'Université nationale australienne suggère que « *la probabilité qu'il n'y ait pas d'autre vie intelligente dans l'univers observable est "substantielle"* (forme qui détermine l'essence de chaque être, selon Descartes) *et qu'il n'est donc pas surprenant que nous n'en détections aucun signe* ».

Le paradoxe de Fermi débouchait sur l'idée qu'il n'y avait peut-être pas d'autres formes de vie intelligente que sur la Terre (une hypothèse qui n'affecta pas les défenseurs des « *soucoupes volantes* »).

L'équation de Drake

Faute de témoignages directs des affirmations précédentes, on s'en était remis aux statistiques et aux modèles mathématiques. En 1961, l'astronome et astrophysicien américain Frank Drake (1930-2022) proposa une formulation mathématique destinée à établir combien de civilisations extraterrestres, situées dans la Voie lactée, seraient en mesure d'entrer en contact avec nous.

Cette formule est connue sous le nom « *d'équation de Drake* » dans laquelle « ***N*** » est le nombre probable de civilisations très évoluées de la Voie lactée. Son objet était de montrer qu'il était possible de construire un modèle mathématique concernant la probabilité d'une « *vie intelligente* » extraterrestre en se débarrassant d'explications de la vague médiatique envers les OVNI et de l'attrait pour la science-fiction (laquelle n'a de science que le nom). Les explications « *délirantes et métaphysiques* » étaient remplacées par des paramètres astronomiques ou probabilistes définis.

$N = R^* \times f_p \times n_e \times f_l \times f_i \times f_c \times L$		
R^*	Nombre annuel d'étoiles qui se forment dans la Voie lactée	***10***
f_p	Part des étoiles dotées de planètes	***0,5***
n_e	Nombre de planètes potentiellement propices à la vie par étoile	***2***
f_l	Part de ces planètes où la vie apparaît effectivement	***1***
f_i	Part de ces planètes où apparaît la vie intelligente	***0,01***
f_c	Part de ces planètes capables et désireuses de communiquer	***0,01***
L	Durée, en années, de la vie moyenne d'une civilisation	***10 000***

Document e.01 – L'équation de Drake et ses paramètres

En effet, si « $N > 1$ », nous ne sommes pas seuls. Mais selon les connaissances actuelles, « $N = 1$ » car ***nous ne pouvons affirmer que seule la Terre possède une « vie intelligente »***.

Les sept paramètres de Drake

Frank Drake estima donc qu'il fallait retenir sept paramètres qu'il jugea incontournables.

Le taux de formation « R^* » de nouvelles étoiles :

Cette valeur se calcule à partir du nombre de supernovas qui libèrent de l'hydrogène, un processus connu et observé.

À partir de ce nombre, Drake estima que 10 nouvelles étoiles naissaient chaque année, aussi $R^* = 10$.

La probabilité « f_p » que ces étoiles possèdent des planètes

Les calculs ont été effectués à l'Institut d'astrophysique de Paris, d'après les observations réalisées avec le télescope Kepler. On utilise « *l'effet grossissant* » produit par une étoile (ou un système stellaire) située entre l'observateur et l'étoile choisie. L'éclat de celle-ci est amplifié, ce qui permet de détecter un éventuel cortège de planètes. Ainsi, 17 % des étoiles abriteraient une géante gazeuse de la taille de Jupiter, et 62 % une planète tellurique dite « Super-Terre » de 5 à 10 fois la masse de la Terre (c'est la taille minimum observable).

On en déduit que la présence de planètes autour d'une étoile serait la règle. Drake avait été plus pessimiste, et la probabilité qu'il « calcula » était 0,5 ($f_p = 0,5$).

La probabilité « n_e » de planètes propices à la vie par étoile

Elle est plus incertaine. En 1961, Drake avait, un peu arbitrairement, retenu une probabilité $n_e = 2$; toutefois, par la suite, la communauté scientifique pensa que la valeur était plus élevée.

La probabilité « f_l » de l'apparition de la vie sur ces planètes.

Sur la Terre, la vie commença très tôt, pour se répandre partout. La planète s'est formée il y a 4 540 millions d'années environ, les premiers procaryotes sont apparus il y a 3 800 millions d'années, soit 740 millions d'années plus tard. On peut en déduire que la vie apparaît aisément et rapidement si les conditions sont réunies. Les exobiologistes s'appuient aussi sur l'existence de « *bactéries extrêmophiles* » près des effluences volcaniques et des sources hydrothermales abyssales ; ***l'espace habitable sur une planète est très large***.

La pierre d'achoppement reste l'hypothèse de l'apparition de la vie sur Mars (voire sur Vénus) en même temps qu'elle apparaissait sur la Terre, mais les fossiles font défaut, et tant qu'on n'aura pas découvert des formes incontestables de vie martienne fossile, et/ou tant que les analyses spectrales n'auront pas identifié une vie extraterrestre, on n'aura aucune certitude.

Dans la Voie lactée, les « Supernovas » constituent le principal ennemi de la vie, car cette explosion envoie des neutrons et des rayons X et γ. Si un système planétaire extraterrestre est dans le voisinage d'une telle étoile, *la vie y est impossibl*e ; à l'inverse, si les planètes appartiennent à des systèmes stables et éloignés des supernovas, *la probabilité* *pourra dépasser 1 assez largement.* Drake avait préconisé $f_l = 1$.

La part « f_i » de ces planètes où apparaît la vie intelligente et celle « f_c » de ces planètes capables et désireuses de communiquer restent arbitraires.

Drake leur donna la même probabilité de « $f_i = f_c = 0{,}01$ », mais on connaît mieux les facteurs permettant le calcul de cette probabilité :

➢ Un satellite, rare comme la Lune, serait favorable au maintien d'une magnétosphère, et stabiliserait l'axe de rotation de la planète. Cela aurait permis l'évolution de la vie sur la Terre, et son accélération « exponentielle » à partir du Cambrien. Une Lune serait donc « nécessaire » à l'explosion de la vie et l'occurrence d'une espèce du type *Homo Sapiens* avec occurrence d'une vie intelligente.

➢ À l'inverse, des évènements comme les glaciations précambriennes (Terre boule de neige) et les extinctions massives du Phanérozoïque suggèrent que la vie est et reste fragile (on en cherche la preuve sur Mars).

➢ Enfin, la tectonique des plaques joua un rôle fondamental dans les radiations évolutives des familles, des genres et espèces, dont deux évènements fondamentaux : la photosynthèse et l'explosion de la « lignée humaine ».

*Durée « **L** », en années, de la vie moyenne d'une civilisation.*

La définition est ambiguë : la civilisation chinoise dure depuis près de 4 000 ans, mais la civilisation grecque classique n'a duré qu'un siècle, la civilisation romaine a duré 1 220 ans environ, la civilisation européenne occidentale dure depuis 1 550 ans environ. Mais ces civilisations n'en font peut-être qu'une, car *la plus ancienne lègue ses connaissances aux plus récentes*, ce qui est le cas de la civilisation chinoise.

Auparavant, *Homo Sapiens* a taillé des lames de silex du même style pendant 100 000 ans au moins. Nos civilisations terriennes : Europe occidentale, Moyen-Orient, Monde indien, Chine, Asie du Sud-est, Mésoamérique, Andes, ont un point commun : ***elles ont inventé l'agriculture il y a 10 000 ans, pour ensuite progresser jusqu'à l'ère industrielle***.

Drake estima que faute d'un témoignage extraterrestre, la durée de vie « L » d'une civilisation serait, au moins, de ***10 000 ans***. Le document e.01 rend compte des paramètres définis par Frank Drake et leur valeur retenue en 1961…

$$N = 10 \times 0,5 \times 2 \times 1 \times 0,01 \times 0,01 \times 10\,000 = \mathbf{10}$$

… Au su et à la vue du nombre d'étoiles de la Voie lactée, le calcul donnait un « ***nombre très peu élevé*** ».

L'équation modifiée

Sagan et d'autres astrobiologistes ont modifié les valeurs. Le *taux de formation* « R^* » *de nouvelles étoiles a été relevé à 50* (**R^* = 50**), par Carl Sagan, en s'appuyant sur les découvertes réalisées depuis 1961. La probabilité **« fp »** que ces étoiles possèdent des planètes a été portée à « **f_p = 1,6** » par les calculs statistiques d'une équipe de l'Institut d'astrophysique de Paris ; il y a en moyenne 1,6 planète par étoile.

$N = R^* \times f_p \times n_e \times f_l \times f_i \times f_c \times L$		
R^*	Nombre annuel d'étoiles qui se forment dans la Voie lactée	***50***
f_p	Part des étoiles dotées de planètes	***1,6***
n_e	Nombre de planètes potentiellement propices à la vie par étoile	***1,35***
f_l	Part de ces planètes où la vie apparaît effectivement	***0,33***
f_i	Part de ces planètes où apparaît la vie intelligente	***0,01***
f_c	Part de ces planètes capables et désireuses de communiquer	***0,01***
L	Durée, en années, de la vie moyenne d'une civilisation	***10 000***

Document e.02 – L'équation de Drake modifiée

La *probabilité* « n_e » *de planètes propices à la vie par étoile a été modifiée* suite aux découvertes réalisées dans les années 2000.

➢ La découverte de nombreuses géantes gazeuses en orbite très proche de leur étoile modifia cette considération. ***Si cet exemple se généralisait, les planètes telluriques auraient été éjectées dans l'espace.***

➢ Cependant, cette observation n'est pas représentative, car, d'une part, les géantes gazeuses seront toujours découvertes en premier, et, d'autre part, les « *planètes telluriques de la taille de la Terre* » sont plus difficilement observables.

➢ Il faut aussi éliminer les planètes en orbite autour des très abondantes « *naines rouges* » dont le rayonnement est trop riche en « *rayons X* ».

… Faute d'une précision plus approfondie, la probabilité estimée par Drake est conservée : $\mathbf{n_e = 2}$.

La probabilité **«** $\mathbf{f_l}$ **»** de l'apparition de la vie sur ces planètes a été modifiée par le Centre australien d'astrobiologie qui avance une probabilité de **fl =0,33.**

➢ Toutefois, on a découvert que l'orbite du Système Solaire dans la Voie lactée est circulaire ; aussi, reste-t-il en dehors du bras de la Galaxie pendant des centaines de millions d'années, évitant les radiations des « supernovas », ce qui conduit l'estimation $\boldsymbol{1{,}3 < f_l < 1{,}4}$.

➢ La part **«** $\boldsymbol{f_i}$ **»** de ces planètes où apparaît la vie intelligente, et celle **«** $\mathbf{f_c}$ **»** de ces planètes capables et désireuses de communiquer restent arbitraires. Ce sont des « valeurs » difficiles à estimer.

➢ Carl Sagan estimait que ***le facteur déterminant était la capacité technologique d'une civilisation à éviter l'autodestruction***, ce qui n'est guère plus mesurable.

La probabilité de l'existence de systèmes planétaires avec une exposition aux radiations aussi basse que le Système solaire reste celle de Drake : $\mathbf{f_i = f_c, = 0{,}01}$.

La durée **« L »,** en années, de la vie moyenne d'une civilisation reste estimée à **10 000 ans**.

Avec ces nouvelles valeurs, l'équation de Drake modifiée devient…

$$N = 50 \times 1{,}6 \times 1{,}35 \times 0{,}33 \times 0{,}01 \times 0{,}01 \times 10\,000 = \mathbf{36}$$

… ce qui reste une valeur très faible face au nombre probable de « *naines jaunes* » (modèles de notre Soleil) dans la Galaxie ; ***la vie intelligente serait exceptionnelle***.

Les recherches astronomiques

Avant les calculs effectués par Enrico Fermi, Franck Drake, Carl Sagan, Robin Hanson, Michael H. Hart et bien d'autres, les astronomes avaient recherché les « preuves » d'une vie extraterrestre dans le Système Solaire à l'aide de lunettes et de télescopes.

Les outils de l'observation optique

L'observation de la voûte céleste fut effectuée à l'œil nu pendant des millénaires, mais à partir de 1609, Galilée (1564-1642) construisit deux lunettes à réfractions ou « lunettes astronomiques ».

Les lunettes astronomiques

La lunette de Galilée (toujours construite) comporte une lentille convergente (convexe) qui renvoie une « *image* » de l'objet observé (d'où son nom « *d'objectif* ») vers un point fixe ou « *foyer* ». Mais cette image est *renversée*. Une lentille divergente (concave), dont le foyer est placé sur le foyer de l'objectif, renvoie vers l'avant une « *image virtuelle* » de l'image inversée, et le système donne une « *image redressée* » et beaucoup plus grande. Aujourd'hui, la plupart des lunettes terrestres et astronomiques fonctionnent selon ce modèle, et il faut savoir que, d'une part, plus la distance entre les lentilles et leur foyer

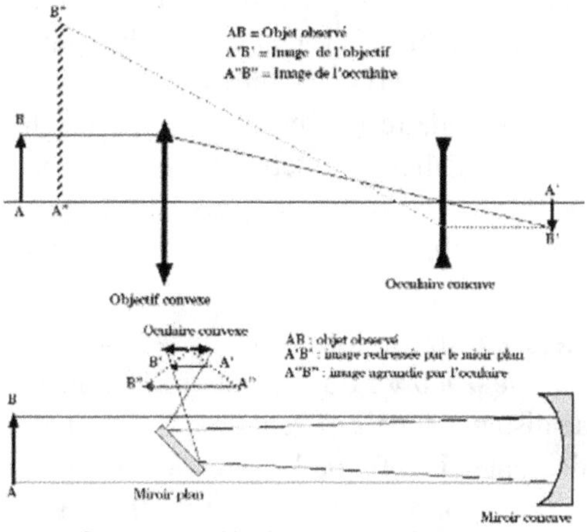

Document e.03 – Lunettes et télescopes

est « longue » (c'est la distance ou longueur focale), plus l'image virtuelle sera grande, et que, d'autre part, plus le diamètre de l'objectif sera élevé, plus il entrera de lumière et plus les images seront de qualité.

Du temps de Galilée, les matériaux étaient de qualité médiocre et les lentilles étaient de faible diamètre :

➢ La première lunette de Galilée était constituée d'une lentille biconvexe de 51 mm de diamètre et de 1 330 mm de distance focale. L'oculaire mesurait 26 mm de diamètre avec une distance focale de -94 mm (lentille divergente). Le grossissement était de 14 fois mais le champ visuel (zone totale dans laquelle la perception visuelle est possible) n'était que de 15' d'arc.

➢ La seconde lunette était munie d'un objectif plan convexe (une face de la lentille est plane) de 37 mm de diamètre et de 980 mm de distance focale. L'oculaire biconcave mesurait 22 mm de diamètre avec une distance focale de -47,5 mm. Le grossissement était porté à 21 fois avec un champ visuel qui restait de 15' d'arc.

Cet instrument ne laissait pénétrer que peu de lumière et ne permettait d'observer qu'une faible partie de l'espace. Pourtant, c'est grâce à eux que Galilée observa les anneaux de Jupiter. L'amélioration porta sur l'oculaire (devenu convexe), sur la multiplication des lentilles (meilleure netteté) et l'allongement de la distance focale afin d'accroître le grossissement et d'augmenter le diamètre de l'objectif pour augmenter le champ visuel.

La plus grande lunette construite fut « *la Grande lunette de l'Exposition universelle de 1900* » : objectif de 1 250 mm de diamètre et de 57 m de distance focale offrant un grossissement de 500 fois (elle fut démontée à la fin de l'exposition, mais les lentilles sont conservées à l'Observatoire de Paris). En 1887, l'Observatoire de Nice avait été muni d'une lunette à objectif de 760 mm de diamètre et de 17,9 m de distance focale, assurant un grossissement de 2 250 fois ; cette lunette est toujours en service.

Mais ces immenses instruments étaient d'un maniement difficile et ils ont été remplacés par les télescopes à miroir.

Les télescopes à miroir

Le principe reste le même, agrandir l'image virtuelle d'un objectif, mais celui-ci est remplacé par un miroir concave (plus léger et de plus grand diamètre qu'une lentille en verre) dont l'image virtuelle du foyer est agrandie par un oculaire optique. En 1666, Isaac Newton (1642-1727) utilisa un miroir concave en speculum (alliage de cuivre et d'étain) de 64 mm de diamètre. Mais dès le XVIIIe siècle, le diamètre du miroir dépassait largement celui de l'objectif des lentilles astronomiques. En 1781, c'est grâce à un télescope du modèle de celui de Newton, à miroir en bronze poli de 1 220 mm de diamètre, que William Herschel (1738-1822) put observer la planète Uranus. Il laissait passer vingt fois plus de lumière que celui de Newton.

Dans le télescope de Newton, la lumière est réfléchie par un « miroir primaire » vers un « miroir plan », sur le côté de l'instrument qui la dirige vers l'oculaire. Au milieu du XIXe siècle, l'astronome américain Henry Draper (1837-1882) remplaça le miroir plan par un prisme à réflexion totale (augmentant la quantité de lumière entrante). La taille des télescopes s'accrut rapidement. En 1896, George Ellery Hale (1868-1938) installa un télescope muni d'un miroir de 1 500 mm à l'Observatoire du Mont Wilson. Cet instrument fut ensuite muni d'un réflecteur de 2 540 mm qu'Edwin Hubble (1889-1953) utilisa dans les années 1920. Enfin, au mont Palomar, au nord de San Diego en Californie, un instrument équipé d'un miroir de 5 080 mm de diamètre fut installé en 1949 et fut longtemps le plus puissant télescope.

Aujourd'hui, l'astronomie optique laisse place à la radioastronomie, mais des télescopes gigantesques sont encore en service :

- Les quatre « *Very Large Telescope* » de 8,2 m de diamètre, installés au Cerro Paranal, Andes du Chili, entre 1998 et 2005 ;
- Le « *Southern African Large Telescope* » de 9,5 m de diamètre installé à Sutherland, en Afrique du Sud, en 2005 ;

- Les deux télescopes « *Keck* » de 9,8 m de diamètre au Mauna Kea, îles Hawaï, mis en service en 1993 et 1996 ;
- Le « *Gran Telescopio Canarias* » des îles Canaries, au miroir de 10,4 m de diamètre est en service depuis 2005.

Ces instruments sont destinés à l'observation des galaxies lointaines, mais ils ont permis de « *percer les mystères* » de Mars, car on pouvait en observer directement la surface. Or, lunettes et télescopes, du fait des limites de leur fiabilité, ont induit le monde scientifique en erreur pendant un demi-siècle ; nous avons insisté sur cette aventure car nous ne sommes toujours pas à l'abri d'une telle infortune, même avec le matériel le plus sophistiqué.

L'habitabilité de Mars (1858-1909)

L'astronome et vulgarisateur français Camille Flammarion (1842-1925) avait écrit deux ouvrages : *La pluralité des mondes habités* (1862, à l'époque, le jeune Flammarion avait seulement 19 ans), et *La planète Mars et ses conditions d'habitabilité* (T.1 en 1892 et T.2 en 1909).

En effet le 7 mai 1858, le père jésuite Angelo Secchi (1818-1878), qui observait la surface de Mars à la lunette, remarqua que « *Syrtis Major Planum* » (un haut plateau volcanique de la planète Mars) « *semblait jouer le rôle de l'Atlantique, qui, sur Terre, sépare l'ancien continent du nouveau* » ; aussi lui donna-t-il le nom de « canal de l'Atlantique » (*canali atlantica*), mais sans l'arrière-pensée d'une origine « intelligente ».

Toutefois, il décrivit ensuite d'autres « *canali* » striant le globe martien. Angelo Secchi utilisait une lunette astronomique (un objectif et un oculaire) dont le diamètre laisse entrer moins de lumière qu'un télescope à miroir concave, ce qui peut favoriser les illusions d'optique.

Les « canaux de Schiaparelli »

En 1877, Giovanni Schiaparelli (1835-1910), directeur de l'Observatoire de Brera à Milan, observa Mars quand elle n'était qu'à 64 millions de kilomètres de la Terre (grande opposition de 1877). Grâce à une lunette de 22 centimètres de diamètre, il leva une carte sur laquelle dominaient des tracés géométriques cohérents auxquels il donna le nom de « *canali* », emprunté aux observations de Secchi. Or, si, en italien, un « *canali* » est un chenal naturel, sa traduction en français : « *canal* », en anglais : « *channel* » et en allemand : « *Kanal* » a une connotation anthropique. Si pour Schiaparelli les lignes noires des « *canali* » étaient naturelles, cette interprétation fut jugée humaine par d'autres astronomes.

Or en 1879, il « observa » que certains canaux se dédoublaient, l'hypothèse « *anthropique* » en fut renforcée. Mais c'est Camille Flammarion qui franchit le pas (Tome 1 de *La planète Mars et ses conditions d'habitabilité* en 1892). Il se convainquit que Mars abritait une « *civilisation intelligente* » et les canaux, trop droits pour être naturels, « *ne pouvaient être qu'un système d'irrigation à l'échelle planétaire* » (toutefois, Schiaparelli ne prit jamais parti).

Percival Lowell et la civilisation martienne

Percival Lowell (1855-1916) était un astronome amateur américain (chef d'entreprises textiles de son État). En 1893, après la lecture des ouvrages de Camille Flammarion, Lowell se décida à financer un véritable observatoire, sur le site de Flagstaff en Arizona ; il était achevé en 1894 avec deux lunettes astronomiques de 30 et 46 cm. L'astronome Andrew E. Douglass (1867-1962) confirma que des canaux traversaient les « zones sombres » de la planète, Lowel se convainquit que « *Mars était un Monde en proie à la dessiccation, empli d'âmes espérant désespérément survivre en drainant l'eau des calottes polaires vers les terres arides et desséchées* ». En 1900, Lowell avait référencé 400 canaux, composants d'un système d'irrigation destiné à lutter contre une sécheresse grandissante ; les taches « observées » aux intersections seraient des lacs ou des oasis *(sic)*. Cette vision convainquit les médias, et dans la *Guerre des mondes*, Herbert G. Wells (1866-1946) s'inspira des « *travaux* » de Lowell.

Cependant, au début du XXe siècle, la technologie des télescopes à miroir concave améliorait les observations ; or, ni l'Américain Edward Emerson Barnard (1857-1923) au mont Hamilton, ni Gaston Millochau (1866-1922) à l'Observatoire de Meudon ne sont parvenus à observer le moindre canal sur Mars. Dès 1894, l'astronome anglais Edward Walter Maunder (1851-1928) avait démontré qu'au-delà d'une certaine distance, des points et des traits discontinus pouvaient se confondre avec une ligne continue. Surtout, avec des instruments trop petits, la perte de luminosité entraînait une fatigue de l'œil.

En 1899, muni de la « *grande lunette de 81 cm* » de l'Observatoire de Meudon, l'astronome Eugène Antoniadi (1870-1944), ancien assistant de Camille Flammarion, se rendit compte *qu'il n'y avait pas de canaux sur Mars, mais des taches, des points et des zones déchiquetées qui formaient un canevas irrégulier de lignes sombres*. De son côté, Edward Barnard confirma ces résultats grâce à la lunette d'1 mètre de l'Observatoire de Yerkes (États-Unis). Pourtant, quand il décéda en 1916, Percival Lowell restait convaincu de l'existence de canaux martiens, associés à une vie intelligente. Earl Carl Slipher (1883-1964), directeur de l'Observatoire de Lowell à Flagstaff, avait réalisé 126 000 clichés de la planète Mars entre 1905 et 1964. Selon lui, ces images prouvaient l'existence de ces canaux martiens (à l'inverse de l'œil, l'objectif n'est pas influençable). ***La carte qu'il réalisa en 1950 était couverte d'un réseau de canaux et elle servit au cours de la mission Mariner 4 en 1964, puis de Mariner 9 en 1971*** *(sic)*.

Mais quand la sonde survola Mars en 1965, aucun canal ne fut observé ; il fallut attendre 1976, et la mission Viking qui se posa sur le sol martien, pour enfin admettre que Mars n'est qu'un vaste désert stérile. Mars ne possède qu'une seule structure capable d'évoquer un canal géant, il s'agit du canyon *Valles Marineris* que Schiaparelli avait cartographié sous le nom d'*Agathodaemon*.

Nous avons insisté sur cette accumulation d'observations erronées effectuées par des observateurs, pour certains, dignes de foi (même Lowell), afin de montrer que l'observation directe peut conduire à des erreurs, si le matériel est peu performant.

La radioastronomie du XXe siècle

Il était reconnu que dans le Système Solaire, la vie n'existait que sur Terre ; on rechercha alors les « preuves » d'une vie extraterrestre dans l'analyse des ondes électromagnétiques (récemment découvertes) reçues sur la fréquence des émissions terrestres, en provenance des « *quatre coins* » de la Galaxie.

Les précurseurs

L'idée était ancienne, et au début du XXe siècle, une partie de la communauté scientifique croyait encore à une vie intelligente sur Mars. Dès 1899, Nikola Tesla (1856-1943), un des pionniers de la production et de la distribution de l'énergie électrique, travaillait sur la possibilité de transporter cette énergie au moyen des ondes hertziennes.

Il construisit un émetteur et un récepteur radio ; or, ce dernier reçut des « *perturbations électromagnétiques inexplicables* » par le rayonnement solaire, par les aurores boréales, ou par les orages météorologiques : « (elles) *se produisaient périodiquement et évoquaient* »... « *des nombres et un ordre qui ne se rapportaient à aucune cause que je connaissais* »... « *Il y avait un dessein derrière ces signaux électriques* ».

Tesla fut toujours convaincu d'être entré en contact avec les Martiens *(sic)*, et des savants éminents furent eux aussi convaincus ; parmi eux, *Guglielmo Marconi* (1874-1937), un des inventeurs de la radiotélégraphie sans fil, et *William Thomson (Lord Kelvin)* (1824-1907), qui avait défini le zéro absolu (-273,15 °C) comme l'absence totale d'agitation thermique et de pression d'un gaz.

En 1924, Mars n'avait jamais été aussi près de la Terre, Earl Carl Slipher, directeur de l'Observatoire de Lowell, en profita pour multiplier les photographies des « canaux ». De son côté, l'astronome américain David Peck Todd (1865-1939), célèbre pour ses photographies du « transit de Vénus » de 1882, convainquit le gouvernement américain que pour recevoir d'éventuelles émissions radio en provenance de la planète rouge, il fallait éteindre toutes émissions radio aux États-Unis ; un « *jour national du silence radio* » fut institué, et, toutes les heures, les émetteurs américains restèrent muets pendant cinq minutes. Mais aucun message de retour ne fut reçu !

L'invention du radiotélescope

Un télescope optique n'est autre qu'un radiotélescope adapté aux propriétés de l'œil humain, c'est-à-dire percevoir le « *rayonnement visible* » :

	Longueur d'onde	Fréquence
Du violet	380-449 Nm ou 10^{-9} m	789-668 térahertz ou 10^{14} hertz
Au rouge	482-780. Nm ou 10^{-9} m	789-384 térahertz ou 10^{14} hertz

Un radiotélescope permet de « lire » les « *ondes radioélectriques* » ou « *ondes radio* » dont la fréquence est comprise entre 30 hertz (100 000 km de longueur d'onde) et 300 gigahertz ou 10^9 hertz (1 mm de longueur d'onde)

	Longueur	**Fréquence**	**Usage**
Grandes ondes	10 à 1 km	30 à 300 kHz	Radiodiffusion GO
Petites ondes	1 km à 100 m	300 kHz à 3 MHz	Radiodiffusion PO
Ondes courtes	100 m à 10 m	3 à 30 MHz	Radiodiffusion OC
VHF	10 m à 1 m	30 à 300 MHz	Radiodiffusion FM
UHF	1 m à 10 cm	300 MHz à 3 GHz	Télévision
SHF	10 à 1 cm	3 à 30 GHz	Radars, téléphone mobile
EHF	1 cm à 1 mm	30 à 300 GHz	Télécommunication

Document e.04 – Typologie des ondes radio

Selon la nature de ce qu'on cherche, il existe plusieurs types de radiotélescopes. Cette recherche est souvent sans rapport avec la vie extraterrestre ; par exemple, le suivi de l'activité solaire à Nançay (dans le Cher : France) ou celui des activités électromagnétiques naturelles dans la Galaxie et dans l'Univers. C'est par l'intermédiaire de la radioastronomie que les galaxies les plus lointaines ont été identifiées, ce qui explique qu'un radiotélescope soit construit en fonction des longueurs d'onde analysées. Le radiotélescope de Nançay travaille dans la bande des 10 à 90 MHz ou 30 à 3 m de longueur d'onde (les habitants de Nançay s'en trouvent privés de modulation de fréquence et de la téléphonie mobile).

Comme un télescope, un radiotélescope se compose d'une « *parabole réceptrice* » qui collecte les ondes radio et les concentre sur un « *collecteur sphérique* » (situé au foyer du récepteur), qui renvoie le faisceau vers un « *récepteur radio* » relié à une batterie d'ordinateurs destinés à analyser les informations (un radiotélescope fonctionne comme un radar). Sur un télescope, la longueur des ondes visibles est de l'ordre du milliardième de mètre, la « parabole » est donc un miroir poli, mais pour la réception des ondes radio, un « miroir en grillage métallique » (moins onéreux) est suffisant ; il suffit que le maillage soit inférieur à la longueur d'onde à analyser.

La qualité des informations reçues dépend du diamètre de la « *parabole réceptrice* » : il est de 35 m à Nançay et de 305 m à l'Observatoire d'Arecibo, à Porto Rico, où il s'agit d'une parabole complète. Mais techniquement, plus la parabole est grande, plus sa manipulation est délicate. On distingue ainsi trois modèles de radiotélescopes :

➢ Les « *radiotélescopes orientables* » : la parabole est montée sur un pivot (vertical) et un cardan (horizontal), l'instrument est orientable dans toutes les directions à la manière d'un radar. Mais le diamètre ne peut pas dépasser 100 m : ces radiotélescopes balaient l'ensemble de la sphère céleste mais les rayonnements très lointains restent imperceptibles.

➢ Les « *radiotélescopes fixes* » : à Arecibo, à Porto Rico, une « *demi-sphère réceptrice* » de 305 m de diamètre a été construite à l'intérieur d'une dépression naturelle. Cette demi-sphère est fixe, et c'est le « récepteur », suspendu sur le foyer, qui s'oriente vers la portion de l'espace à explorer. N'importe quelle région du ciel peut être observée à l'intérieur d'un cône d'environ 40 degrés.

➢ Les « *radiotélescopes à paraboles multiples* » : le « *Karl G. Jansky Very Large Array* » de San Augustin, au Nouveau-Mexique, est constitué d'une famille de 27 radiotélescopes orientables de 25 m de diamètre. Ces antennes se déplacent sur des voies ferrées disposées en « Y » aux branches de 21 km et au pied de 19 km.

Chacune des 27 « *paraboles réceptrices* » fonctionne en autonomie, mais les signaux reçus par les 27 « *récepteurs radio* » sont « combinés » par un ordinateur central ; l'image obtenue est à « *haute résolution* » et équivaut à celle d'une « *parabole réceptrice* » de 38 km de diamètre.

Toutefois, ces instruments n'ont souvent qu'un champ de réception d'une minute d'arc, ce qui peut suffire pour observer le Soleil, ou une galaxie lointaine, mais reste très insuffisant pour explorer la Voie lactée.

Le programme SETI depuis 1984

En URSS, en Europe et surtout aux États-Unis, les débats et les questionnements qui entouraient le « *paradoxe de Fermi* » en 1950, puis la « *solution de l'équation de Drake* » en 1961 ont conduit à l'accélération de la recherche astronomique : programmes de conquête de l'espace et d'exploration du Système Solaire, d'abord dirigé par l'ancien nazi naturalisé américain Werner von Braun (1912-1977), d'une part, et programmes d'écoute des « *signaux* » électromagnétiques venus de l'espace, d'autre part.

C'est dans ce contexte de Guerre froide que fut décidée la « *Search for Extra-Terrestrial Intelligence* » (Recherche d'intelligence extraterrestre) initiée par *Franck Drake* en 1960. Les progrès exponentiels réalisés en électronique (les transistors, puis les « puces ») et en informatique ont conduit à la réalisation de puissants récepteurs radio permettant d'explorer l'ensemble de la voûte céleste et de son spectre électromagnétique. Afin d'en collecter les données, la NASA créa le « ***Search for Extra-Terrestrial Intelligence*** », ou ***SETI*** en 1984.

➢ Toutefois, il faut toujours avoir à l'esprit que si ces ondes se déplacent à la vitesse de la lumière (300 000 km/s), l'unité de distance interplanétaire est l'année-lumière ou distance parcourue en un an par un rayon lumineux, soit $9{,}461.10^{12}$ km ou 9 461 milliards de kilomètres…

➢ … La plus proche exoplanète est *Proxima Centauri b*, en orbite autour de l'étoile Proxima, une « *naine rouge* » de la constellation du Centaure, située à 4,2 années-lumière, soit 39 736 milliards de kilomètres. La vitesse moyenne d'un avion de ligne est de 920 km/h ou 8 059 200 km/an, il lui faudrait cependant 4 930 514 ans pour atteindre *Proxima Centauri b*.

➢ À l'inverse, si on émet un message radiophonique vers cette planète, il sera entendu dans un peu plus de quatre ans ; on comprend mieux l'intérêt des radiotélescopes pour « *entrer en communication* » avec des exoplanètes.

Toutefois, si la Terre parvient à décrypter un message issu des confins de la Galaxie, ce sera un « *fossile radiophonique* ».

Écoutes et émissions du XXe siècle

Le programme SETI disposa d'un budget considérable, et les « *signaux radio susceptibles de constituer les signatures de civilisations extraterrestres* » furent analysés de façon systématique. Mais l'immense majorité des ondes reçues et décryptées depuis le début des années 1960 relève de rayonnements électromagnétiques naturels émis par les milliards d'étoiles, et, sur les bandes usuellement utilisées pour la télécommunication, il faut reconnaître que les résultats ont été décevants. Seuls deux « messages » ont été attribués à des civilisations extraterrestres.

« Little Green Men 1 » en 1968

Cette année-là, deux radioastronomes anglais, Antony Hewish (1924-2021) et Jocelyn Bell (née en 1943), découvrirent un signal radio stable et régulier qui évoquait celui qui serait émis par une civilisation extraterrestre. Il reçut le nom de code « ***LGM-1*** », pour « ***Little Green Men 1*** » (« *Petits Hommes Verts 1* »). Il n'y eut pas de publication officielle de la découverte, car une appropriation par les médias aurait nui à la suite de leurs travaux.

➢ En effet, les deux radioastronomes ont rapidement établi qu'il s'agissait de la découverte d'un processus physique inconnu : un « *pulsar* ». Ce phénomène, qui émet un rayonnement électromagnétique avec la régularité d'un phare, est une « *étoile à neutrons* ».

➢ On donne ce nom au résidu de l'effondrement gravitationnel du cœur des étoiles massives, dont ne subsistent que des « neutrons », quand le combustible de la fusion nucléaire est épuisé. Ces astres sont particulièrement compacts et tournent très rapidement autour de leur axe. Ils émettent alors un puissant rayonnement électromagnétique dans la direction de leur axe magnétique, ce qui produit un « *signal périodique* » tout à fait naturel.

Ce n'est qu'après avoir parfaitement identifié le processus qu'un article sur les pulsars parut dans la revue *Nature*, et sans mention notable à l'hypothèse extraterrestre. Toutefois, le code « LGM-1 » resta dans les mémoires.

Le signal Wow ! en 1977

Le 15 août 1977, l'astrophysicien Jerry R. Ehman (né en 1939) capta un puissant signal radio à l'aide du radiotélescope de l'Université d'État de l'Ohio, alors qu'il travaillait sur un projet SETI dans la longueur d'onde de 21 cm ou 10 kHz. Le signal dura 72 secondes, mais Ehman y « reconnut » la « *signature probable d'un signal interstellaire* ». Sur la bande de papier d'enregistrement, il entoura le passage correspondant au stylo rouge, et inscrivit « ***Wow !*** » (*Holà* en français) dans la marge.

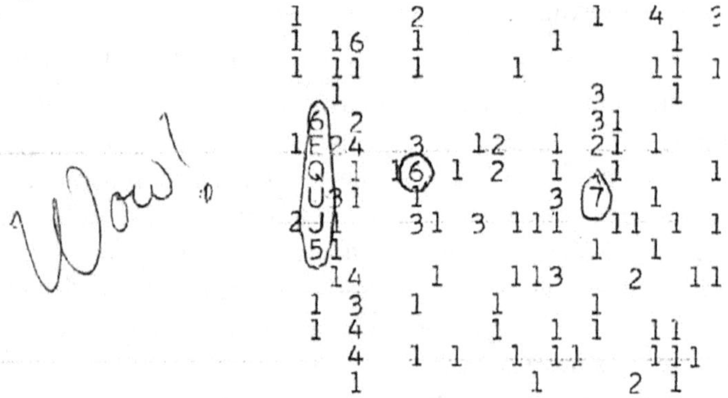

Document e.05 – Le signe « Wow ! » reçu le 15 août 1977

Ce signal provenait d'un « *lieu* » situé au nord-ouest de l'amas globulaire M55, de la constellation du Sagittaire. Ce qui avait surpris Jerry R. Ehman est qu'il avait été émis sur une bande étroite, 10 kHz seulement, ***or, jamais un phénomène naturel n'a émis sur un spectre aussi étroit***. Aussi, était-ce sur cette fréquence que la communauté scientifique s'attendait (et s'attend toujours) à trouver un « *signal issu d'une civilisation extraterrestre* » car la poussière interstellaire est transparente à cette longueur d'onde (21 cm ou 10 kHz).

➢ La longueur d'onde de 21 cm est la raie spectrale naturelle de l'hydrogène, élément le plus abondant dans l'Univers ; une société techniquement capable d'envoyer un message radio « *devrait* » utiliser cette bande.

➢ La durée répond aux contingences imposées par les instruments récepteurs (et non à l'émetteur). Du fait de la rotation de la Terre, le radiotélescope ne peut observer un point de l'espace que pendant 72 secondes ; à l'inverse, une interférence avec une émission terrestre pourrait avoir n'importe quelle durée.

Puis les médias s'en sont emparés ! Aussi en 2012, le radiotélescope d'Arecibo a envoyé un message sur la même fréquence dans la même direction. Cependant, si « *Wow !* » était réellement une fraction d'une émission extraterrestre, la probabilité de la réentendre est infinitésimale, car elle correspond à une part infiniment étroite de l'amas globulaire M55 balayé de façon très ponctuelle par le radiotélescope de l'Université d'État de l'Ohio.

La réalité est que ce signal « ***n'a plus jamais été détecté*** », on en ignore la nature et l'origine. On ne sait pas de quoi il s'agit, si ce n'est qu'il provient de l'amas globulaire M55. Près d'un demi-siècle après « *Wow !* », aucun autre « *message semblable* » n'a jamais été entendu, l'espace interstellaire est muet dans les fréquences de bandes radiophoniques (en dehors de celles émises sur Terre). Toutefois, les « optimistes » ont probablement raison de penser qu'*Homo Sapiens* n'a exploré que le Système Solaire, et pour ce qui est des écoutes radioastronomiques, elles ne sont effectuées à grande échelle que depuis le début des années 1960 ; un temps très court comparé à la durée de vie d'une civilisation.

Si on prend à la lettre le paradoxe de Fermi, « *aucune des civilisations de la Galaxie n'a atteint notre niveau technologique* », il est normal qu'on ne détecte aucune émission radio. Mais il se peut aussi que des « *civilisations soient technologiquement beaucoup plus avancées que nous* » ; dans ce cas, elles peuvent utiliser des techniques qui nous sont encore inconnues. En 1912, lors du naufrage du *Titanic*, la Télégraphie sans fil (TSF) se faisait surtout sur la bande des

« ondes courtes » (100 m à 10 m ou 3 à 30 MHz), un siècle plus tard, ces mêmes liaisons seraient « phoniques », en anglais, en SHF (10 à 1 cm ou 3 à 30 GHz) ou en EHF (1 cm à 1 mm ou 30 à 300 GHz), une technologie apparue seulement à la fin du XXe siècle.

En novembre 1974, la NASA a fait envoyer un message vers l'amas globulaire M13 depuis le radiotélescope d'Arecibo, à Porto Rico. Ce « site » est à 21 000 années-lumière de la Terre, mais quelle chance a-t-il d'être entendu ? Et quelle réponse attendre dans 42 000 ans ?

Les nouvelles probabilités

Revenons à l'équation de Drake modifiée...

N = 50 x 1,6 x 1,35 x 0,33 x 0,01 x 0,01 x 10 000 = **36**

... Il est possible que 36 civilisations au moins égales à la nôtre (dont celle de la Terre) peuplent la Galaxie. C'est effectivement très peu ; ce qui pourrait largement expliquer qu'on ne soit pas entrés en communication avec l'une d'elles à la suite de moins d'un siècle de recherches radioastronomiques.

Or, si on reprend l'historique de la vie sur Terre, de l'Archéen au Protérozoïque, entre -3 800.10^6 et $-0,540.10^6$ ans, la vie fut essentiellement unicellulaire ; or, il s'agit de 99,99 % de la durée connue de la vie sur notre planète. Par la suite, au Phanérozoïque (durée 540.10^6 ans), l'homme moderne, ou *Homo Sapiens*, n'apparaît qu'il y a $0,3.10^6$ ans, en Afrique. Mais il resta un chasseur-cueilleur jusqu'à la fin du Weschelien, il y a 11 000 ans ($0,011.10^6$ ans), soit 96 % de son existence. Enfin, sa sortie de l'attraction terrestre remonte à 1969, et le programme d'écoute SETI est né en 1984. En quelques mots, d'une part, la vie terrestre resta muette pendant près de 3 800.10^6 ans, et, d'autre part, nous ne sommes en mesure de communiquer avec le monde extraterrestre que depuis le début des années 1980.

Et si on se contentait de rechercher la vie primitive plutôt que la vie intelligente !

Possibilité d'une vie primitive extraterrestre

Probablement influencés par la vague médiatique « *polluée* » par les « *OVNI* » et autres « *soucoupes volantes* » des années 1950, tout se passa comme si la vie avait acquis le même niveau d'évolution partout dans la Voie lactée. Pourtant, il n'y a aucune raison pour qu'il en soit ainsi, notre Galaxie est vieille de 13 610 millions d'années, les plus anciennes étoiles ont parfois cet âge canonique. Le Soleil n'est vieux que de 4 603 millions d'années, il est donc 3 fois plus jeune que la Voie lactée. Nous pouvons donc « déclarer » que des systèmes planétaires en orbite autour de naines jaunes aujourd'hui éteintes ont pu naître, vivre et disparaître.

Grâce à la possibilité d'étudier la Galaxie à partir de télescopes en orbite et de puissants radiotélescopes, au début du XXIe siècle, il a été démontré que la Voie lactée tournerait autour d'un trou noir. Celui-ci constituerait son « *centre galactique* », il serait aussi le centre d'un « *bulbe galactique* », quasi sphérique de 10 000 années-lumière de diamètre. Or, il contiendrait un nombre élevé de vieilles étoiles (environ 13 200 à 13 500 millions d'années) nées peu après notre Galaxie. À l'extérieur de ce bulbe, la Galaxie s'organise en « *six bras en spirale* », en rotation autour du « *centre galactique* » avec une période de 26 millions d'années, constituant un « *disque galactique* » de 105 700 années-lumière de diamètre autour du « *bulbe galactique* ».

La plupart des étoiles se forment dans ce disque, et les plus nombreuses se tiennent à 100 000 années-lumière du centre de la Galaxie (le Soleil s'en tient à 25 000 années-lumière). La durée de vie d'une naine jaune est estimée à 10 000 millions d'années ; parmi elles, les plus anciennes ont disparu, et les formes de vie que leurs planètes telluriques auraient pu abriter, également. À l'inverse, des étoiles en formation sont encore entourées d'un « *disque protoplanétaire* » constitué de gaz et de poussières dont l'accrétion donnera un système de planètes telluriques et gazeuses, de comètes, d'astéroïdes et autres corps célestes en orbites.

Si la vie y existe, la probabilité qu'elle ait atteint le niveau d'une civilisation semblable à la nôtre (des « *petits hommes verts* » ou bleus ou rouges ! mais *intelligents*) est infime : 10 selon les calculs de Drake, 36 selon Sagan, qui présida à la révision des paramètres de son équation. Mais si une des planètes telluriques, après s'être refroidie (700 à 900 millions d'années après la formation de l'étoile), possède une hydrosphère, une atmosphère et des molécules organiques, la vie a pu y apparaître (une expérience qui, il est vrai, a pu être sans suite, comme on le subodore sur Mars, voire sur Vénus).

Ce sont ces formes primitives qui devraient être recherchées.

Les marqueurs biologiques d'une vie extraterrestre

Parfois, l'étude même de la Terre permet de définir un protocole de détection de la vie sur des planètes extraterrestres. Longtemps, on a cru en l'émission d'ondes radio, mais il faut bien avouer que le programme SETI a grandement échoué. Cependant, il existe d'autres moyens de détecter la vie à distance ; pour cela, rappelons-nous que sur Terre, la vie est née dans l'eau, qu'elle y a végété pendant plus de deux milliards d'années, et puis, il y a eu le « *miracle de la photosynthèse* ».

Or, si Lowell (et non Schiaparelli) avait été un Martien qui observait la Terre, il aurait vu que 70 % de la planète était couverts d'eau, et qu'elle disposait d'une atmosphère épaisse, blanche, vue de l'espace du fait des nuages. Au travers des « *éclaircies* », une lunette astronomique aurait détecté les étendues vertes des couvertures forestières et herbacées. Aujourd'hui, on dispose de moyens bien plus sophistiqués qu'au temps de Schiaparelli et de Lowell. Les radiotélescopes ne servent pas qu'à l'écoute d'hypothétiques émissions de radio, ils permettent surtout d'analyser et de déterminer la composition d'un astre lointain en décomposant les ondes électromagnétiques qu'il envoie.

Dès 1672, Isaac Newton (1642-1727) analysa la lumière du Soleil et parvint à en dissocier les principaux rayonnements. Au milieu du XIXe siècle, Robert Bunsen (1811-1899) et Gustav Kirchhoff (1824-1887) ont mis au point le spectroscope ; après avoir traversé un ensemble de prismes, la lumière est décomposée dessinant ce qu'on appelle son « *spectre* ». Mais le spectre varie suivant l'origine de cette lumière, il rend compte des « *molécules* » traversées par le rayonnement visible, et chaque corps transparent possède son propre pouvoir de transmettre ou de retenir un rayonnement dominant. L'eau retient toutes les couleurs sauf le bleu.

Le spectroscope permet donc de repérer les composants d'une atmosphère lointaine. Depuis Bunsen et Kirchhoff, les outils se sont diversifiés ; mieux, on peut mesurer la part d'une molécule dans une atmosphère grâce au « *spectromètre* » (qui analyse aussi les rayonnements invisibles). Ainsi, on a pu déterminer la nature des atmosphères de Mars, de Vénus, des géantes gazeuses et de leurs lunes. On peut aussi détailler la composition de leurs hydrosphères. Si notre improbable Martien braquait ses spectroscopes et ses spectromètres, il serait étonné par la nature « surnaturelle » de la composition de l'atmosphère terrestre.

Le *dioxygène* O_2 est le gaz dominant dans l'atmosphère terrestre. Le *méthane* CH_4 y est abondant mais les seules réactions entre l'eau et la roche ou l'activité volcanique n'expliquent pas cette abondance. L'*ozone* O_3 est présent dans la stratosphère de la Terre. À l'inverse, le *dioxyde de carbone* CO_2, si abondant sur Mars, est très rare, et nous savons pourquoi. ***La vie est responsable de cette situation*** :

- Le *dioxygène* O_2 est issu de la combinaison de l'eau et du *dioxyde de carbone* CO_2 par photosynthèse. ***C'est une conséquence de la présence de la vie***. En quelques millions d'années, l'oxygène disparaîtrait si les plantes vertes ne le renouvelaient pas par la photosynthèse. ***Le dioxygène témoigne d'une vie aérobie***.
- Le *méthane* CH_4 est issu de la fermentation des matières organiques animales ou végétales, en l'absence de dioxygène, dans les zones humides anaérobies : marais, tourbières, estuaires et lagunes.
- L'*ozone* O_3 dérive de la dégradation des molécules de *dioxygène* sous l'action de la lumière, dans la stratosphère ; c'est donc un « ***produit dérivé*** » de la photosynthèse.

➢ La pauvreté d'une atmosphère en *dioxyde de carbone* CO_2 témoigne de l'existence d'un cycle du carbone, et donc, d'une ***planète potentiellement habitée***.

➢ La présence, en grande quantité, d'*eau* H_2O à l'état liquide témoigne, d'une part, d'un climat tempéré, et, d'autre part, c'est un ingrédient incontournable de la réalisation des réactions chimiques complexes du monde vivant.

Or, sur des astres lointains, l'analyse de la lumière émise se traduirait par des « *pics* », ou « *signaux* » d'une présence, voire d'une abondance de ces molécules sans lesquelles la vie ne pourrait exister (l'eau), ***et surtout, qui n'existeraient pas si ces astres n'abritaient pas une forme de vie, même primitive***.

Depuis le début du XXIe siècle, quelques exoplanètes ont été repérées dans la Galaxie avec des orbites les situant dans la zone habitable de leur étoile. Les radiotélescopes sont braqués dans leur direction, à la recherche de ces traceurs du vivant sur Terre que sont l'eau, le dioxygène, l'ozone, le méthane. Cette recherche avait d'abord été effectuée avec le « *télescope spatial Hubble* », lancé en 1990 ; depuis le 25 décembre 2021, le « *James Webb Space Telescope* » (JWST) de la NASA, muni d'un miroir de 6,5 m de diamètre, devrait permettre d'analyser un spectre plus précis capable de définir la composition de leur atmosphère (si elle existe).

Six planètes récemment découvertes pourraient abriter la vie :

➢ *Trappist-1 e*, *Trappist-1 f* et *Trappist-1 g* font partie des sept planètes telluriques en orbite autour de l'étoile *Trappist-1*, une *naine rouge* de la constellation du Verseau, située à 40,5 années-lumière de la Terre. Ces trois exoplanètes sont dans la zone habitable de l'étoile, de l'eau liquide peut y séjourner.

➢ *Proxima Centauri b* est une exoplanète probablement tellurique d'une masse probable de 1,3 celle de la Terre, en orbite dans la zone habitable de *Proxima Centauri*, une autre naine rouge éloignée de 4,243 années-lumière.

➢ *Ross 128 b* est une exoplanète tellurique de la naine rouge *Ross 128*, de la constellation de la Vierge, à 10,9 années-lumière de la Terre. Sa masse dépasse de 35 % celle de la Terre, elle reçoit près de 40 % d'énergie en plus, ce qui assure une température comprise entre -60 et 20 °C. Elle aussi circule dans la zone habitable de son étoile.

➢ *LHS 1140 b* est une exoplanète tellurique, massive et dense, en orbite dans la zone habitable de la naine rouge *LHS 1140* de la constellation de la Baleine, située à 40 années-lumière de la Terre. Sa densité suggère un énorme noyau ferreux assurant une gravité 3 fois plus élevée que sur Terre, pouvant donc retenir une hydrosphère, une atmosphère et une magnétosphère.

Mais « *on n'a encore jamais détecté d'atmosphère autour de ces rocheuses habitables ! Ce sera une première !* » (Xavier Bonfils, Observatoire de Genève et Laboratoire d'astrophysique de l'Observatoire de Grenoble). Lors de l'observation de *Trappist-1 e*, *Trappist-1 f* et *Trappist-1 g*, Hubble n'était pas assez puissant pour analyser d'éventuelles atmosphères ; seule l'absence d'hydrogène a été déterminée. *Proxima Centauri b, Ross 128 b* et *LHS 1140 b* se retrouvent dans une situation analogue ; Hubble n'a pas permis d'obtenir la moindre information sur leur atmosphère potentielle. Enfin, ces planètes gravitent autour de *naines rouges* (10 % de la masse du Soleil) dont les puissantes éruptions émettent un rayonnement très riche en rayons X et en ultraviolets. Ce rayonnement (impropre à la vie) pourrait avoir soufflé l'atmosphère des trois planètes.

La recherche de « traceurs » dans une atmosphère voisine de celle de la Terre s'est avérée aussi décevante que l'écoute des ondes venues de l'espace. Actuellement, on attend beaucoup du télescope « *James Webb Space Telescope* » (JWST) de la NASA.

L'équation de Seager

L'astrophysicienne américaine, Sarah Seager (née en 1971), professeure au Massachusetts Institute of Technology, a élargi le champ d'investigation de Frank Drake. Celui-ci chercha à estimer le nombre de civilisations extraterrestres ayant une technologie avancée, et sa vision avait conduit le SETI à rechercher des émissions radio venues de l'espace, sans résultat.

Sarah Seager a modifié son équation de façon à rechercher des planètes dont l'atmosphère abrite des biomarqueurs ou gaz produits par l'activité d'organismes vivants (voir ci-dessus) : la vapeur d'eau, le dioxygène et l'ozone, le méthane, mais aussi la chlorophylle, les composés azotés, le dioxyde de carbone. Si on en détecte quelques traces, une vie primitive existe ; si on en détecte en grande quantité (surtout du dioxygène), la vie est évoluée ; si on détecte des gaz issus de l'industrie chimique, la civilisation y est proche de la nôtre.

La probabilité de trouver des astres abritant au moins une vie primitive unicellulaire devrait répondre à la solution de l'équation ci-dessous (document e.07)…

- En effet, « N_* » = 30 000 étoiles ont été observés. Mais il ne faut retenir que les « étoiles calmes » dont l'activité thermonucléaire ne met pas la vie en danger et dont la variabilité de leur lumière ne gêne pas la détection et l'analyse des biomarqueurs. Sarah Seager estime leur part à « $F_Q = 0{,}90$ », soit 27 000 étoiles. En effet, les étoiles calmes sont des « *naines jaunes* » !
- Parmi elles, la part de systèmes d'étoiles possédant des planètes telluriques situées dans la zone habitable est de « $F_{HZ} = 0{,}15$ », soit 4 050 planètes.
- Mais la part de celles-ci pouvant être réellement observée est de « $F_o = 0{,}001$ », soit ***4 planètes*** dont « toutes » ($F_L = 1$) seraient susceptibles d'abriter effectivement la vie.
- Enfin, dans le cadre de nos moyens technologiques actuels, seule 1 sur 2 ($F_S = 0{,}5$) produit des signatures gazeuses détectables.

$N = N_* . F_Q . F_{HZ} . F_o . F_L . F_S$		
N_*	Nombre d'étoiles observées	***30 000***
F_Q	Fraction d'étoiles calmes	***0,90***
F_{HZ}	Fraction d'étoiles calmes avec des planètes telluriques situées dans la zone habitable	***0,15***
F_o	Fraction de ces planètes qui peuvent être observées	***0,001***

F_L	Fraction de ces dernières qui abritent effectivement la vie	***1,00***
F_S	Fraction de celles-ci sur lesquelles la vie produit des signatures gazeuses détectables	***0,50***
N	Nombre de planètes avec des signes de vie détectables	***2***

Document e.07 – L'équation de Seager et les valeurs retenues vers 2020

… Si dans les dix années à venir, 30 000 systèmes planétaires de la Galaxie sont analysés, ***deux seulement fourniraient des signes de vie détectables***.

Cette détection exige l'utilisation de puissants instruments, par exemple, le « *télescope en orbite James Webb* ». Au cours de « *sa vie* », il devrait permettre de reconnaître 500 000 étoiles, d'y détecter des planètes telluriques et d'analyser le spectre électromagnétique de leur atmosphère (si elles en ont une). Combien y a-t-il de planètes avec des signes de vie détectables dans la Voie lactée ? Selon l'équation ci-dessus : 335 000 planètes dans une estimation basse et 1 335 000 selon une estimation haute, soit une moyenne de « *835 000 planètes probablement habitées* ». Or, ce calcul part du « postulat » que 15 % des systèmes planétaires possèdent des planètes telluriques dans la zone habitable de leur étoile ; c'est omettre que parfois, le système peut être organisé autour d'une naine rouge qui émet beaucoup de rayons X et d'UV, ou d'une naine brune, peu active, ou encore d'une géante rouge, hyperactive, voire d'une étoile double.

Même en faisant appel au calcul de probabilités, la vie resterait un évènement très rare. Et si elle existe, les distances qui sépareraient ces planètes habitées sont telles que la probabilité qu'elles entrent en contact est quasi nulle.

Les systèmes planétaires

Depuis plusieurs décennies, il est reconnu que les étoiles possèdent un cortège de planètes issu de l'effondrement gravitationnel de leur disque protoplanétaire de gaz et de poussières. Le Système Solaire serait alors loin de constituer une exception avec « *quelques* » planètes telluriques (dont au moins une est située dans une zone habitable) et « *quelques géantes gazeuses* ».

Le Système Solaire possède ainsi « *quatre planètes telluriques* » (Mercure, Vénus, Terre et Mars) situées entre 0,4 et 1,5 unité astronomique (UA = distance moyenne de la Terre au Soleil, soit 149 597,9 km du Soleil) et « *quatre planètes gazeuses* » (Jupiter, Saturne, Uranus et Neptune) situées entre 5,2 et 30,1 UA du Soleil. Selon le modèle de Nice (2005), Jupiter migra vers le centre du Système Solaire à l'Hadéen, alors que les autres géantes gazeuses s'éloignaient ; depuis, Jupiter stabilise les orbites des planètes telluriques et les protège d'un bombardement de météorites et de noyaux de comètes. Or, ce modèle serait, apparemment, assez rare dans la Galaxie !

Un moyen de le déterminer est d'analyser les relations entre une étoile et ses planètes, sous réserve de disposer des sources nécessaires. Chercheur indépendant, géographe de formation (une tare pour certains universitaires) et professeur d'université retraité (autre tare), nous n'avons eu accès qu'au site *https://www.stellarcatalog.com/exoplanetes.php?list*=2, en libre-service.

Ces sources nous ont permis de sélectionner une soixantaine d'exoplanètes proches pour lesquelles nous avions la *distance qui nous en sépare* (exprimée en années-lumière), leur *masse jovienne* ($1{,}898.10^{24}$ tonnes, soit 317,83 la masse de la Terre et 0,000 954 celle du Soleil), leur *période autour de leur étoile* (en jours terrestres) et le *demi-grand axe de leur orbite* (en unités astronomiques).

Les échantillons concernent deux constellations de l'hémisphère Nord : *l'Aigle* (12 exoplanètes) et *Andromède* (24 exoplanètes), et deux constellations de l'hémisphère Sud : *l'Autel* (17 exoplanètes) et *le Paon* (10 exoplanètes).

C'est peu, mais apparemment, les sources ont fourni des données fiables issues des mesures effectuées par le télescope spatial « *Hubble* » conçu, mis en orbite et géré par la NASA depuis 1990 et qui devrait poursuivre ses mesures jusqu'en 2030. Depuis 2022, il est remplacé par le télescope spatial « James Webb », beaucoup plus puissant, et dont on attend une exploration fine de l'espace interstellaire proche, voire lointain.

Notre échantillon d'exoplanètes

Notre modeste échantillon couvre cependant une vaste étendue de données :

Éloignement	Maximum	Minimum	
Ensemble	*2 345*	*5*	*années-lumière*
L'Aigle	2 220	65	années-lumière
Andromède	2 345	12	années-lumière
L'Autel	922	5	années-lumière
Le Paon	567	18	années-lumière
Masse	Maximum	Minimum	
Ensemble	*21,7*	*0,013*	*masses joviennes*
L'Aigle	21,7	0,076	masses joviennes
Andromède	14,2	0,013	masses joviennes
L'Autel	6,8	0,014	masses joviennes
Le Paon	9,5	0,022	masses joviennes
Période	Maximum	Minimum	
Ensemble	*7 337*	*1,22*	*jours*
L'Aigle	626,5	1,74	jours
Andromède	4 218	1,22	jours
L'Autel	7 337	3,60	jours
Le Paon	7 012	1,35	jours
Demi-grand axe	Maximum	Minimum	
Ensemble	*8,00*	*0,03*	*UA*
L'Aigle	1,51	0,03	UA
Andromède	5,40	0,03	UA
L'Autel	8,00	0,84	UA
Le Paon	6,60	0,03	UA

Pour en saisir l'importance, dans un ouvrage de vulgarisation, il nous est apparu utile de rappeler la notion de « *voûte céleste* ». Un observateur situé sur la Terre est incapable d'estimer les distances qui le séparent des étoiles ; par contre, il peut déterminer leur position. Dès l'Antiquité, on imagina que ces astres étaient situés sur la surface d'une sphère visible la nuit, la « *sphère céleste* » ; c'est ainsi qu'on assembla les étoiles en un système de « *constellations* » (mais ces astres ne sont pas dans le même « plan »). Cette sphère semble tourner autour d'un axe qui passe par les pôles géographiques de la Terre et *l'Étoile Polaire*, apparemment immobile dans le ciel. L'équateur terrestre est inscrit dans le « *grand cercle* » ou « *équateur céleste* » de cette sphère.

On peut donc construire un « *système de coordonnées binaires* ».

➢ L'« *ascension* » est la valeur de l'arc séparant l'objet céleste d'un méridien d'origine (0 degré) ; sur Terre, ce serait la « *longitude est* » mesurée à « droite » du méridien de Greenwich.

➢ La « *déclinaison* » est la valeur de l'arc au-dessus de l'« *équateur céleste* », la « *déclinaison nord* », ou au-dessous, la « *déclinaison sud* ». Du fait de l'inclinaison de l'axe terrestre sur le plan de l'écliptique, ce « *méridien céleste* » n'est perpendiculaire à ce plan qu'aux équinoxes, il est donc « fixe ».

➢ C'est cette position qui sert de « méridien d'origine » à la mesure de la position des astres par rapport à la Terre.

Répartition « céleste » de l'échantillon d'exoplanète

D'après leurs coordonnées, les constellations de notre modeste échantillon ne sont pas regroupées dans un point de l'espace :

➢ La *Constellation de l'Aigle* est située dans l'hémisphère Nord de la sphère céleste ; l'ascension se tient entre 278,75° et 308,00° (peu à l'ouest du méridien céleste), et la « déclinaison est » située entre 12,03° S et 18,50°N (à cheval sur l'équateur céleste).

➢ La *Constellation d'Andromède* est plus nettement située dans l'hémisphère Nord (déclinaison entre 21,0° et 52,5°) ;

surtout, elle couvre une grande partie de l'espace visible à l'œil nu : ascension droite entre 37,7° et 343,0°.

➢ La *Constellation de l'Autel* se tient dans l'hémisphère Sud (déclinaison entre -67,5° et -45,5°) avec une ascension droite située entre 246,3° et 270,0° (presque à l'opposé d'Andromède).

➢ Enfin, la *Constellation du Paon*, une autre constellation australe, est « plus à l'est » que celle de l'Autel (ascension droite entre 262,5° et 320,0°) et un peu plus méridionale (déclinaison entre -75° et -57°).

La fiabilité de l'échantillon

En effet, cet échantillon peut-il être jugé comme fiable ? Pour en être certains, il faut choisir des données qui peuvent être corrélées par une loi universelle. Deux données sont connues pour être intimement liées depuis le XVIe siècle. Si on retient : la « *période sidérale d'une planète* » ou temps entre deux passages successifs devant une étoile et la *longueur du demi-grand axe*. Selon la troisième loi de Kepler, « *le carré de la période sidérale d'une planète est directement proportionnel au cube du demi-grand axe* ».

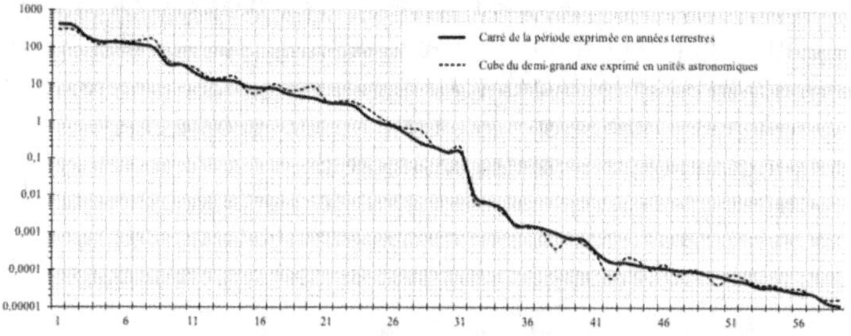

Document f.01 – Correspondance entre la période et les demi-grands axes (en échelle semi-logarithmique)

Le graphique f.01 décrit la relation entre les *périodes sidérales* ou *translation* de 7 337 jours ou 20 ans à 1,2 jour ou 29 h 17 mn) et la *longueur du demi-grand axe* ou *éloignement des planètes de leur étoile* (entre 6,6 UA ou 987.10^6 km et 3,89 millions de kilomètres). La courbe de répartition des *carrés de la période sidérale* est parallèle à la courbe monotone décroissante *des cubes du demi-grand axe*, ***notre échantillon est donc fiable***.

La procédure d'analyse

Nous avons repris séparément quatre « *paramètres utiles* » : l'*éloignement de la Terre*, la *masse jovienne* des exoplanètes, leur *période de translation* et la *longueur du demi-grand axe de leur orbite*. Afin d'en analyser la distribution, nous avons discrétisé les valeurs classées de chacun des quatre paramètres (document f.02), en utilisant la méthode de *Huntsberger* dans laquelle le nombre « **k** » de classes d'un effectif « **n** » s'écrit…

$$\mathbf{k = 1 + 3{,}3 \times \log n}$$

… La courbe monotone traduit une régression exponentielle. La raison « **R** » de cette régression se calcule selon la formule…

$$\mathbf{\log R = (\log X_n - \log X_1)/k}$$

… où « $\mathbf{X_1}$ » est la valeur minimale et « $\mathbf{X_n}$ » la valeur maximale de la classe. Les classes se définissent ainsi :

Classe 1 = X_1 à X_2 (X_1 x R)
Classe 2 = X_2 à X_3 (X_2 x R)
…
Classe i = X_{i-1} à X_i ($Xi-_1$ x R)

… Cette méthode met l'accent sur les classes les plus représentatives de la discrétisation. Nous l'avons fréquemment utilisée pour analyser la répartition géographique ou chronologique des débits des cours d'eau.

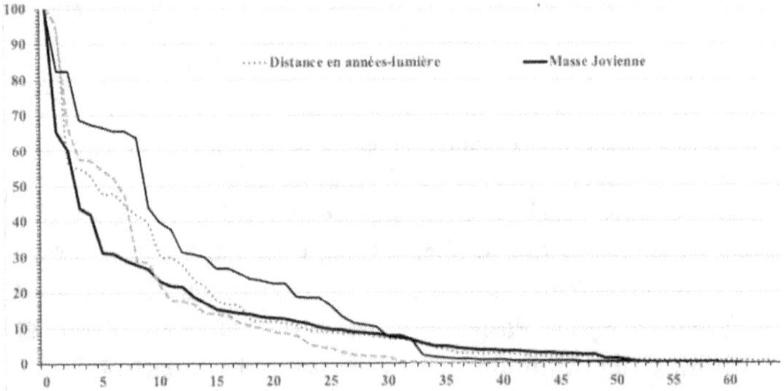

Document f.02 – Courbe monotone des quatre paramètres classés

L'éloignement de la Terre

Exprimé en années-lumière, il rend compte de la diversité géographique des membres de l'échantillon ; or, la distribution est relativement large ; les exoplanètes de la sélection sont éloignées de la Terre de 5 années-lumière (Gliese 674b de l'Autel) à 2 345 années-lumière (HAT-P-53b d'Andromède). C'est une répartition qui va dans un sens plutôt positif, car elle constitue un échantillonnage très large…

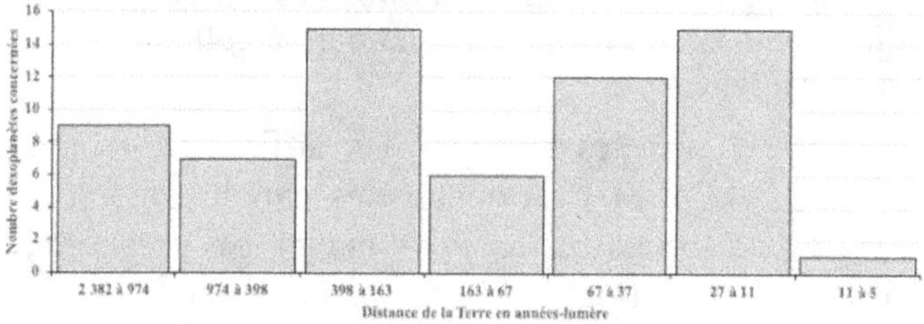

Document f.03 – Éloignement des exoplanètes en années-lumière

… Trois de ces exoplanètes sont proches : 5 à 11 années-lumière et le reste de la sélection se divise en deux ensembles :

- 41 % se tiennent entre 67 et 11 AL.
- 48 % sont distantes de plus de 163 AL (dont 14 % à plus de 1 000 AL.)

Cette distribution « *peut* » (je n'ai pas écrit « *doit* ») rendre compte des systèmes planétaires de la Voile lactée.

Masse jovienne des exoplanètes

La masse des exoplanètes est exprimée par rapport à celle de Jupiter ou $1,898.10^{24}$ tonnes, une masse jovienne est donc égale à 1, mais cette unité permet surtout d'identifier les géantes gazeuses :

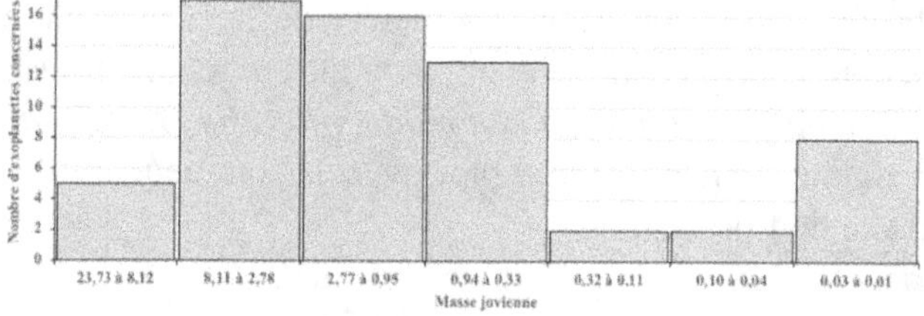

Document f.04 – Répartition des exoplanètes selon leur masse jovienne

- Des exoplanètes dont la masse jovienne est supérieure à 1 ne peuvent être que des géantes gazeuses.
- La masse jovienne de Saturne, la « plus légère » des géantes gazeuses du Système Solaire, est de 0,05 ; aussi, des exoplanètes dont la masse est comprise entre 1 et 0,05 sont probablement gazeuses.
- Une exoplanète de 5 masses terriennes (ou 0,02 masse jovienne) aurait été identifiée, sa nature est ambiguë ; *est-elle gazeuse ou rocheuse ?* Pour mémoire, des planètes dont la masse jovienne serait voisine ou inférieure à celle de la Terre (0,003) sont telluriques.

Il n'y a pas de planètes de la masse de la Terre ; *Gliese 15 A d'Andromède* (0,013 MJ) est quatre fois plus massive que la Terre, *mais elle peut être tellurique ;* malgré ses prouesses, le télescope Hubble a surtout repéré des planètes massives, c'est-à-dire des géantes gazeuses ; et la discrétisation révèle surtout un classement de géantes…

- Il n'y a que *5 hypergéantes de plus de 8,2 masses joviennes.*
- *46 (73 %) ont une masse comprise entre 0,3 (Saturne) et 8,1 masses joviennes.*
- Enfin, *8 (13 %) ont, toutefois, une masse comprise entre 0,013 et 0,04 masse jovienne* (entre 12 et 4 fois la masse de la Terre).

Les 8 exoplanètes les plus petites « pourraient » être des *planètes telluriques*, mais la très forte gravité suscite une pression atmosphérique considérable et une température élevée ! Est-ce favorable à la vie, même primitive ? ***Nous répondrions oui pour des eucaryotes vivant en milieu marin*** !

Période de translation autour de l'étoile

Elle est synonyme de l'éloignement de la planète de son étoile, donc de la quantité d'énergie qu'elle en reçoit ; ***plus une étoile tourne vite autour de son étoile, plus elle en est proche*** (cette donnée fait double emploi avec la longueur du demi-grand axe de l'orbite).

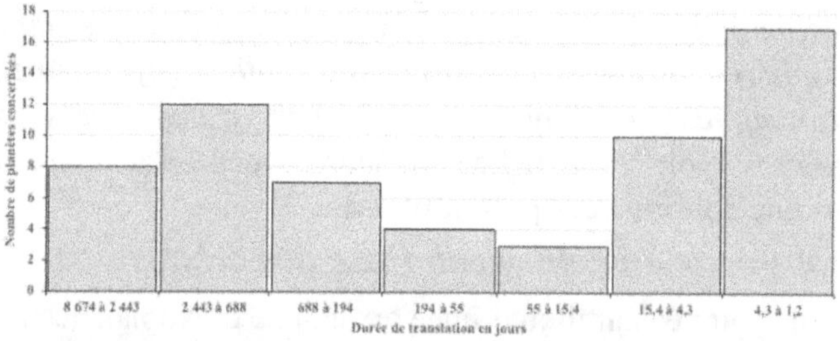

Document f.05 – Répartition des exoplanètes selon leur période de translation

Or, une géante gazeuse trop proche de son étoile aurait chassé les éventuelles planètes telluriques vers l'extérieur. Gliese 676 A de l'Autel met 7 337 jours ou 20 ans pour effectuer une orbite complète et WASP-33 d'Andromède réalise cette rotation en 1,22 jour ou 29 h 17 min (précisons dès maintenant que la première est à 6,6 unités astronomiques de son étoile (990 millions de kilomètres environ) et la seconde à 0,02558 UA seulement, ou 3,8 millions de kilomètres).

Dans le Système Solaire, *Gliese 676 Ac* circulerait entre Saturne et Jupiter, mais *WASP-33* se tiendrait entre Mercure (0,4 UA du Soleil) et le Soleil. Cette proximité se traduit par une vitesse de rotation extraordinaire, car nos deux planètes sont des géantes gazeuses (6,8 MJ pour Gliese 676c A et 2,8 MJ pour WASP-33b).

La discrétisation en 7 classes de durée de leur translation autour de leur étoile répartit les exoplanètes en deux ensembles.

➢ Il y a les systèmes exoplanétaires dont les astres ont une *période de translation qui s'exprime en années* : 20 (33 %) mettent au moins 2 ans pour accomplir leur périple et 8 (13 %) mettent plus de 6 ans. *C'est une répartition qui « ressemble » aux orbites des géantes gazeuses du Système Solaire.*

➢ Mais *27 (44 %) de ces exoplanètes ont une translation rapide, de moins de 15,4 jours* (24 fois moins de temps que la Terre met à faire le tour du Soleil) dont *17 (28 %) en moins de 4,3 jours (103 heures).*

➢ *WASP-33b d'Andromède* met 1,22 jour, soit 29 h 17 min pour faire le tour de son étoile *WASP-33.*

Même si ces 50 % d'exoplanètes étaient rocheuses, ***leurs atmosphères auraient été soit chassées par le rayonnement électromagnétique*** (voir Mercure), soit ***transformées en fournaises*** (voir Vénus). La longueur du demi-grand axe de leur orbite confirme ces présomptions.

La longueur du demi-grand axe des orbites

Dans notre échantillon d'une soixantaine d'exoplanètes :

➢ *HIP 88399b de l'Autel* est à 8 années-lumière de son étoile (1 197 millions de kilomètres), mais on ignore la durée de sa translation.

➢ *Gliese 676 Ac de l'Autel* en est à 6,6 années-lumière et elle met 7 337 jours (20 ans) pour effectuer sa translation.

➢ À l'inverse, *HATS-24b de l'Aigle* n'est qu'à 0,0255 année-lumière de son étoile, 4 millions de kilomètres (15 fois plus proche de son étoile que Mercure ne l'est du Soleil) ; et elle effectue sa translation en 1,35 jour (32 h 24 min). Or, ***c'est une géante gazeuse de 2,5 masses joviennes***.

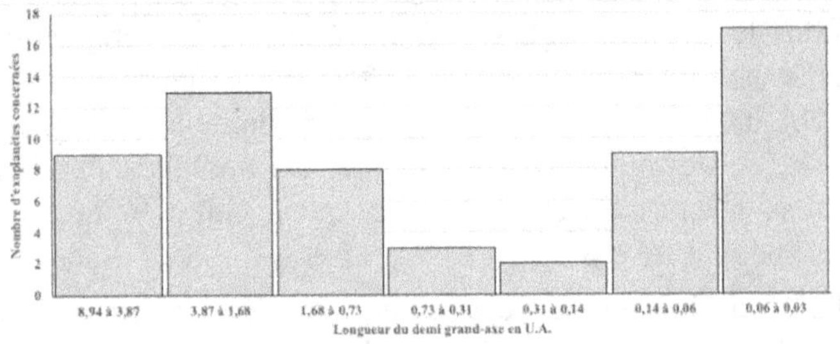

Document f.06 – Répartition des exoplanètes selon la longueur du demi-grand axe de leurs orbites

Ces systèmes planétaires sont totalement différents du « *Système Solaire lequel apparaît comme une exception* », car les planètes géantes à rotation rapide y dominent, évoluant très près de leur étoile. La discrétisation en sept classes confirme cette observation :

➢ *9 (15 %) exoplanètes circulent entre 579 et 1 337 millions de kilomètres de leur étoile*, ce qui, dans le Système Solaire, serait l'orbite de Jupiter (778.10^6 km) et de Saturne ($1\ 427.10^6$ km). Hubble n'a détecté aucune planète plus éloignée de leur étoile ! (Ce qui ne signifie pas qu'il n'y en ait pas ailleurs dans la Galaxie).

- *13 (21 %) circulent entre 251 et 579 millions de kilomètres de leur étoile* : ce sont des orbites qui, dans le Système Solaire, sont occupées par la ceinture des astéroïdes.
- *8 (13 %), enfin, circulent entre 109 et 251 millions de kilomètres : ce serait les orbites de Vénus* (109.10^6 km), la *Terre* (150.10^6 km) et *Mars* (228.10^6 km), soit celles des planètes telluriques « *habitables* ».
- *5 (8 %) seulement circulent entre 21 et 109 millions de kilomètres* : dans le Système Solaire, cette zone est utilisée par Mercure (58.10^6 km).
- À *l'inverse, 26 (43 %) exoplanètes circulent entre 4 et 21 millions de kilomètres de leur étoile : dans le Système Solaire, cette zone est vide !*

Deux paramètres paraissent dominer les autres : la masse de l'exoplanète permet de définir sa nature (tellurique ou gazeuse) et la longueur du demi-grand axe de son orbite, qui définit sa position par rapport à son étoile. Ils permettent ainsi de décrire sommairement les systèmes planétaires.

Systèmes planétaires extraterrestres

La Voie lactée mesure environ 53 700 années-lumière de rayon, la Terre est à 27 000 années-lumière de son centre, les systèmes planétaires les plus éloignés de la Terre se tiendraient à une distance de 80 000 années-lumière de nous.

Parmi la soixantaine d'exoplanètes de notre échantillon, la plus lointaine est *HAT-P-53b de la constellation d'Andromède.* Au-delà du système planétaire de l'étoile HAT-P-53, il existe des milliards d'autres systèmes dont on ne sait encore rien.

Planètes gazeuses ou telluriques

Malgré sa modestie, notre échantillon peut être jugé comme fiable. Le graphique f.06 rappelle combien la collection de « *données astronomiques* » est étendue entre une translation de 7 755 jours (589 ans) et 1,2 jour (29 h 17 min) et un éloignement des planètes de leur étoile compris entre 579 et 4 millions de kilomètres.

Aucune correspondance n'existe entre les dimensions astronomiques et les masses de ces planètes. En effet, le graphique ci-dessous rend compte de la répartition de la masse des exoplanètes par rapport à la courbe monotone de demi-grand axe de leur orbite classée en ordre décroissant ; ***la distribution non classée de la masse des planètes est indépendante de leur proximité avec leur étoile.***

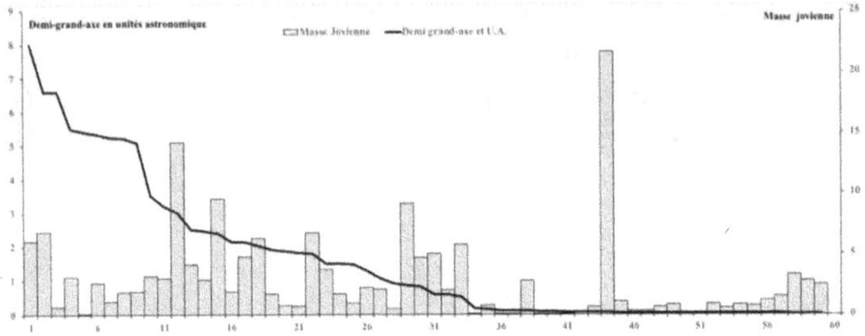

Document f.07 – Distribution de la masse des planètes avec leurs demi-grands axes

Or, la masse des exoplanètes est un *moyen de différencier les planètes gazeuses des planètes telluriques.*

➢ ***38 planètes*** (63 % des exoplanètes de notre échantillon) *ont une masse supérieure à celle de Jupiter* ; ce sont, sans équivoque, des géantes gazeuses.

➢ ***13 planètes*** ont une masse comprise entre celle de Jupiter (1 MJ ou 1 898,60.10^{24} tonnes) et celle d'Uranus (0,046 MJ ou 46,81.10^{24} tonnes) ; ce qui, incontestablement, porte notre échantillon de planètes extraterrestres à au moins *51 planètes gazeuses de forte taille* (85 % de l'ensemble).

➢ ***5 planètes,*** dont la masse se situe entre celles de « ***Gliese 676 Ae de l'Autel*** » (17 fois la masse de la Terre) et de « ***HD 189567b du Paon*** » (9 fois la masse de la Terre), sont probablement des planètes gazeuses de taille modeste. Cela porte à 56 le nombre de planètes gazeuses.

➢ Pour l'ensemble de planètes comprises entre « ***HD 151433b du Pan*** » et « ***Gliese 676 Ac de l'Autel*** », la masse est comprise entre 7 à 4 fois la masse terrestre. Il pourrait s'agir de ***planètes telluriques***. Mais leurs orbites les situent entre 0,04 et 0,08 UA de leurs étoiles ! dans ce contexte, leur surface est une fournaise.

➢ « ***Gliese 15 Ac d'Andromède*** » n'a qu'une masse jovienne de 0,013 ou 4 masses terrestres seulement. Mais son demi-grand axe est situé à 5,4 UA de son étoile (la position de Jupiter par rapport au Soleil) et, à la différence des autres, elle serait gelée.

Mais il faut aussi prendre en compte le fait que cette prépondérance des planètes gazeuses relève des limites de la puissance de grossissement du télescope Hubble. *C'est la diversité de leurs orbites qui constitue une anomalie.*

Le modèle du Système Solaire

Il comporte quatre planètes telluriques proches du Soleil et quatre planètes gazeuses situées à l'extérieur…

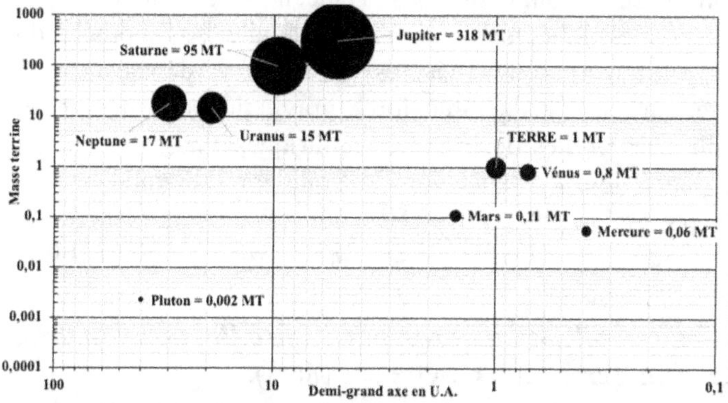

Document f.08 – Le Système Solaire : les masses sont exprimées en « masses terriennes » (Terre = 1, les données sont graduées en échelle logarithmique de façon à ce que les faibles valeurs ne soient pas trop regroupées et le Soleil est à l'abscisse minimale).

… Mercure, Vénus, Terre et Mars sont des planètes telluriques situées entre 0,4 (Mercure) et 1,5 UA (Mars) du Soleil avec des masses réparties entre 1 masse terrestre (la Terre) et 0,06 MT (Mercure). Sur ces quatre planètes, seule la Terre est habitée, tandis que Mars et Vénus sont aux limites d'une zone habitable (Vénus est une fournaise et Mars un désert glacé).

Entre Mars et Jupiter, on rencontrerait un ensemble d'objets célestes de petite taille, la ceinture d'Astéroïdes. Surtout, entre 5,2 et 30,1 UA se situe l'espace « réservé » aux géantes gazeuses : Jupiter, Saturne, Uranus et Neptune, dont les masses sont considérables : 15 masses terrestres pour Uranus et

318 MT pour Jupiter. Au-delà de Neptune, se tiennent des objets célestes (roches et/ou glace) de la *ceinture Kuiper* et du *nuage de Oort*. On y trouve des planètes naines, par exemple, Pluton.

L'originalité du Système Solaire est une répartition binaire de ses planètes : quatre planètes telluriques proches et quatre planètes gazeuses lointaines. Lors de la condensation du disque de gaz et de poussières qui entouraient le Soleil, des protoplanètes telluriques et gazeuses se sont formées au milieu de milliards d'objets célestes plus petits. Ce système évolua de façon originale au cours de l'Hadéen (-4 600 à 3 800.10^6 années), c'est le « *modèle de Nice* » ; Jupiter se rapprocha du Soleil, les trois autres géantes gazeuses se déplaçant vers l'extérieur ; la considérable force gravitationnelle de Jupiter stabilisa les orbites des planètes telluriques, chassa la plupart des petits objets errants vers la zone transneptunienne, les derniers « *géocroiseurs* » seraient tombés sur ces planètes au cours du « *Grand Bombardement Tardif* » entre 4 100 à 3 900.10^6 années.

Cette stabilisation aurait participé à l'apparition de la vie sur la Terre (et peut-être sur Mars).

Des systèmes planétaires très différents

Les demi-grands axes des planètes probablement gazeuses sont compris entre 8 UA (1 200 millions de kilomètres) et 0,03 UA (4,5 millions de kilomètres). La plus éloignée est ***HIP 88399b de l'Autel*** (8 masses joviennes), la plus proche *est* ***HATS-24b du Paon*** (4,5 masses joviennes).

Or, la répartition de la longueur des demi-grands axes en sept classes souligne une concentration des planètes dans deux zones de l'espace.

Deux ensembles de répartition des exoplanètes

Le graphique ci-dessus rappelle d'abord que la précision des observations n'a pas pu repérer la moindre exoplanète d'une masse au moins égale à celle de la Terre.

Trente exoplanètes gazeuses sont situées entre 1,2 et 8,2 unités astronomiques de leur étoile (classes 5, 6 et 7).

Il s'agit de grosses planètes (4 fois la masse de Jupiter en moyenne). Dans le Système Solaire, elles se tiendraient entre Mars et Saturne (dont 5 au voisinage de Jupiter). Dans ce cas de figure, ces géantes gazeuses « *seraient situées au-delà de l'orbite de Mars* ». Cette comparaison avec le Système Solaire « *laisserait de la place pour des planètes telluriques* » plus proches de l'étoile.

Sous réserve que ces planètes rocheuses soient suffisamment massives pour posséder une hydrosphère et une atmosphère, qu'elles possèdent un bouclier d'ozone et un bouclier magnétique et que la température au sol y avoisine 15 °C, une ***habitabilité entrerait dans les possibilités***. Toutefois, nous restons dans le domaine de la conjecture car aucune planète assurément tellurique, à ce jour, n'a été observée.

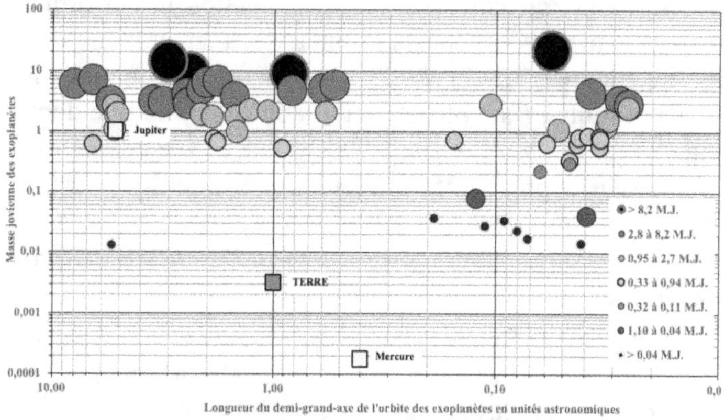

Document f.09 – La répartition des exoplanètes selon leur masse et le demi-grand axe de leur orbite (nous avons ajouté Jupiter, la Terre et Mercure, l'étoile est à l'abscisse minimale)

À l'inverse, 25 exoplanètes gazeuses ont été aperçues entre 0,14 et 0,026 unité astronomique de leur étoile.

Dans le Système Solaire, elles se tiendraient « *entre Mercure et le Soleil* ». Nous avons déjà évoqué le « modèle de Nice », les géantes gazeuses du Système Solaire se sont rapprochées du Soleil, ce qui a eu pour conséquence de stabiliser les orbites des planètes telluriques. Mais dans le cas de ces 25 planètes, elles ont migré vers des orbites étonnamment proches de leur étoile (entre 21 et 4 millions de kilomètres). Dans le cadre d'une naine jaune, ou d'une naine rouge, la température de leur atmosphère s'élèverait à 1 000 °C (elle est de -163 °C sur Jupiter, -192 °C sur Saturne, -216 °C sur Uranus et -218 °C sur Neptune).

Ces astres ont été dénommés des « *Jupiter chauds* ». Lors de la formation du disque protoplanétaire de leur étoile, elles se trouvaient à une distance d'une dizaine d'unités astronomiques de celle-ci, puis, comme ce fut le cas dans le Système Solaire, elles ont migré vers leur étoile. Mais cette migration s'est poursuivie jusqu'à une « *stabilisation* » au voisinage de l'étoile (en moyenne 0,54 UA ou 80 millions de kilomètres). Cette migration a pu perturber les orbites « *d'éventuelles planètes telluriques* », avec un aplatissement de l'ellipse orbitale ; certaines ont pu être amenées à percuter la géante gazeuse, d'autres ont été rejetées dans l'espace lointain, sur des orbites démesurément élevées, dans un milieu où la température est à peine supérieure à 2,7 K (-270,5 °C). Dans le Système Solaire, on connaît Pluton (une planète tellurique naine) dont le demi-grand axe est de 39,5 UA (ou 5 900.10^6 km), avec une période de translation de près de 250 ans, et une température de surface estimée à 48 K (-225 °C). ***Si ces planètes telluriques existent, ce sont des mondes glacés, probablement dépourvus de toute forme de vie.***

Là où, dans le Système Solaire, se tiennent des planètes telluriques dont trois ont été « habitables » et une est « habitée », des boules de gaz très chaudes sont en orbite. On connaît mal la surface de ces astres, mais il est probable que l'exosphère soit volatilisée ; et si elles possèdent des lunes rocheuses, ce sont des fournaises probablement sans atmosphère. Dans ces conditions, la « survie » même de la géante gazeuse n'est toujours pas expliquée.

Quelques systèmes planétaires ont pu être identifiés

Dans la majorité des cas, une seule exoplanète a été repérée autour de son étoile, toutefois il a été facile de déterminer si son orbite était « jovienne » (éloignée de l'étoile) ou « tellurique » (inscrite dans l'orbite de Mars, voire de Mercure). Mais dans cet ensemble, cinq systèmes planétaires (probablement incomplets) ont pu être reconstitués : ils concernent la « naine rouge » *Gliese 15A* dans la Constellation de l'Autel, la « grosse naine jaune » *Upisllon Andromedae* dans la Constellation d'Andromède, le système binaire *Gliese 676*, constitué des « deux naines rouges », la « naine jaune » *HD 160 691* de la Constellation d'Autel et la « géante rouge », *HD 181 433* de la Constellation du Paon.

Étoile Gliese 15A dans la constellation de l'Autel

Au moins deux planètes sont en orbite autour de cette « *naine rouge* », elles s'organisent ainsi…

	Demi-grand axe	Position dans le Système Solaire
Gliese 15 Ab	0,06 UA	Orbite de Vénus
Gliese 15 Ac	5,4 UA	Orbite de Jupiter

… La nature des deux étoiles est ambiguë (5,4 et 4,1 masses terrestres) et il pourrait s'agir de « *grosses planètes telluriques* » ou de « *naines gazeuses* ». *Gliese 15 Ac* est à 5,4 unités astronomiques de son étoile, dans le Système Solaire, c'est l'orbite de Jupiter, et ce serait la trajectoire d'une planète gazeuse. À l'inverse, *Gliese 15 Ab* n'est qu'à 0,07 UA de son étoile, soit $10{,}5.10^6$ km, soit 5,7 fois plus proche que ne l'est Mercure du Soleil !

C'est un système qui est à la fois proche du Système Solaire et très différent ; il peut exister des planètes telluriques plus petites non détectées, mais seules les « géantes gazeuses » ont été observées. Quoi qu'il en soit, Gliese 15 Ac est un monde glacé et Gliese 15 Ab est une fournaise, d'autant plus que leur étoile, une naine rouge, émet un très puissant rayonnement électromagnétique.

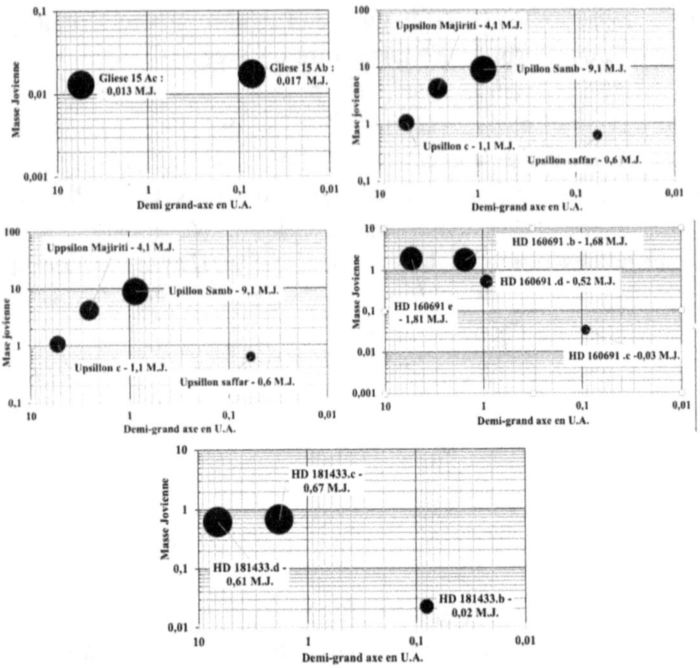

Document f.10 – Cinq systèmes exoplanétaires : de gauche à droite, « *Gliese 15A* », « *Upisllon Andromedae* », « *Gliese 676* », « *HD 160 691* » et « *HD 181 433* »

Étoile Upsilon Andromedae dans la Constellation d'Andromède

Upisllon est une « étoile jaune géante » dont le rayon est neuf fois plus grand que celui du Soleil ; son « vent solaire » doit être particulièrement destructeur.

	Demi-grand axe	Position dans le Système Solaire
Upsilon saffar	0,06 UA	Inscrite dans l'orbite de Mercure
Upillon Samb	0,9 UA	Orbite entre la Terre et Vénus
Uppsilon Majiriti	2,5 UA	Orbite entre Mars et Jupiter
Upsilon c	5,3 UA	Orbite de Jupiter

	Masse	Comparaison au Système Solaire
Upsilon saffar	0,6 MJ	Deux fois la masse de Saturne
Upillon Samb	9,1 MJ	Géante gazeuse
Uppsilon Majiriti	4,1 MJ	Géante gazeuse
Upsilon c	1,1 MJ	Géante gazeuse de la taille de Jupiter

Elle possède au moins quatre planètes :

➢ Deux planètes gazeuses, *Upsilon saffar* et *Upillon Samb*, sont en orbite dans un espace qui, dans le Système Solaire, serait celui des planètes telluriques ; elles sont accompagnées de deux autres géantes gazeuses *Upsilon Majiriti* et *Upsilon c* dont les orbites seraient inscrites entre la ceinture des astéroïdes et Jupiter. Si on compare à l'histoire de notre Système Solaire, Jupiter, Saturne, Uranus et Neptune seraient restées groupées après avoir chassé les planètes telluriques sur des orbites lointaines.

➢ *Upsilon saffar* est « égarée » dans une orbite très proche de son énorme étoile, elle verrait sa matière soufflée par la force gravitationnelle et le vent solaire de son étoile.

Étoile Gliese 676 A de la Constellation d'Autel

Ici, deux « naines rouges » possèdent un cortège d'au moins quatre planètes :

	Demi-grand axe	**Position dans le Système Solaire**
Gliese 676 A.c	6,6 UA	Orbite entre Jupiter et Saturne.
Gliese 676 A.b	1,8 UA	Orbite dans la zone des astéroïdes
Gliese 676 A.e	0,19 UA	Orbite inscrite dans celle de Mercure
Gliese 676 A.d	0,04 UA	Orbite inscrite dans celle de Mercure
	Masse	**Comparaison au Système Solaire**
Gliese 676 A.c	6,8 MJ	Géante gazeuse
Gliese 676 A.b	6,7 MJ	Géante gazeuse
Gliese 676 A.e	0,04 MJ	Planète gazeuse de la taille d'Uranus
Gliese 676 A.d	0,01 MJ	3 masses terrestres, planète tellurique !

➢ Des géantes gazeuses sont en orbite « éloignée » autour des deux étoiles rouges ; dans le Système Solaire, elles circuleraient entre les astéroïdes et Saturne. Deux autres planètes sont, à l'inverse, en orbite très proche (dans le Système Solaire, elles seraient inscrites dans l'orbite de Mercure). C'est une configuration analogue au système précédent.

➢ L'une des planètes « proches », *Gliese 676 A.e*, est une planète gazeuse, mais l'autre, *Gliese 676 A.d*, elle aussi inscrite dans l'orbite de Mercure, serait une grosse planète tellurique. ***Sa proximité avec un couple d'étoiles rouges en fait un astre dont l'hydrosphère et l'atmosphère devraient avoir été « soufflées » par les rayonnements électromagnétiques et les***

flux de particules. Elle pourrait aussi être une planète gazeuse ayant perdu la plus grande partie de sa masse.

Encore un monde différent du Système Solaire !

Étoile Mu Arae ou HD 160 691 de la Constellation d'Autel

C'est une « étoile jaune », apparemment assez semblable au Soleil, et qui possède, au moins, quatre planètes, dont, peut-être, une planète tellurique.

	Demi-grand axe	**Position dans le Système Solaire**
HD 160 691.e	5,2 UA	Orbite de Jupiter.
HD 160 691.b	1,5 UA	Orbite de Mars
HD 160 691.d	0,92 UA	Orbite interne à celle de la Terre
HD 160 691.c	0,09 UA	Orbite inscrite dans celle de Mercure
	Masse	**Comparaison au Système Solaire**
HD 160 691.e	1,8 MJ	Géante gazeuse
HD 160 691.b	1,7 MJ	Géante gazeuse
HD 160 691.d	0,5 MJ	Géante plus grosse que Saturne
HD 160 691.c	0,03 MJ	9 masses terrestres, grosse tellurique ou gazeuse naine

Le système comporte probablement trois planètes gazeuses et une autre, peut-être tellurique. Les planètes gazeuses circulent sur des orbites situées entre celle de la Terre et celle de Jupiter. Quant à la planète « tellurique », elle n'est qu'à $13{,}5.10^6$ km de son étoile.

Si on applique le « modèle de Nice », les géantes gazeuses seraient en approche de l'étoile et seule *HD 160 691.c*, très proche de l'étoile, n'aurait pas été éjectée sur une orbite lointaine :

- Soit c'est une planète tellurique qui, du fait de sa masse, aurait été protégée ;
- Soit c'est une planète gazeuse en train de se faire pulvériser par son étoile jaune.

Étoile HD 181 433 de la Constellation du Paon

L'étoile est une « géante rouge », c'est-à-dire une naine jaune en fin de vie (le Soleil dans $5\,000.10^6$ ans). On y a identifié trois planètes gazeuses :

	Demi-grand axe	Position dans le Système Solaire
HD 181 433d.d	6,6 UA	Orbite entre Jupiter et Saturne
HD 181433.c	1,8 UA	Orbite des astéroïdes
HD 181433.b	0,08 UA	Orbite quasi interne à celle de Mercure
	Masse	**Comparaison au Système Solaire**
HD 181 433d.d	0,6 MJ	Géante gazeuse
HD 181433.c	0,7 MJ	Géante gazeuse
HD 181433.b	0,02 MJ	Géante gazeuse

Il s'agit de planètes gazeuses dont la masse est comprise entre celle de Saturne et celle de Jupiter, si *HD 181 433d* circule sur une orbite qui, dans le Système Solaire, serait entre Jupiter et Saturne, *HD 181 433.c* serait très proche de Mars et *HD 181 433b* serait très proche de son étoile.

Selon le « modèle de Nice », il pourrait s'agir de géantes gazeuses se rapprochant de leur étoile après avoir chassé les planètes telluriques. Toutefois, *HD 181 433d* est une géante rouge qui pourrait être en train de phagocyter son cortège de planètes.

Nous n'avons analysé qu'un très modeste échantillon, mais nous n'y avons découvert aucun Système planétaire comparable au système Solaire : trois géantes gazeuses « éloignées » et une géante gazeuse « proche », stabilisée, qui protège quatre planètes telluriques, dont une est habitable et habitée. C'est le « modèle de Nice », Jupiter a écarté les autres géantes gazeuses, et surtout, la planète a « nettoyé » l'espace proche de ses planétésimaux, ils ont été chassés vers l'espace transneptunien, et sa force gravitationnelle a stabilisé les orbites de planètes telluriques.

Dans nos cinq exemples, d'une part, la moitié des géantes gazeuses se tient à une distance « jovienne » de leur étoile, d'autre part, une autre moitié se déplace sur des orbites qui, dans le Système Solaire, seraient celles des planètes telluriques, dont certaines sont à des distances très proches de leur étoile. Le modèle du Système Solaire serait une exception, dans un ensemble où les géantes gazeuses encombrent les orbites proches et aucune planète tellurique habitable ne peut s'y maintenir.

Conclusion

Jusqu'à preuve du contraire, la vie n'est connue que sur la planète Terre. La vie primitive y exigea la présence d'une hydrosphère riche en molécules de composés d'hydrogène et de carbone, de carbone et d'azote et d'azote et d'hydrogène, dont la température >°C était assurée par l'effet de serre d'une atmosphère riche en dioxyde de carbone ; une vie « *procaryote* » vécut sous ces conditions pendant plus de $2\,000.10^6$ années. Puis des cellules « *eucaryotes* » sont apparues ; parmi elles, il y avait des algues vertes capables de synthétiser l'oxygène à partir du dioxyde de carbone. En $1\,000.10^6$ années, on passa d'êtres unicellulaires à des plantes et des animaux : les plantes vertes produisaient la matière vivante et l'oxygène, certains animaux se nourrissaient de ces plantes, d'autres devinrent carnivores. Enfin, en un peu plus de 500.10^6 années, la planète se couvrit d'écosystèmes compliqués dont l'aboutissement fut une flore de plantes à fleurs et une faune dominée par les oiseaux et les mammifères. Enfin, depuis 300 000 ans, l'un de ces mammifères, *Homo Sapiens*, domine tous les autres êtres vivants. ***Voilà ce que les astrobiologistes du XXe siècle espéraient retrouver ailleurs dans la Voie lactée***.

Au début des années 1960, Frank Drake estimait que 36 civilisations équivalentes à celle de la Terre peuplaient la Galaxie ; cependant, quarante années de recherches d'émissions radio diffusées par ces civilisations n'ont abouti qu'au mystérieux signal « *Wow !* » reçu le 15 août 1977, mais qui n'a plus jamais été réentendu. Plus tard, Sarah Seager reconsidéra l'équation de Drake, en étendant la recherche à celle de marqueurs biologiques au travers du spectre émis par des planètes lointaines. Elle a modifié l'équation de Drake en ce sens, afin de découvrir des preuves de vie primitive. On attend beaucoup des résultats des analyses effectuées par le « *James Webb Space Telescope* » (JWST) de la NASA dont la mise sur orbite a eu lieu le 25 décembre 2021. Mais dans l'étroite fenêtre observée par l'instrument, l'application de l'équation de Seager estime à 2 le nombre de planètes susceptibles d'abriter la vie.

Le télescope « Hubble », qui observe la voûte céleste depuis le 24 avril 1990, a permis de découvrir une soixantaine d'exoplanètes, pour la majorité des géantes gazeuses, car la précision du télescope « Hubble » ne lui permet pas une observation directe d'exoplanètes de la taille de la Terre. Toutefois, la présence de géantes gazeuses dans un « *système planétaire extraterrestre* » n'exclut pas la présence de planètes telluriques. Un observateur situé à une dizaine d'années-lumière de la Terre ne verrait probablement ni la Terre, ni Mars, ni Vénus, ni Mercure, mais il pourrait détecter Jupiter, Saturne, Uranus et Neptune, des géantes gazeuses aux orbites éloignées de leur étoile laissant la possibilité à des planètes telluriques d'évoluer plus près de l'étoile, dans une zone habitable, voire habitée.

Qu'avons-nous observé ? Une trentaine de géantes gazeuses laissant un espace libre à des planètes telluriques entre elles-mêmes et leur étoile. Sous réserve d'une taille suffisante, et d'un effet de serre assurant une température >°C, il serait possible qu'elles soient habitables, sinon habitées. Mais il y a d'autres contingences : un noyau métallique assurant un bouclier magnétique, une étoile assez semblable au Soleil. Une naine brune n'apporterait pas suffisamment d'énergie, une naine rouge produit trop de rayons ultraviolets, une naine blanche est une étoile morte, seule une naine jaune apporterait suffisamment d'énergie, pendant des milliards d'années, il est vrai. Il faut aussi exclure les étoiles doubles qui perturbent leur cortège de planètes. Or, les systèmes que nous avons analysés possèdent au moins une gigantesque géante gazeuse dont la gravitation aurait des effets néfastes sur des planètes telluriques internes (effet de marée, orbites instables et aplaties).

Surtout, près d'un système planétaire observé sur deux et constitué de géantes gazeuses en orbite à moins de 0,14 UA de leur étoile (probable migration plus « accomplie » que dans le Système Solaire), ce sont des « Jupiter chauds » qui ont éjecté les planètes telluriques sur une orbite où l'eau est à l'état solide. La probabilité pour que la vie soit exclue de ce système planétaire est très forte.

En conclusion, ***la vie, même primitive, n'est pas naturelle et automatique dans la Galaxie.*** Les « systèmes solaires » avec une « Terre » habitée pourraient être rares (voire une exception). Dans le cadre de nos connaissances, la Terre est cette exception. Si on n'a guère trouvé de planètes de tailles moyennes à faibles, probablement telluriques, c'est peut-être du fait de leur rareté ! Quant aux objets volants non identifiés ! Malgré ma réticence, on y vient…

OVNI et science-fiction

Pour ce qui nous concerne, les « *soucoupes volantes* » ou, pour faire plus scientifique, les « *objets volants non identifiés* » (OVNI), relèvent d'une méconnaissance de la réalité avec, d'une part, l'immensité de notre Galaxie que la lumière met des millions d'années à parcourir, et, d'autre part, la complexité des conditions incontournables pour que la vie apparaisse sur une planète. Cette méconnaissance a été amplifiée par une prise en main médiatique inconsidérée, à partir de témoignages relevant soit du canular, soit de la théorie complotiste (ce qui revient au même). Une autre raison de cet engouement pour la croyance en une rencontre possible entre notre civilisation (ou plutôt celle des Nord-Américains) avec une civilisation extraterrestre provient d'ouvrages, de films et de séries télévisées dites de « *science-fiction* » qui ont connu une croissance « exponentielle » au cours du XXe siècle.

Les œuvres de science-fiction

Quelques « *œuvres* » littéraires bien construites avaient soulevé l'enthousiasme d'un large public nord-américain. Mais la *science-fiction,* qui entre dans notre considération, est celle des « *aventuriers* » du Système Solaire puis de la Galaxie : ce sont des conquérants partis de la Terre, ou des créatures extraterrestres, venues de la Galaxie. La *science-fiction* avait aussi concerné les voyages dans le temps ; le roman le plus célèbre fut probablement *La Machine à explorer le temps* de H. G. Wells (1866-1946), publié dès 1895. Pour la conclusion de notre ouvrage, seuls nous intéressent les voyages interplanétaires.

La littérature a été prolixe et de qualité médiocre. Certes, il y eut des chefs-d'œuvre littéraires : *De la Terre à la Lune* écrit par Jules Verne (1828-1905) et publié en 1865, *Les Navigateurs de l'infini* de J.-H. Rosny aîné (1856-1940), publié en 1925 (mission de trois astronautes français, vers la planète Mars). Un autre thème concerne la rencontre avec des civilisations extraterrestres. Le roman le plus célèbre, et qui fut un succès littéraire, a été *La Guerre des mondes* de H. G. Wells, paru en 1898. Camille Flammarion, lui-même, publia une *Fin du monde*, en 1911. Mais à l'image du « roman policier », le « roman de science-fiction » tomba dans le domaine public, avec aussi bien des « œuvres » commerciales et médiocres.

Au début des années 1950, le cinéma puis la télévision se sont emparés des deux thèmes. Dès 1902, le cinéaste Georges Méliès (1861-1938) tourna *Le Voyage dans la Lune*, une comédie sans prétention produite en « muet » ; puis *La Guerre des mondes* de H. G. Wells fut mise en scène par Byron Haskin (1899-1984). Le film fut un succès qui toucha des millions de spectateurs. Le cinéma commercial hollywoodien s'empara du genre avec de nombreuses productions télévisées à succès, mais de série B : *Star Trek* en 1966 et *Les Envahisseurs* en 1967. Si on réalisa des films de qualité : *2001, l'Odyssée de l'espace* de Stanley Kubrick, en 1968, il y eut aussi des « *aberrations scientifiques* » dont *Stargate, la porte des étoiles* de Roland Emmerich, sortie en 1994. Des *Aliens* traversent l'Univers sur des vaisseaux spatiaux (et spacieux) à des vitesses dépassant celle de la lumière. Il y eut aussi *E.T.* réalisé par Steven Spielberg, pour les enfants, en 1982.

Mais à mon avis, du fait de leur public, ces films et ces séries télévisées étaient scientifiquement et pédagogiquement très dangereux, le « merveilleux » pouvant être confondu avec la réalité. Le 30 octobre 1938, le metteur en scène et acteur Orson Welles (1915-1985) avait produit sur les ondes radiophoniques de « *CBS Broadcasting Incorporation* » une adaptation de la *Guerre des mondes* de H. G. Wells. L'affaire fit grand bruit, car la presse américaine s'empara de l'évènement, et prétendit que l'émission avait été à l'origine d'un vent de panique auprès de dizaines de milliers d'auditeurs nord-américains ; ils avaient cru qu'il s'agissait d'un « *bulletin d'information* » annonçant une agression extraterrestre. On sait qu'il n'en fut rien, pourtant, la mémoire collective a retenu l'interprétation que la presse avait momentanément fait circuler.

Dans ce contexte, « monsieur tout le monde » était prêt à prendre le premier canular venu comme une vérité scientifique inexpliquée.

Les « soucoupes volantes » et les « rencontres du troisième type »

Les canulars ont toujours existé, pour ce qui concerne les voyages intergalactiques, il faut distinguer les témoignages visuels ou apparitions d'OVNI, dont beaucoup ont été identifiés, et les rencontres avec des « *individus venus d'ailleurs* ». Attardons-nous sur deux « témoignages ».

➢ Le 24 juin 1947, l'homme d'affaires Kenneth Arnold (1915-1984) prétendit avoir croisé, à bord de son avion, neuf objets volants à 1 800 km/h entre le mont Rainier et le mont Adams (État de Washington). La presse utilisa le terme *flying saucers* (*soucoupes volantes*). À l'évidence, Arnold avait vu des appareils d'un nouveau type, souvent issus des ultimes tentatives du Troisième Reich, reprises par les vainqueurs (Soviétiques et/ou Américains) et tenus secrets. Mais le *Federal Bureau of Investigation* ou FBI et la *Defense Intelligence Agency* ou DIA s'étaient déplacés et auraient laissé courir le bruit qu'il s'agissait de véhicules montés par des extraterrestres prêts à envahir la Terre.

➢ Peu après, le 4 juillet 1947, un ranchman « *découvrit* » les restes d'une « *soucoupe volante* » (selon lui) près de la base de Roswell, au Nouveau-Mexique. Quelques officiers furent dépêchés et ils identifièrent les débris d'un ballon météorologique. Pourtant, encore en 1978, des « *témoins oculaires* » prétendaient que les débris originaux avaient été soustraits, qu'ils étaient usinés dans un « *métal inconnu* » et couverts de « *caractères d'une écriture également inconnue* ». Dix ans plus tard, un autre témoin révéla que des « *autopsies d'extraterrestres avaient été effectuées à Roswell* ». Il fallut attendre 1995 et 1997 pour connaître la vérité : les débris étaient bien ceux d'un ballon-espion, le *Projet Mogul* (1947-1949), destiné à espionner l'URSS, et les « *cadavres extraterrestres* » n'étaient que des mannequins utilisés pour les expériences de transport supersonique.

Mais depuis cette date de 1947, les visions d'objets non identifiés se sont multipliées. Il s'agissait le plus souvent de faux échos radars et de phénomènes naturels mal interprétés (orage en boule, feux de Saint-Elme), ou de ballons-sondes observés au lever ou au coucher du soleil. Parfois, il s'est agi de « méprises » ; le 29 septembre 1988, entre Paris et Lille, un automobiliste aperçut une « *boule lumineuse qui traversait la chaussée* ». Convaincu d'être le témoin d'un phénomène paranormal, l'homme appela la gendarmerie, laquelle prévint le préfet, lequel bloqua l'autoroute et envoya des « *spécialistes* ». Sur les lieux, ces derniers trouvèrent une sphère couverte de facettes réfléchissantes : un accessoire du concert de Jean-Michel Jarre, tombé d'un camion en route pour Londres. Mais pendant quelques heures, l'hypothèse OVNI avait été prise en considération.

Le premier témoignage d'une rencontre avec des extraterrestres fut celui de Betty et Barney Hill, de Portsmouth (New Hampshire) en septembre 1961.

➢ Le 19 septembre 1961 vers 22 heures, alors qu'ils roulaient vers Portsmouth, un OVNI discoïdal les rattrapa. Ils ne reprirent leurs esprits que deux heures plus tard, « *une période dont ils ne gardaient pas le moindre souvenir* ».

➢ La mémoire ne revint à Betty Hill que le 30 décembre, phénomène accompagné de cauchemars. Traitée par psychothérapie (remède très commun aux USA), elle se souvint avoir été conduite dans le véhicule extraterrestre par des créatures de petite taille aux visages difformes. Elle y aurait subi une sorte d'examen médical !

L'affaire fit grand bruit, et d'autres « témoignages » ont suivi jusqu'à l'aube des années 2000. En 1994, une organisation d'ufologues nord-américains (l'ufologie est une prétendue science qui s'attache à la recherche des OVNI) publia dans *The Mutual UFO Network* la liste de toutes les rencontres « *paranormales* » décrites aux États-Unis. À la lecture, on croit rêver, des Terriens auraient fréquemment été confrontés à des « *êtres extraterrestres* ». Pour la plupart, il s'agit « *d'enlèvements de durées variables effectués par des équipages de soucoupes volantes* ». Chaque fois, les victimes auraient été soumises à des « *examens médicaux et psychologiques* ». Les enlèvements auraient été effectués au moyen de méthodes originales : « *télétransportation* » par lévitation (comme le moine de *Tintin au Tibet*), « *persuasion télépathique* » avec paralysie générale en état de conscience. On signale des « *rapports sexuels non consentis* » (des extraterrestres masculins en état de manque ?) ; il y est même question d'une « *grossesse non expliquée* » (cela me fait penser à une collègue qui avait des trous de mémoire relatifs à la paternité de son fils aîné).

J'aime le concret ; j'ai apprécié le fait qu'une équipe de psychologues américains ait estimé avoir affaire à des modèles sociopsychologiques. Dans le cas de Betty Hill, elle avait une personnalité portée sur l'imagination jusqu'à confondre ses rêves avec des expériences vécues. En état d'hypnose, Betty (et aussi Barney Hill) développait un syndrome parfaitement identifié : les faux souvenirs. Betty raconta ses rêves à son mari Barney, et il ne faut pas chercher une autre origine à la complémentarité de leurs témoignages.

Certes, il existe des « ufologues » convaincus de l'existence des OVNI, mais avec des personnes psychologiquement fragiles, on peut être soumis à une forme d'hallucination collective (nazis et communistes n'agissaient pas autrement).

Retour sur le paradoxe de Fermi

En quelques millions d'années, une civilisation, pouvant construire des véhicules spatiaux se déplaçant à 1 % de la célérité de la lumière, pourrait coloniser toutes les planètes habitables de la Voie lactée. L'astrophysicien Michael H. Hart expliqua cette hypothèse dans « *An explanation for the absence of extraterrestrials on Earth* », *Quarterly Journal of the Royal Astronomical Society*, vol. 16, 1975, p. 128-135. Ces êtres « *technologiquement avancés* » auraient progressé par étapes. Une première colonie s'installait sur la planète habitable la plus proche. Une génération plus tard, la Planète Mère et sa colonie colonisaient chacune des deux systèmes planétaires plus éloignés. Par la suite, de génération en génération, la colonisation, en croissance exponentielle, aurait conquis toute la Galaxie. Que des extraterrestres aient pu bloquer l'évolution de leur espèce relève du possible, et ils habiteraient tout ce qui est habitable.

Si le *paradoxe de Fermi* est exact, cette « *civilisation technologiquement avancée* » n'existe pas encore. Michael H. Hart n'a pas pris en compte la faculté d'une civilisation à s'autodétruire. Par les armes, c'est peu probable, les distances démesurées qui séparent les « colonies » excluent un conflit généralisé et « *La Guerre des Mondes n'a pas eu lieu* ». À l'inverse, une destruction par la pollution et par la dégradation de l'environnement est plus probable : chaque colonie aurait exploité inconsidérément les ressources de sa planète ; soit cette civilisation se serait éteinte, soit elle aurait fui vers une autre planète. La colonisation exponentielle de la Voie lactée ne serait qu'une fuite en avant.

Alors, pourquoi la « *civilisation technologiquement avancée* » de Hart ne serait-elle pas la nôtre quand son évolution technologique aura atteint le niveau nécessaire à la construction de vaisseaux spatiaux autorisant une migration de masse ? On en est proche :

➢ En 1944, les V.2 de Von Braun ne pouvaient envoyer que 50 kg de TNT sur Londres, après avoir atteint 30 km d'altitude et parcouru moins de 320 km.

➢ Le 4 octobre 1957, le lanceur « R-7 » de Sergueï Korolev mettait « *Spoutnik 1* » en orbite, une sphère de 0,58 m de diamètre pesant environ 84 kg.

➢ Le 12 avril 1961, le lanceur « R-7 » propulsa la capsule Vostok habitée par le cosmonaute Youri Gagarine pour un périple d'1 h 48 min le long d'une orbite terrestre de 250 km de demi-grand axe.

➢ Le 24 juillet 1969, le lanceur Saturne 5 de la mission « *Apollo XI* » s'échappait de l'orbite terrestre et déposait Neil A. Armstrong (1930-2012) et Edwin E. Aldrin (né en 1930) sur la Lune, à plus de 300 000 km de son point de départ.

➢ En 1977, les sondes spatiales Voyager 1 et 2 explorèrent, photographièrent et analysèrent les planètes externes du Système Solaire.

- Depuis 2018, la sonde Voyager 1 a quitté le système solaire, munie d'un message transcrit sur un disque d'or.
- En 2023, Voyager 2 était toujours en orbite autour du Soleil avec un demi-grand axe de 160,8 unités astronomiques (une valeur dérisoire).

La progression a été fulgurante ; à la fin du XXIe siècle, la technologie pour qu'une mission habitée puisse quitter le Système Solaire sera au point, avec des vaisseaux capables de se déplacer à quelques fractions de la vitesse de la lumière. La question est de savoir si les humains de l'époque en auront la volonté. Longtemps, on a évoqué la surpopulation, mais les modèles mathématiques décrivent plutôt un recul progressif de la natalité suivi d'un repli démographique. On évoque le dérèglement climatique, il pourrait rendre la planète invivable et engendrer une grande émigration. Halte-là, c'est de la science-fiction…

Tout ce que nous savons, c'est que nous existons, qu'aucun témoignage d'une vie extérieure au Système Solaire n'a été détecté. Nous avons même démontré que la répartition des planètes telluriques du Système Solaire, avec une zone habitable où la vie se développa sur au moins une planète, n'a été rendue possible que du fait de la conjonction des contingences indispensables à l'apparition de la vie : une hydrosphère, une atmosphère avec un effet de serre favorable, des molécules organiques en solution dans l'eau, une magnétosphère protectrice, des géantes gazeuses nous protégeant des géocroiseurs, l'occurrence de procaryotes, puis d'eucaryotes. ***Peut-on affirmer qu'un mécanisme aussi complexe que la photosynthèse puisse se mettre en place partout ?*** Or, sans elle, pas d'oxygène abondant (la molécule est rare dans l'Univers), pas d'animaux complexes, pas d'êtres humains et pas de civilisations techniquement évoluées.

Ceci nous amène à une remarque : dans la Galaxie, le dispositif astronomique et biologique du Système Solaire est rarissime. La vie, même restée primitive, n'est pas une probabilité exclusivement statistique, selon l'application de l'équation de Seager à 30 000 systèmes planétaires de la

Galaxie analysés dans les années à venir, ***deux seulement devraient fournir des signes de vie détectables***. Avec 36 civilisations technologiquement avancées, Frank Drake avait vu large. Dans ce point de vue, il est fort probable que nous soyons les seuls dans la Galaxie, et que nous soyons cette « ***civilisation technologiquement avancée*** » décrite par Michael H. Hart et ***devant coloniser la Voie lactée*** en quelques millions d'années (mais, à quoi bon, si les planètes telluriques ne nous sont pas habitables ?). Mais c'est encore de la science-fiction.

Quoi qu'il en soit, dans 5 000.10^6 années, le Soleil sera une géante rouge ayant absorbé les planètes telluriques, alors les Terriens auront peut-être migré vers les Lunes de Jupiter, puis de Saturne. Dans 10 000.10^6 années, le Soleil sera devenu une naine blanche, froide, et toute vie aura disparu dans le Système Solaire : soit la « vie terrestre » aura émigré depuis longtemps (science-fiction), soit elle se sera éteinte. Il ne subsisterait que des ***formes de vie primitives et très rares***, dans des contextes de blocage de l'évolution, du fait de l'absence de la photosynthèse.

Enfin, un autre danger nous « guette » (c'est une façon de parler), la fin de l'Univers. Deux théories s'opposent :

➢ « ***L'expansion infinie de l'Univers*** » : l'Univers est sans limite et l'espace entre les amas de galaxies n'en finirait pas de s'accroître, alors que le stock d'hydrogène nécessaire à la formation des étoiles deviendrait de plus en plus rare dans un Univers infiniment grand. On estime que les dernières étoiles se formeront dans 10.10^{12} années ou 1 000 000.10^6 années. Les dernières étoiles s'éteindront et l'Univers deviendra « *uniformément sombre et froid* ». Sa température sera de 0 K ou -277,17 °C. Ce scénario est appelé le « ***Grand Gel*** ».

➢ « ***La contraction de l'Univers*** » : l'Univers est fini et la gravitation l'emportera sur l'expansion. Celle-ci va d'abord ralentir, pour s'arrêter et se transformer en une « *contraction* ». L'Univers occuperait de moins en moins de place avec un regroupement des galaxies, puis des systèmes planétaires, puis des étoiles, puis des molécules, puis des atomes, pour revenir à la situation du « *Big Bang* », ***un Univers réduit à un « point »***

sans espace ni temps, mais avec une masse et une température infinies, ce point s'appellerait le « ***Big Crunch*** ».

Actuellement, la première hypothèse est en odeur de sainteté, et le « *Grand Gel* » nous menace. La seconde hypothèse présenterait l'intérêt de soutenir une notion de cycle : des phases d'expansion suivies de contraction séparées par des « *points de singularité* » où le temps et l'espace sont nuls, alors que la masse et la gravitation sont infiniment grandes.

Aucun des deux modèles n'est de la science-fiction, ils reposent sur des observations et des calculs. Que sont la vie et les civilisations dans ce contexte ? Un simple détail… !

Pour en savoir plus

L'Univers

André BRAHIC (1999) – *Enfants du soleil : histoire de nos origines*, Paris, Odile Jacob, 366 p.

Hubert REEVES (2000) – *La première seconde*, Seuil, Coll. « Science ouverte », 251 pages.

Carl SAGAN (1981) – *Cosmos*, Éditions Mazarine, 366 p.

Marc SEGUIN et Benoît VILLENEUVE (1995) – *Astronomie & astrophysique : cinq grandes idées pour explorer et comprendre l'univers*, Paris, Masson, 550 p.

Steven STAHLER (2001) – *L'enfance des étoiles*, in Pour la science hors-série de janvier 2001.

Caroline TERQUEM et Alain LECAVELIER des ÉTANGS (2001) – *Des disques aux planètes,* in Pour la science hors-série de janvier 2001.

Le Système Solaire

André BRAHIC (2001) – *Planètes & satellites : cinq leçons d'astronomie*, Paris, Vuibert, 359 p.

Serge BRUNIER (1996) – *Voyage dans le système solaire*, Paris, Eclectis, 231 p.

Thérèse ENCRENAZ (2005) – *Système solaire, systèmes stellaires*, Paris, Quai des sciences, 168 p.

Thérèse ENCRENAZ et James LEQUEUX (2014) – *L'exploration des planètes : De Galilée à nos jours... et au-delà*, Paris, 2014, 223 p.

Any-Chantal LEVASSEUR-REGOURD, André BRAHIC, Thérèse ENCRENAZ, François FORGET, Marc OLLIVIER et Sylvie VAUCLAIR, (2009) – *Système solaire et planètes*, Paris, Ellipses, 2009, p. 249.

Histoire de la Terre

Serge ELMI, Claude BABIN, Danièle GROSHENY, Fabrice MALARTRE (2023) – *Histoire de la Terre*, Dunod, 8e édition, 288 p.

Éric KARSENTI (2018) – *Aux sources de la vie*, Flammarion, 2018, 306 p.

Hubert KRIVINE (2011) – *La terre, des mythes au savoir*, Cassini, 290 p.

Xavier Le PICHON (1986) – *Kaiko, voyage aux extrémités de la mer*, Odile Jacob, 247 p.

Gilles RAMSTEIN, Michel BRUNET (préface) (2015) – *Voyage à travers les climats de la Terre*, Éditions Odile Jacob, 352 p.

Guillaume SUING (2020) – *Origine de la vie – Un siècle après Oparine*, Delga.

Patrick de WEVER (2012) – *Temps de la Terre, temps de l'Homme*, Cassini, 240 p.

La vie extraterrestre

Jacques ARNOULD (2017) – *Turbulences dans l'univers. Dieu, les extraterrestres et nous*, Albin Michel.

Jean-Pierre BIBRING (2022) – *Seuls dans l'Univers : De la diversité des mondes à l'unicité de la vie*, Odile Jacob, 236 p.

André BRACK et Bénédicte LECLERCQ (2003) – *La vie est-elle universelle ? – Des premiers êtres vivants à l'exploration spatiale*, Éd. EDP Sciences.

André BRAHIC et Bradford A. SMITH (2015) – *Terres d'ailleurs : À la recherche de la vie dans l'Univers*, Éditions Odile Jacob, 448 p.

Fabienne CASOLI et Thérèse ENCRENAZ (2005) – *Planètes extrasolaires*, Belin.

Xavier LABOUZE – Sommes-nous tout seuls dans l'univers ? Éditions Milan, 2000.

James LEQUEUX, Thérèse ENCRENAZ et Fabienne CASOLI (2014) – *La révolution des exoplanètes*, Les Ulis, EDP Sciences, 214 p.

Daniel MAVRAKIS (2010) – *Les OVNI : Aspects psychiatriques, médico-psychologiques, sociologiques*, Éditions universitaires européennes, Paris.

Evry SCHATZMAN (1986) – *Les enfants d'Uranie : À la recherche des civilisations extraterrestres*, Paris, Le Seuil, 216 p.

Table des matières

Structures éditoriales du groupe L'Harmattan

L'Harmattan Italie
Via degli Artisti, 15
10124 Torino
harmattan.italia@gmail.com

L'Harmattan Hongrie
Kossuth l. u. 14-16.
1053 Budapest
harmattan@harmattan.hu

L'Harmattan Sénégal
10 VDN SICAP AMITIE 3
BP 45034 Dakar-Fann
direction@senharmattan.com

L'Harmattan Cameroun
Tsinga/Derrière polyclinique FECAFOOT
BP 11486 Yaoundé
Jacques.koukam@harmattan.fr

L'Harmattan Burkina Faso
Villa 281, secteur 23 623, rue 14.32
Ouagadougou
zagbie@outlook.fr

L'Harmattan Guinée
Almamya, rue KA 028 OKB Agency
BP 3470 Conakry
harmattanguinee@yahoo.fr

L'Harmattan RDC
185, avenue Nyangwe
Commune de Lingwala – Kinshasa
matangilamusadila@yahoo.fr

L'Harmattan Congo
219, avenue Nelson Mandela
BP 2874 Brazzaville
deunovmikhael@gmail.com

L'Harmattan Mali
Immeuble Mgr Jean Marie Cissé
Aci Hamadallaye
BP 145 Bamako
syllaka@yahoo.fr

L'Harmattan Togo
Djidjole – Maison Amela
face EPP BATOME
02 BP 20680 Lomé
didieramela11@gmail.com

L'Harmattan Côte d'Ivoire
Résidence Karl – Cité des Arts
Abidjan-Cocody
03 BP 1588 Abidjan
harmattan.ivoire@gmail.com

L'Harmattan Bénin
Rue 604, (Immeuble à l'entrée
de la rue UCAO- Cite de Saint-Jean)
Cotonou
stepcorpus@gmail.com

Nos librairies en France

Librairie internationale
16, rue des Écoles
75005 Paris
librairie.internationale@harmattan.fr
01 40 46 79 11
www.librairieharmattan.com

Librairie des savoirs
21, rue des Écoles
75005 Paris
librairie.sh@harmattan.fr
01 46 34 13 71
www.librairieharmattansh.com

www.ingramcontent.com/pod-product-compliance
Lightning Source LLC
LaVergne TN
LVHW010954061026
849535LV00006B/1720